市场营销教程

主　编　张浩清

副主编　李延权　党明灿

编　委　王宏伟　刘妍彬　李延权

　　　　党明灿　张浩清

黄河水利出版社

内容提要

市场营销的任务是满足需求，是为了比竞争对手更好地满足消费者的需求。市场营销属于管理学的范畴，因此市场营销更是一门艺术，是一种实践管理活动。本书立足于市场营销的现状分析了市场营销环境，介绍了市场信息的收集和利用，探讨并总结了市场营销战略，从产品、价格、分销渠道、促销等方面重点分析了市场营销策略。全书内容尽量做到理论叙述简明扼要，案例教学贯穿始终，力图提高学生学习市场营销的兴趣，并能够快速地学以致用。

本书可作为高等院校的专科生，高职院校、成人高校的本、专科生的教材，也可供企业界市场营销人员和销售管理人员阅读参考。

图书在版编目(CIP)数据

市场营销教程/张浩清主编.—郑州:黄河水利出版社，2007.8

ISBN 978-7-80734-246-5

Ⅰ.市… Ⅱ.张… Ⅲ.市场营销学-高等学校-教材 Ⅳ.F713.50

中国版本图书馆 CIP 数据核字(2007)第 126128 号

组稿编辑:王路平　电话:0371-66022212　E-mail:wlp@yrcp.com

出 版 社:黄河水利出版社

地址:河南省郑州市金水路 11 号　　邮政编码:450003

发行单位:黄河水利出版社

发行部电话:0371-66026940　　传真:0371-66022620

E-mail:hhslcbs@126.com

承印单位:黄河水利委员会印刷厂

开本:890 mm×1 240 mm　1/32

印张:11.125

字数:320 千字　　印数:1—5 100

版次:2007 年 8 月第 1 版　　印次:2007 年 8 月第 1 次印刷

书号:ISBN 978-7-80734-246-5/F·80　　定价:22.00 元

前 言

在市场竞争越来越激烈的今天，市场营销已成为决定企业经营成败的关键因素。成功的市场营销，能帮助企业通过更好地发现、满足市场需求来达到自己的目标。企业要想更好地生存与发展，必须立足市场，以满足市场需求为前提，做好市场营销。正因为如此，企业急需既懂现代市场营销理论，又能很好地进行市场营销运作的高素质人才。然而，目前高职高专的市场营销课程教学普遍侧重于理论教学，存在着脱离实际、不注重操作能力培养的弊端，难以培养出真正符合企业及市场需要的有用人才。通过不断的教学实践，我们越来越认识到市场营销课程教学必须符合市场营销的基本精髓——以不断地“满足市场需求”为达到目标的重要前提。市场营销课程教学面对的基本需求是教师、学生的教与学需求，以及企业营销的实践需求。为满足上述需求，我们编写了本教材，并力求具备以下特色：

第一，实用性强。一方面，本教材按照正常、合理的教学顺序设计教材结构与内容，从而更加贴近市场营销教学与教改的需要，更有利于培养真正实用的营销专业相关人才；另一方面，本教材遵从“理论够新够用”的基本原则，在编写过程中，不罗列一般的理论教条，在跟踪国内外营销理论最新发展的前提下，保证理论体系的健全、新鲜和生动。

第二，体例新颖，内容生动。好的营销教材应该能够吸引学生更好地学习营销课程，掌握更多的专业知识，同时也方便教师教学需要。本教材在借鉴国外优秀营销教材编写方式的基础上，结合我国营销实际，力求使整个教材内容生动、体例新颖。

第三，案例丰富，借鉴性强。从实践性案例升华理论，由理论指导实际操作是本书的一大特点，其有助于解释、阐述原理，也有助于提高读者分析问题和解决问题的能力。

本教材适用于高等职业教育院校、普通高等院校、成人高等院校相关专业的市场营销课程教学，也可以作为企业营销培训及自学者学习用书。

本教材由河南工程学院的张浩清担任主编，李延权、党明灿担任副主编，王宏伟、刘妍彬参编。具体分工如下：张浩清编写第一章、第九章和第十章的第二节、第三节，李延权编写第五章、第六章，党明灿编写第三章、第十章的第四节、第十一章，王宏伟编写第七章、第八章，刘妍彬编写第二章、第四章、第十章的第一节。

在本书的编写过程中，得到了黄河水利出版社的大力支持与帮助，作者在此表示衷心的感谢！

编　者

2007年6月

目录

第一章　市场营销概述

第一节　如何理解市场

一、市场的含义

市场是竞争的核心问题,没有任何企业经营者敢忽视市场的价值。当然,大家都知道市场的重要性,但问题在于什么是市场呢?

这似乎是一个十分简单的问题,可事实上许多企业经营者对这一概念并没有清晰的认识。市场并不是一个抽象的概念,市场对不同的群体而言其内涵并不相同。

对消费者来讲,市场是购买商品的场所;对学者来讲,市场是研究的对象;对经营者来讲,市场就是顾客,丢掉了顾客就是丢掉了市场,赢得了顾客就是赢得了市场。

站在营销的角度,具体来说,市场是指具有特定需要和欲望,而且愿意并能够通过交换来满足这种需要或欲望的全部潜在顾客。用公式表示为:市场=人口+购买力+购买欲望。

根据市场的这一含义,企业的经营活动必须围绕市场展开:第一,认识社会需要什么(包括现在和将来),进行市场分析和寻找市场机会;第二,根据社会分工的需要和自己的专业特长来选择为之服务的目标市场,使自已有能力在特定的范围内满足目标市场的需要;第三,制定和实施一整套的经营计划和手段来满足这些需要,以实现企业的经营目标。

【案例】把握机会显机遇,均分江山建奇功

日本泡泡糖市场年销售额约为740亿日元,其中大部分为“劳特”所垄断。可谓江山唯“劳特”独坐,其他企业再想挤进泡泡糖市场非常困难。但江崎糖业公司对此却并不畏惧,他们成立了市场研发团队,专

门研究霸主“劳特”的不足和短处,从而寻找自己的市场机会。

经过周密的调查分析,他们终于发现了“劳特”的四点不足之处:第一,以成年人为对象的泡泡糖市场正在扩大,而“劳特”却仍然把重点放在儿童泡泡糖市场上;第二,“劳特”的产品主要是果味型泡泡糖,而现在消费者的需求正在多样化;第三,“劳特”多年来一直生产单调的条状泡泡糖,缺乏新型式样;第四,“劳特”产品价格是110日元,顾客购买时需多掏10日元的硬币,往往感到不方便。

通过分析,江崎糖业公司决定以成人泡泡糖市场为目标市场,并制订了相应的市场营销策略,不久便推出了功能型泡泡糖的四大产品:司机用泡泡糖,使用了高浓度薄荷和天然牛黄,以强烈的刺激消除司机的困倦;交际用泡泡糖,可清洁口腔,祛除口臭;体育用泡泡糖,内含多种维生素,有益于消除疲劳;轻松性泡泡糖,通过添加叶绿素,可以改变人们的不良情绪。

江崎公司精心设计了产品的包装和造型,价格定为50日元和100日元两种,避免了找零钱的麻烦。功能型泡泡糖问世后,像飓风一样席卷全日本,不仅挤进了由“劳特”独霸的泡泡糖市场,而且占领了一定的市场份额,从零猛升至25%,当年销售额达175亿日元。

二、对市场的深层理解

当我们认识到什么是市场之后,需要进一步确定自己的市场。有位名人说:“只有饱和的产品,没有饱和的市场!”这话很有道理,而问题在于什么是自己的市场?

(一)有消费者不一定有市场

就算是最先进入市场,也不一定有什么意义。问题在于一家企业是否在某一方面具备了竞争者不可替代的特征,是否能充分满足了特殊消费者群的特殊需求。市场并非是统一无差别的,市场是在不断地裂变的。因此,需要进行细分去发现自己的市场,并通过定位去争取属于自己的市场。

【案例】在北京针织行业普遍不景气甚至许多企业倒闭破产的情况下,旺乐高童装厂却从原来只有十几个人的小厂发展为具有相当规模的企业，创出了“旺乐高”名牌童装，并占领了相当的市场份额。为什么？这里的关键是他们首先细分出贝贝装市场，并只生产从零岁到3岁的幼儿服装来满足这一细分市场的需求。由于以高质量赢得了妈妈们的心，他们一点一点的扩张，目前已经发展到生产9岁以下儿童的各种服装。另外，当纵向市场发展到一定程度，便开始横向发展，外省市企业纷纷慕名来与旺乐高童装厂联营，因此它的市场越来越大。

当企业总想用一种产品去满足所有人的需求，所有的人可能都不理睬；可当充分满足了一部分人的需求，市场就会扩散开来，从而引发另一部分人的需求，这就是市场的辩证法。

(二)产品卖出去了，甚至销量很大，也不一定有市场

【案例】三株口服液危机事件

在中国企业群雄榜上，三株是一个绕不过去的名字。1994年8月当吴炳新、吴思伟父子在山东济南创立三株公司的时候，怎么也不会料到自己会创造出中国保健品行业最辉煌的历史。今天，三株的辉煌传奇和其瞬间衰落瓦解的故事一样，仍然为人们所津津乐道。

三株的辉煌时刻

从1994年至1996年的短短三年间，三株销售额从1个多亿跃至80亿元。三株在全国所有大城市、省会城市和绝大部分地级市注册了600多个子公司，在县、乡、镇有2000多个办事处，共吸纳了15万销售人员。迅速崛起的三株不仅达到了自身发展的顶峰，更创造了中国保健品行业史上的记录，其年销售额80亿元的业绩至今在业内无人可及。

三株帝国的没落

正如其迅速崛起一样，三株的失败，来得是那样突然。时至今日，人们仍然为之唏嘘不已。大家都知道，危机伴随着任何一个组织的发展，而危机管理水平的差异，直接导致了不同组织的不同结局。三株在危机事件管理中一味强调自身利益、忽略公众感情和消费者权益的态度和行为，直接引发了三株帝国的迅速崩溃。

1996年6月，湖南常德汉寿县退休老人陈伯顺在喝完三株口服液后去世，其家属随后向三株公司提出索赔，但财大气粗的三株则拒绝给予任何赔偿,坚决声称是消费者自身的问题。遭到拒绝后陈伯顺家属一纸诉状将三株公司告上法庭。1998年3月,法院一审宣判三株败诉后,20多家媒体炮轰三株,引发了三株口服液的销售地震。4月份(即审判后的第二个月)三株口服液销售额就从上年的月销售额2亿元下降至几百万元,15万人的营销大军被迫削减到不足2万人,生产经营陷入了空前的灾难之中,总裁吴炳新也被重重击倒。据三株公司介绍,官司给三株造成的直接经济损失达40多亿元,国家税收损失了6亿元。

1999年3月,法院终审判决三株公司获胜,但此时三株帝国已经陷入了全面瘫痪状态。三株的大多数子公司停止运营,绝大多数工作站和办事处全部关闭,全国销售基本停止。创造了中国保健品奇迹的三株公司,在危机应对中的表现却极其不成熟:就事论事,陷于局部的谁是谁非,与消费者争论不休。三株最终为其忽视公众利益、不愿主动承担责任而付出了巨大的代价,失去了其曾经拥有的市场。

(三)市场应是忠诚客户的总和

从上面三株口服液的案例中,我们知道了,东西卖得再多,也不一定有市场。那如何来理解市场呢?从本质上说,市场应该是忠诚客户的总和。一个企业有多少的忠诚客户,就代表它的市场规模有多大。我们来看看当年山西假酒案的例子。

【案例】山西假酒案

1997年春节,正当全国人民沉浸在佳节的欢乐和亲人团聚的气氛中时,中央电视台的一则新闻惊动了亿万人民:山西朔州一伙人用工业酒精造假白酒出售,致使27人中毒死亡,多人中毒卧病在床。为此,江泽民主席大为气愤,在电视里严厉谴责制假、售假的不法商人,责令一查到底、严肃处理!于是举国上下,工商、公安干警倾力出动,一场打假的"人民战争"轰轰烈烈地开展起来。山西白酒,特别是带有"红"字牌的白酒,一律先查封、后处理。山西也对造假者迅速予以逮捕法办。中央电台也连续追踪报道假酒案侦破情况及各种造假酒案例。

这样一来,使得全国老百姓都很自觉地看看家中的酒瓶上,是否贴有山西朔州产的"红粮液",更有甚者,凡是山西产的酒都一律不敢喝了，将其束之高阁或挪做它用。整个山西酒业为此蒙受了重大损失，山西省财政收入也遭到不小的打击。

由于受山西假酒案的影响，山西汾酒一下子也没了销路。可就在这时，沈阳的一位老先生却自费在媒体上做广告，以自己多年的体会宣传汾酒，在社会上产生了广泛影响。老先生说："我是山西汾酒的忠诚顾客，我喝了一辈子汾酒。山西的酒有问题，汾酒绝对没有问题。为了说明汾酒没问题，我愿意拿出 10000 元在中央电视台给汾酒做澄清说明。"

多么忠诚的客户啊！老先生的几句话，比汾酒自己做了几百万的广告都有效。虽然，汾酒的销量也受到了不少的影响，但它仍然是市场上受欢迎的产品，到目前仍然活得不错。因此，对企业来说，市场应是忠诚顾客的总和。

（四）没有利润的市场是虚假的市场

我们主张做营销要牢牢地抓住市场，但这绝不是说盈利是无所谓的。恰恰相反，企业争夺市场需要资金投入，所投入的资金不能仅靠信贷，而重点应在盈利。当没有利润时，虽然从表面上看开拓了大面积的市场，但实际上这种市场是虚假的。一旦资金跟不上，就无法继续再投入，这些市场便会迅速失去。

为什么许多企业看起来红红火火，在短时间内就发展成庞然大物，可似乎在一夜间又突然垮掉呢？原因就在于只顾市场，没有利润。韩国的大宇、中国的爱多，都是沿着这一思路走上了失败之路。

【案例】广东中山爱多电器公司一成立，就在胡志标的大力鼓动下，几乎把所有的资源都投进了 VCD 这个项目。1995 年 10 月，胡志标把千辛万苦贷到的几百万元钱，只留下一小部分买原材料，剩下的全都扔进了中央电视台，买下了体育新闻前的 5 秒标版，这也是中央台的第一条 VCD 广告。

受当时广告业所谓的金科玉律所惑，胡志标认为，快速建立强势品牌的捷径在于"找最有名的人拍广告，找最强势的媒体播出广告"。1996 年，爱多让香港艺人做广告，成龙开价 450 万元人民币。这几乎是爱多当年的全部利润，但是，出人意料的是，胡志标居然非常爽快地答应了。

1996年11月8日，胡志标揣着成龙的广告片与8000多万元代理商预先垫付的货款，以8200万元的价格夺得了中央电视台天气预报后的5秒标版。由于爱多采取的是大营销的企业运作模式，即使是处于事业的巅峰状态，固定资产也只有一幢厂房和几条生产线，价值并不高，很难从银行融入到巨额的资金。针对于此，胡志标别出心裁，采取"让经销商预付货款，并延后支付供应商货款"的方式来进行资金周转。但是，他并没有意识到这样操控企业的巨大风险。

1997年11月，胡志标以2.1亿元的巨额资金，夺取了中央电视台"标王"的荣誉称号。而据当时现场主拍卖人事后回忆说："胡志标年轻气盛，有些意气用事。"1997年，爱多的销售额狂飙突进，翻了三番，骤升至16亿元，赫然现身于中国电子50强之列。

爱多是典型的先要市场后要利润的企业。这样的思路在外部环境没有变化时可能会有效，而环境一旦发生变化，由于没有必备的现金去应对变化，最终的结局只能是死掉。我们都知道，在1998年东南亚金融危机期间，企业银行纷纷破产，银行的银根紧缩，银行基本上停止了对企业的贷款。因此，爱多的流动资金中断，生产线大都停产，最终走上了一条不归路。

(五)品牌代表企业所拥有的市场

企业的命运决定于所拥有的市场，争夺市场是企业参与市场竞争的核心问题，而品牌代表着企业的忠诚客户，因此企业制定市场竞争战略就应当以创立自身的品牌为核心内容。正因为如此才会有这样的说法："可以设想有一人早上把全世界的可口可乐的工厂全部烧掉，第二天就有人给它贷款把这些工厂再重建起来，因为它的商标没有烧掉。"其实没有烧掉商标的本质涵义在于它的市场完好无缺。

三、市场的重要性

(一)盈利与市场不是对立的概念，因为盈利终究要从市场获取

在市场竞争中，很有一些人推崇一些奇谋怪招，无非是告诉人们在短期内就能获得超额利润。其实这些奇谋怪招不过是吗啡、海洛因一类的“毒品”,一针下去十分痛快,但这时企业就忘了自己的健康是多么重要。实际上企业所获得的是虚假的利润,因为这是以失去顾客,也就是以失去市场为代价的。

中国有一家著名的啤酒厂,竟然让全国三四十家啤酒厂都使用它的商标,靠卖牌子轻而易举地就得到了几千万元。可从此之后,在这种牌子名下的啤酒便什么味道都有了,最终失去了大量顾客,落得个被兼并的结果。办企业不能采用这种“过把瘾就死”的思路。

对市场价值的不同理解,会产生完全不同的结果。国外的一家牛奶公司到中国来与中国企业合资生产一种在中国市场很有潜力的奶产品。中方提出要占股份 51%,外方占 49%。外方表示没有异议,但要由外方经营。经营第一年,投入大量资金开拓市场,到年底算账出现亏损,亏损额双方承担。中方由于拿不出钱来,只得把一部分股份让给外方。连续三年都是如此,到了第四年,企业终于开始赚钱,可中方的股份已经下降到 15%。前三年赔钱时,我们按高比例分担;当开始赚钱时,我们却按低比例分成。这样的结果说明在经营意识上还不明确:盈利是企业占有市场之后自然的结果。

(二)市场比金钱、资源更重要

笔者小的时候曾有个梦想,那就是中国怎样迅速地富强起来,希望中国找到一个特大的金矿,用金子把全世界的好东西都买到中国来,中国就富强了。后来读了一段欧洲发展史才懂得,这完全是一个孩子幼稚的幻想。在欧洲历史上有一段时间,最富的国家是西班牙和葡萄牙,因为他们的海盗在世界上掠夺了大量黄金,而当时的英国、法国、德国都特别穷。西班牙、葡萄牙用他们手中的黄金大量购买商品来享受,这就刺激了英国、法国、德国工业的发展。可当西班牙、葡萄牙手中的黄金花完之后,他们成了穷国,而英国、法国、德国则成了富国。这告诉我们一个道理:当金钱与市场结合起来时,金钱才是资本,当金钱不与市场相结合,金钱只能是别人的市场。

拥有资源很可能造成竞争优势,但资源本身并不是财富。内蒙古的羊毛产量占到全国的 1/4、羊绒占到 2/3,然而全国最大的羊绒市场却在河北省的清河县。那里并不产羊绒,可当地财政收入的 60%以上都来自于羊绒的购销加工，鄂尔多斯、鹿王等内蒙古著名的羊绒衫厂所用的羊绒原料都来自河北省清河县。

在新疆伊犁的一些地方，鲜牛奶只有3毛钱1斤，可运到当地的纯净水却能卖到2元钱一瓶。再好的产品找不到市场，也没有价值。

瑞士在北京展览馆举办展览会，人们一进门就能看到一幅瑞士地图，旁边的文字告诉我们，瑞士是世界上资源贫乏的国家，只有一种资源就是水，可已经开发利用了98%。但瑞士是世界上最富有的国家，因为瑞士的产品在世界上有着广泛的市场。

经营者必须意识到市场是企业生存的空间，提高了市场占有率，企业自然会盈利。“小天鹅”洗衣机的经验是，当市场占有率在40%以上，企业可获得10%的利润率；当市场占有率降到30%时，利润率只有6%；当市场占有率降到10%以下时，企业就只能勉强维持生产了。正是因为具有这样的清醒认识，小天鹅公司才是一个充满活力的公司。

意识到市场比金钱和资源更重要，是一个企业、一个地区，乃至一个民族和国家成熟的标志。

第二节　如何理解市场营销

一、市场营销的含义

西方市场营销学者从不同角度及发展的观点对市场营销下了不同的定义。

有些学者从宏观角度对市场营销下定义。例如，E. J. Mccarthy 把市场营销定义为一种社会经济活动过程，其目的在于满足社会或人类需要，实现社会目标。

还有些定义是从微观角度来表述的。例如，美国市场营销协会于1960年对市场营销下的定义是：市场营销是“引导产品或劳务从生产者流向消费者的企业营销活动”。

1984年，菲利普·科特勒为我们精辟地概括了市场营销的定义：“市场营销是企业的一种活动，旨在识别目前尚未满足的需求和欲望，估量和确定需求量的大小，选择和决定本企业能最好地为其服务的目标市场，并决定适当的产品、服务和计划，以便为目标市场服务。”

这一概念表明：①市场营销是一种企业活动，是企业有目的、有意识的行为。②满足和引导消费者的需求是市场营销活动的出发点和中心。企业必须以消费者为中心，面对不断变化的环境，作出正确的反应，以适应消费者不断变化的需求。满足消费者的需求不仅包括现在的需求，还包括未来的需求。例如，第二次世界大战后，IBM公司的总裁曾向一家非常有名的咨询公司打听未来美国所有公司、研究所及政府单位对电子计算机的需求量，得到的回答是不到10台。后来他的儿子做了总裁，不同意这个预测，坚持要生产电子计算机，这才有了IBM的今天。这个例子表明，尽管人们有减轻办公室劳动强度、提高工作效率的愿望，但由于不知道计算机是什么东西，也不知道如何使用计算机，因此调查时没有表现出对计算机的需要。人们的未来需求常表现为某种意识或愿望，企业应通过开发产品并运用各种营销手段，刺激和引导消费者产生新的需求。③分析环境，选择目标市场，确定和开发产品，产品定价、分销、促销和提供服务以及它们间的协调配合，进行最佳组合，是市场营销活动的主要内容。市场营销组合中有四个可以人为控制的基本变数，即产品、价格、（销售）地点和促销方法。由于这四个变数的英文均以字母“P”开头，所以又叫“4Ps”。企业市场营销活动所要做的就是密切注视不可控制的外部环境的变化，恰当地组合“4Ps”，千方百计使企业可控制的变数（4Ps）与外部环境中不可控制的变数迅速相适应。这是企业经营管理能否成功、企业能否生存和发展的关键。④实现企业目标是市场营销活动的目的。不同的企业有不同的经营环境，不同的企业也会处在不同的发展时期，不同的产品所处生命周期里的阶段亦不同，因此企业的目标是多种多样的，利润、产值、产量、销售额、市场份额、社会责任等均可能成为企业的目标。但无论是什么样的目标，都必须通过有效的市场营销活动来完成。

二、市场营销是否就是卖东西?

市场营销的思想起源于20世纪初的美国。到现在仍有很多人对营销的概念和价值普遍缺乏理解。许多人把营销看成是一种力量,认为是一种广告和推销的泛滥,似乎营销就是促使不情愿的购买者购买他们不需要的商品。很多人看到营销人员就躲,看到他们就反感。这是对营销的错误理解,和真正的营销距离差得很远。

很多人认为,市场营销就是卖东西。的确,销售是市场营销的一部分,但是不要把部分和整体混淆了。事实上,在销售之前就开始营销了,在销售时也在营销,在总结卖出去或卖不出去的原因时还在营销。因为,营销是一个连续的过程。

虽然,在很多时候,营销的最终目的还是要把东西卖出去,但绝不能简单地认为市场营销就是卖东西。如果认为营销就是卖东西的话,那么在卖东西的过程中就可能会坑蒙拐骗、不择手段。

【案例】《京华时报》(2003－01－30):节日消费陷阱

中国消费者协会(以下简称中消协)昨天发布公告,提醒消费者注意春节期间七大购物陷阱:

一是"赠券"。节日期间,各地商场举办的购物返券活动频繁,消费者一旦拿到返券,就要绞尽脑汁琢磨如何去花,但附带条件的赠券使消费者不自觉地进行滚动式购物,购买许多不需要的东西。

二是"打折"。广告上常标"1～2折",但后面又加上一个很小的"起"字。有的宣称全场5折,细看下来有8折、9折,甚至一些柜台或特例商品不参加活动;有的地方还推出限时抢购,但消费者真去抢购时要么只剩下样品,要么因人多排队连样品都轮不上;有些还借打折宣称商品概不退换,逃避责任。

三是"买一送一"。有的超市将两袋洗衣粉、两瓶清洁剂等商品有意组合进行捆绑销售,但其价格与两个单品价格总和相差不多。还有的虽差价明显,但暗中却把次品、积压品甚至过期食品、三无产品赠给消费者,并称奖品是"无偿提供,质量问题概不负责"。

四是"最终解释"。有的超市推出"如在其他超市发现低价,双倍返还”活动，但对实施细则设置各种障碍，还注明“本次活动最终解释权归本公司”以规避责任。

五是“免费服务”。商家借此精心设置圈套，如免费拍照，想要底片就必须另外付钱。

六是“提前消费”。一些经营者以“优惠”等方式鼓励消费者先行付款，而一些不法分子往往借机骗钱。

七是虚构“原价”。北京一位消费者从超市买回一只标价180元的高压锅，此后却发现其原标价只有140元。类似的陷阱并不少见，有的商场甚至先将商品价格提高，再标价打折销售，而打折后的价格竟比原价还高。

中消协表示，在不知成本、不明真情的情况下，“打折”、“优惠”实际上都是变相误导消费者的手段。

【案例】《西海都市报》(2007－05－25)：手机“待机时间”水分多

“待机王”、“超长待机时间”，近来一些手机纷纷打出此类宣传来吸引消费者，不少的生产厂家都号称自己的手机是“待机王”，有的甚至宣称自己的手机能达到15天的待机时间，但是一些消费者买了之后却发现并非如此。

消费者李先生因业务需要，经常在外奔波，接电话、打电话的使用频率较高。今年4月份，李先生在省城某手机城看到一则广告，称某品牌“待机王”手机待机时间长达15天，很适合自己，就兴冲冲地购买了一部。但在使用后不到3天手机就没电了，根本就不像宣传中所说的待机时间可以长达15天。

记者在采访中了解到，的确有不少消费者遇到此类现象，投诉商家宣传的待机时间与实际不符。为此，记者走访了西宁市消费者协会，据介绍，商家所宣传的“待机时间”只是理论上的概念，而消费者在使用过程中待机时间往往比商家宣传的要短得多。目前，商家对电池待机、通话时长的宣传，基本上都是指理想状态时间，这已成了手机行业不成文的普遍做法。所谓理想状态时间，其实是指手机在许多限制条件下的待机时间。限制条件包括手机不插SIM卡(不拨打、接听电话)，不频繁开机、关机以及手机处于最优网络状态等。在这种情况下的待机时间，无疑会比手机使用时的实际待机和通话时间要长得多。而厂商给出的待机时间仅仅是一个测试数据，实际待机时间会受许多因素影响，如上述的电池容量、手机的使用状态、网络信号的强弱等。

三、营销的任务是满足需求

既然我们说营销不是卖东西，那营销的任务是什么呢？简单地说，营销的任务是满足需求，是为了比竞争对手更好地满足消费者的需求。

【案例】“白加黑”公司的老总去国外出差时，为了治疗感冒买了一种药。一般的感冒药都有负作用，白天吃了不利于工作，而外国的这种药不存在这种现象。他深受启发，回来后以“白天服药不瞌睡”和“晚上吃了睡得香”为利益点，生产出了“白加黑”这种药。投放市场仅半年，就创下了1.6亿的销售额，分割了全国15%的感冒药市场。

【案例】有一次，日本的营销人员在一家饭店观察“老外”饮茶。由于欧洲人的鼻子较大，当茶水少于半杯时，鼻子便碰到杯沿上。若想喝完茶水，必须仰起脖子，既不方便，也有失欧洲人的绅士风度。日本营销人员回国后，研制生产出了“斜口杯”，很快风靡欧洲市场。

“斜口杯”畅销，说明不同的市场有着不同的消费特点。要想打开市场，产品务必要适销对路；产品要想在市场竞争中占有一席之地，关键要研究“市情”，了解消费者的需求。

常言道：事在人为，搞经营、做生产也是如此。“斜口杯”的畅销正说明了这一点。这就要求企业在经营管理中，要先人一步捕捉市场信息，不失时机地推出新的产品，把潜在的市场开发出来。

【案例】海尔——真情到永远

海尔的经营理念叫做“真情到永远”，在这种经营理念的指导下，海尔人创造出了一种“一定要设法让顾客满意”的企业文化。举例来说，客户提出这样的问题：

“这里气候潮湿，有没有可以强劲除湿的空调？”

“登高擦拭不便，有没有可以升降的空调？”

“气候炎热，有没有耐高温、可以长时间保持运转的空调？”

对于这些问题，海尔的回答一律是：“有！我们很快为您设计制造!""行！我们帮助您生产。"

从海尔的案例中可以看出,没有解决不了的问题,自然就不会引起顾客的抱怨。

还有一个例子,夏天是洗衣机销售的淡季。为什么呢？经过市场调研发现,不是夏天人们不洗衣服,而是因为衣服都比较短、薄、少,而且更换频繁。假如使用普通型的洗衣机去洗夏天的衣服,费水费电,成本加大。所以人们倾向于把衣服集中起来洗涤,或者不使用洗衣机。

经过调研以后,海尔研发出一种新产品——小小神童洗衣机。采用水位三档调节,1.5 公斤型的。一件衬衫也照洗,小孩子也可以使用这款洗衣机自己洗衣服。这种产品 1996 年上市之后,开发了 12 代,5 年销量超过 200 万台。

另外,在四川有的客户投诉洗衣机常常出故障。海尔技术人员去查看以后,发现海尔的洗衣机品质没问题,是四川的消费者使用不当：他们没有衣服洗的时候,用洗衣机来洗土豆。这种情形一般的商家会说,"我们没有错,是你们使用不当,所以我们不会赔偿"。但海尔不是这样,他们开始研发设计新型的洗衣机——既能够洗土豆,又能洗衣服。这就是海尔的理念,他们对于满足顾客需求的追求有着可贵的执著。

第二章　市场营销的定位

第一节　市场营销的任务：满足需求

我们在第一章里论述了市场营销不是卖东西。那么，如果市场营销不是卖东西，市场营销的任务是什么呢？笔者认为，市场营销的任务是满足需求，是为了比竞争对手更好地满足消费者的需求。具体来说，市场营销的任务可以分解为四个方面的内容：化解危机、排除障碍、解决问题、满足需求。

一、化解危机

市场营销的第一个任务是化解企业遇到的各种危机。在危机发生时，它的传播速度之快、影响面之广和误传消息之强是企业所始料不及的。所以，学会处理危机，对企业的营销工作来说，是一堂重要的"必修课"。

【**案例**】百事可乐的"流言真空"——抓住第一时间

1996年，一对80岁的老夫妇投诉百事可乐易拉罐里有注射器的报道出现后第三天，就有报道说第二宗相同的事件被发现。到第五天的报道就变成了全美有12个州发现相同的事件。事后查明，老翁在使用注射器之后随手将其放入身边的空百事易拉罐里。

所以说，危机中传播的失误造成的真空，会很快被流言所占据。"无可奉告"一类的词语就像斗牛场上挥舞的红布，只会引起人们更强烈的好奇心。抓住危机发生后的最短时间做出最快的反应——说明目前现状，才能掌握主动权。

【**案例**】家乐福的精明——尊重顾客意愿

当危机事件发生后，不同的处理方式，直接影响着组织形象的美誉度。1998年春节前夕，重庆家乐福在当地报纸上刊登了"买一瓶百事可乐(5元),赠送一瓶天府可乐(2元)”。由于失误,广告显示为“买一瓶百事可乐,赠一瓶天府可乐(2元)”。顾客认为两瓶可乐应收2元,而收银员坚持应收5元,这引起了顾客的强烈不满。此时,家乐福尊重顾客的意愿,化解了这场危机。家乐福一方面忙于补货,平衡商场供求秩序,另一方面紧急通知每人限购两瓶,在报纸上修正广告并向消费者致歉。家乐福把让顾客满意作为处理危机公关的宗旨,使一场危机变成了一次公关宣传的机会。

【案例】可口可乐的败笔

1999年,比利时一些学生在饮用可口可乐时出现中毒现象,该国决定成立专门小组调查此事。因为很多产品都可能出现这样的偶然事故,所以只要可口可乐公司处理得当,完全可以扭转不利局面。

然而事情发生后,可口可乐公司管理层并未及时与比利时政府取得联系,也没有派专家进行调查。这使人们对其产生了怀疑与反感,指责可口可乐的声音弥漫整个比利时,并逐步波及荷兰和法国。直到此时,公司董事长才公开赔礼道歉。但公开信刊登不久,人们突然发现了许多“可口可乐永远是最健康的”广告牌。可口可乐公司在未调查清楚事故原因的情况下,贸然发布这样的广告进一步激化了矛盾。原本已快平息的愤怒浪潮在几天后重新掀起,并迅速波及大半个欧洲。

事后查明,问题出在比利时安特卫普地区的二氧化碳受到了污染,责任不完全在可口可乐公司,但由于他们在处理问题决策上的失误,造成了巨大的损失。

【案例】IBM慷慨兑现“1元康宝”始末

俗话说“天上不会掉下馅饼来”,然而世间偏偏就有这样的美事发生了。2004年4月7日上午,一名网友在访问IBM中国官方网站的时候,突然发现该网站正以1元人民币的价格,特卖阿帕奇USB2.0托盘便携式康宝光驱。这条令人兴奋的消息,很快就在互联网上传播开来。

IBM中国官方网站上的这款康宝外置光驱,1元的特卖价格实在太便宜了,市场销售价格至少要1500元。一时间,引得不少闻讯而来的网友纷纷下单购买。一位网友在BBS上说:“我买了100个,我觉得自己挺贪心的。”还有一位网友则表示他的“胃口”不是很大,只订购了

10 台。

据悉，网友按 IBM 中国官方网站的引导，在网上填好包括所认购的产品、数量及自己的姓名、电子邮件、电话等个人信息的订单，并确认订购后，网页上会显示出“IBM 公司已经收到您的在线订单，我们的电话业务代表会在一个工作日内与您联系，确认订单事宜”。随后用户还会收到一封 IBM 发来的电子邮件确认单，确认订购成功。接下来，用户要做的就是等 IBM 的电话通知了。

与此同时，IBM 的这一特卖活动也在网络上引起众多网友的议论。面对如此诱人的馅饼，那些已经下单购买的网友也是心存疑虑，怀疑是不是 IBM 把价格给标错了？一位网友满是怀疑地说：“这个东东是真的假的？我已经订了两个。”另一位网友则回应说：“管他真假，真的最好！假的就当消遣一下 IBM。”

这种怀疑很快就在某种程度上得到了证实。大部分消息晚了一步的网友，在“1 元特卖康宝光驱”页面出现约 40 分钟后赶来时，这个页面已经消失了。这时候，已经有越来越多的人认为 IBM 公司在此前搞错了价格和货品，现在开始纠正了。那些已经下单订购的网友，也都开始担心 IBM 会不会反悔。

一位网友说：“想想对策啊，如果到时候 IBM 打来电话说对不起，我们的价格写错了，如此云云。这时候怎么办?”另一位一直在等 IBM 电话通知的网友也焦急地说：“快来电话啊！IBM 要是敢来电话说这是错误的不算数，我就臭骂他们一顿。”

其实天上真的不会掉下馅饼，更不会掉下康宝光驱。在 IBM 所承诺的一个工作日过后，那些已经下单订购外置康宝的网友，并没有如订单确认里所说的那样，收到 IBM 电话业务代表的电话。早就已经怀疑这项交易能否继续下去的订户，开始拨打确认电子邮件中的 IBM 服务电话 8008101818－5885 进行询问，然而 IBM 并没有对此事做出明确的解释和答复。

然而，整个事件柳暗花明般的转变，出现在了 4 月 12 日。当天 IBM 中国网站以《IBM 就“一元产品”的声明》为题发表了一份声明，承诺将完全履行这次订户的订单。

声明全文为:"IBM 中国网站(ibm.com.cn)在近日的一次市场活动中,因人为错误导致"一元产品"的网上标价,引起部分中国消费者的误解,对此,IBM 中国有限公司深表遗憾。

作为一家全球化的跨国公司,IBM 是一贯秉承商业法则和国际惯例的。同时,作为一家享有良好商业信誉和恪守客户承诺的公司,IBM 不仅为客户带来商业价值,更是客户最可信赖的合作伙伴。为此,IBM 愿意按照相关手续、流程来完全履行所有在线订购意向,以回馈广大用户对 IBM 公司的信赖和支持。具体事宜,IBM 会以电话方式跟所有在线订购意向的客户取得联络。"

有人说,这回 IBM 亏大了,从表面上看的确如此。虽然具体的订购数量我们并不明了,但估计也是一个不小的数目,就以 1000 件康宝光驱来计吧,每件亏 1500 元就是 150 万元。然而仔细一想又不尽然,虽然损失了一百来万的商品,但这一举动却得到了用户对 IBM 的千金难买的信赖,可以说这种兑现比花上千万的广告费要更有实效。

IBM 是聪明的,同时也向我们展示了 IBM 先进的经营理念。如果 IBM 毁约,或者是按照"霸王条款"宣布定单无效,虽然能够避免这笔损失,但必然会在网络上招来一片讨伐、质疑、鞭鞑的声音,不但会令 IBM 的信誉受损,而且还会动摇 IBM 品牌在用户心中的地位。相反的是,现在 IBM 慷慨"1 元康宝",虽然在有形资产方面做出了一定的牺牲,但却有效地提升了无形资产的价值。

二、排除障碍

市场营销的第二个任务是排除顾客消费过程中遇到的各种障碍。具体来说,顾客在消费过程中遇到的障碍主要有以下四个方面。

(一)缺乏商业沟通的技巧

企业里身在一线的人员,如业务员、推销员、营业员等,由于每天都和顾客打交道,必须具备相应的商业沟通技巧,这是赢得顾客信赖和忠诚的关键一环。

【案例】乔·吉拉德的生日鲜花

我想凡是做营销的人没有不知道乔·吉拉德的,他被认为是"世界上最伟大的推销员”。他是如何成功的呢?

乔·吉拉德认为,卖汽车,人品重于商品。一个成功的汽车销售商,肯定有一颗尊重普通人的爱心,他的爱心体现在他的每一个细小的行为中。

有一天,一位中年妇女从对面的福特汽车销售商行,走进了吉拉德的汽车展销室。她说自己很想买一辆白色的福特车,就像她表姐开的那辆,但是福特车行的经销商让她过一个小时之后再去,所以她就先来这儿瞧一瞧。

“夫人,欢迎您来看我的车。”吉拉德微笑着说。

妇女兴奋地告诉他:“今天是我55岁的生日,想买一辆白色的福特车送给自己作为生日礼物。”

“夫人,祝您生日快乐!”吉拉德热情地祝贺道。随后,他轻声地向身边的助手交待了几句。

吉拉德领着夫人从一辆辆新车面前慢慢走过,边看边介绍。在来到一辆雪佛兰轿车前时,他说:“夫人,您对白色情有独钟,瞧这辆双门式轿车,也是白色的。”

就在这时,助手走了进来,把一束玫瑰花交给了吉拉德。吉拉德把这束漂亮的玫瑰花送给夫人,再次对她的生日表示祝贺。

那位夫人感动得热泪盈眶,非常激动地说:“先生,太感谢您了,已经很久没有人给我送过礼物。刚才那位福特车的推销员看到我开着一辆旧车,一定以为我买不起新车,所以在我提出要看一看车时,他就推辞说需要出去收一笔钱,我只好上您这儿来等他。现在想一想,也不一定非要买福特车不可。”

后来,这位妇女就在吉拉德那儿买了一辆白色的雪佛兰轿车。正是这许许多多的细小行为,为吉拉德创造了空前的效益,使他的推销取得了辉煌的成就,他被《吉尼斯世界纪录大全》誉为“全世界最伟大的推销员”,创造了12年推销13000多辆汽车的最高纪录。有一年,他曾经卖出汽车1425辆,在同行中传为美谈。

(二)服务不到位

一般人眼里的服务都是当消费者需要服务时才赶快去给人家服

务，服务时态度非常和蔼等等，这样就以为是做到家了，事实上这是不对的！因为你的服务已经晚了，对已经发生了的问题去解决去服务那就是弥补的问题了。按照行为科学来说，当他需要服务的时候你再去给与服务他就不是满意了，而是不再不满意了。所以要在他还没感到需要服务时你的服务就已经做到了，这样才能让他感到满意。

【案例】近几年，郑州的夏天变得很热。天热了很多家庭就要安空调。于是，各个厂家的空调都卖得很好，但是半个月以后却出现了一个很奇怪的现象——消费者纷纷退货！为什么呢？因为空调卖的太多了，安装跟不上了。最热的日子就那么一两个月，人家买了以后半个月也安装不上，那不是开玩笑吗？于是就要求退货。但海尔没有出现这样的情况，基本上没有退货的。为什么呢？因为海尔在夏天来临之前，派专人到郑州气象台作了咨询，得知了郑州当年夏天会特别热的信息。于是就提前从全国调来了三百名安装人员。因此，凡是买了海尔空调的马上就可以安装。当然听说后来他也装不过来了，因为卖得太好，相对安装人员还是少。但不管怎样，海尔在郑州卖得最好。当然并不是说卖得最多就是最好，关键的问题是海尔的形象在郑州树立了起来，因此它在郑州的市场占有率是最高的。也许有人不信，海尔空调就其质量而言，与其他品牌相比并无过人之处，但就是因为它的服务非常到位，才使得海尔从众多的品牌中脱颖而出。

(三)需要审批

在大客户销售中，经常会遇到一些客户在项目或商品的购买中由于需要审批而无权决定购买的情况。这就要求我们的销售人员在销售之前要把客户的审批权限搞清楚。只有这样，才能更顺利地进行产品的销售。

【案例】前些年在北京，有一种医疗器械，标价 5100 元一台，但怎么卖也卖不出去。后来上海人到北京卖，价格差不多，但却供不应求。为什么呢？北京的销售人员没有做细致的调查，当时医院有规定，5000 元以上需要院长签字才可以买，而 5000 元以下只要放射科主任签字就行了。所以 5100 元的价钱就遇到了麻烦。而上海的销售人员就很细心，他得知此规定后将价钱定到 4950 元，有主任的签字就可以买。买方方便了许多,市场自然就打开了。但你不要以为这个价钱就赔了,因为它还有第二句话,就是配件单算。这样呢,买的人省了事,卖的人赚了钱。

(四)缺乏必备的产品知识

消费者在购买价值比较高的或者操作比较复杂的产品时,往往由于缺乏必备的产品知识而不能够顺利地购买。那么,做为身在一线的人员,如业务员、推销员、营业员等,一方面自己要具备相应的产品知识,另一方面面对这样的顾客时要有充分的耐心。这是赢得顾客忠诚的关键一环。

【案例】省略阳光

一家著名的国际贸易公司高薪招聘业务人员。在众多应聘者中,有一个年轻人条件最好,毕业于名牌大学,又有在地方外贸公司工作三年的经历,所以应聘时他显得非常自信。

主考官问他:"你以前具体做什么项目的业务?"

年轻人回答:"山野菜。"

"哦,做山野菜。那你说说,对业务人员来说,是产品重要,还是客户重要?"

年轻人想了想,说:"客户重要。"

主考官追问:"山野菜以前出口销路非常好,可是最近几年却少有问津,你能告诉我这是什么原因吗?"

年轻人脱口而出:"当然是菜不好啊!"

主考官紧追不放:"为什么不好呢?"

"这……"年轻人愣住了,无言以对。

主考官注视了他好一会儿,才开口道:"我想,你一定没有去过那种山野菜的产地。"

年轻人反问主考官:"你怎么看出我没有去过产地?"

主考官说:"每年采集山野菜的最佳时间只有十天左右,而且山野菜采下后要摆开,在地上晾晒一天,第二天翻个个儿,再晾晒一天,让水分蒸发干,这样到食用时,只要把它放在凉水里浸泡一下就可以了。可是现在一些当地农民急功近利,为了多采多卖,把山野菜采下后来不及放在地上晾晒，而是放在热炕上烘。这样处理的结果，从外表上看哪儿都一样，可是食用时，不管放在水里怎么泡，都像老树根一样，又老又硬，根本咬不动。国外客商发现后，对此提出警告，一次，两次，还是如此。结果，人家干脆封杀，再也不从我国进口了！”

年轻人脸红了，只得带着满腔遗憾走出考场，这位最有希望入选的年轻人被淘汰出局。离开考场的那一刻，他心里非常清楚，这样著名的公司，是不会录用他这样一个整天只陪客户吃饭，却没有去过一次产地的业务员的。他就像那些一心想速成加工山野菜的农民，省略了两天的阳光，但最终被烘干的却是自己。

三、解决问题

市场营销的第三个任务是解决顾客消费过程中遇到的各种问题。常言道：“一把钥匙开一把锁。”要能够了解顾客所想所需，多想想自己的产品能够为顾客带来哪些好处或便利，能为顾客解决哪些难题。

【案例】美国巨富亚默尔在17岁那年被淘金热所吸引，投入到淘金者的行列。山谷里气候干燥，水源奇缺，寻找金矿的人最感到痛苦的就是没有水喝。他们一边寻找金矿，一边骂道：“要是有一壶凉水，老子给他一块金币。”“谁要是给我狂饮，老子给两块金币。”说者无意，听者有心。在一片“渴望”声中，亚默尔心有灵犀一点通。他退出淘金的热浪，挑着水桶，提着水壶向那些淘金者卖水。那些唇干舌燥的淘金者蜂拥而上，金币一块块扔到他的手中。

四、满足需求

市场营销的第四个任务是满足顾客的需求。人的需求是多种多样的，按照马斯洛的需求层次论，人的需求有五个层次，分别是：生理需求、安全需求、社交需求、尊重需求和自我实现需求。营销的任务就是找到不同类型顾客的不同需求，并且比竞争对手更好地去满足顾客的需求。

【案例】某大公司为了招聘到最优秀的营销人员，特意出了这么一道难题：要求应聘者在十日之内尽可能地把木梳卖给和尚，为公司赚取利润。有A、B、C三人欣然应聘。他们奔赴各地，访名寺，卖木梳。期限到，三人交差。A君只卖出一把，B君卖出十把，C君竟然卖了一千把。同是卖木梳给和尚，为什么三人的销售额会有这么大的区别？

公司主管百思不得其解，后来经过逐一询问，才解其惑。原来A只是想把木梳卖给和尚，他根本没有考虑到木梳对和尚来说有什么作用或好处，尽管他费尽口舌，也卖不出一把梳子，反而被和尚轰出山门，幸好有一个云游僧人可怜他，买下了他的一把梳子，否则，他只好空手而归了。B比A聪明，他对寺院的住持侃侃而谈："庄严宝刹，佛门净土，理应沐浴更衣，进香拜佛。倘若衣冠不整，蓬头垢面，实在亵渎神灵。故应在每座寺庙的香案前，摆放木梳，供前来拜佛的善男信女，梳头理发。"住持认为言之有理，便采纳了建议，总共买下了十把木梳。C比B更胜一筹，他为了推销木梳，自己打探到一个久负盛名、香火极旺的名刹宝寺，向方丈进言："凡进香朝拜者无一不怀有虔诚之心，希望佛光普照，恩泽天下。大师是得道高僧，且书法超群，可将所题'积善'二字刻于木梳之上，赠与进香者，让这些善男信女，梳去三千烦恼丝，青灯黄卷绝尘缘，以显示我佛慈悲，保佑众生，慈航普渡。"方丈闻之大喜，既然木梳对寺庙有如此多的好处，当即买下一千把梳子，并请C小住几天，共同出席了首次赠送"积善"梳的仪式。此举一出，一传十，十传百，朝圣者更多，香火也更旺。为此，方丈恳求C急速返回，请公司多发货，以成善事。

第二节　市场营销的本质：创造顾客价值

一、顾客让渡价值

顾客让渡价值是指顾客总价值(Total Customer Value)与顾客总成本(Total Customer Cost)之间的比值。顾客总价值是指顾客购买某一产品与服务所期望获得的一组利益，它包括产品价值、服务价值、人员价值和形象价值等。顾客总成本是指顾客为购买某一产品所耗费的时间、精力、体力以及所支付的货币资金等，因此顾客总成本包括货币成本、时间成本、精力成本和体力成本等。由于顾客在购买产品时,总希望把有关成本降到最低限度,而同时又希望从中获得更多的实际利益,以使自己的需要得到最大限度的满足。因此,顾客在选购产品时,往往从价值与成本两个方面进行比较分析,从中选择出价值最高、成本最低,即"顾客让渡价值"最大的产品作为优先选购的对象。

企业为在竞争中战胜对手,吸引更多的潜在顾客,就必须向顾客提供比竞争对手具有更多"顾客让渡价值"的产品,也就是说,要能够为顾客创造价值。这样,才能使自己的产品为消费者所注意,进而购买本企业的产品。为此,企业可从两个方面改进自己的工作:一是通过改进产品、服务、人员与形象,提高产品的总价值;二是通过降低生产与销售成本,减少顾客购买产品的时间、精力与体力的耗费,从而降低货币与非货币成本。

二、为顾客创造价值

(一)提高显性价值

顾客总价值包含了显性价值和隐性价值。提升让渡价值的一个方法,就是提高显性价值。什么是显性价值?简单地说,就是产品对顾客的实用性。比方说,产品的功能、特性、品质、品种、样式等等,是不是符合顾客的需求。它是顾客需求的中心内容,也是顾客选购产品的首要因素。

【案例】在提高显性价值上,宝洁公司做得非常好。针对顾客的不同需求,宝洁公司设计了不同功能的洗发水。比如,增加头发营养的潘婷,去头屑的海飞丝,柔顺头发的飘柔,保持发型的沙宣,清新舒爽的依卡露。几乎头发所有的需要,都能在宝洁的产品中找到解决的方法。对顾客来说,宝洁提供了非常高的显性价值,宝洁也因此获得了非常可观的客户群。

丰富品种,可以提高显性价值。但如果产品是单一品种,我们可以用哪种方法提高显性价值呢?我们可以对产品进行升级。看看 IBM,再看看摩托罗拉,以及更多知名的企业,我们发现,这些企业之所以健康发展,产品之所以成为顾客购买的首选,其中一个重要的原因,就是他们不断升级产品，不断满足顾客的需求，甚至引领顾客的需要。

橙汁饮料产品生产商也是这样。早期推出的是“橙蜜”，然后接着升级为“鲜橙”，然后提倡加入“维 C”，接着加入“蔬菜汁”等。

现在，顾客对鲜橙的兴趣已经下降，从哪里提高顾客的显性价值呢？这是橙汁生产企业绞尽脑汁思考的事。有家企业想到了升级的方法，饮料行业的龙头老大可口可乐推出“果粒橙”，在橙汁中加入新鲜果肉，升级了“鲜橙”的概念，刺激了顾客的味觉。产品不断升级，刷新了顾客的显性价值。

（二）提高隐性价值

显性价值是最基本的价值，往往也是顾客的第一价值。提高了显性价值，我们再谈隐性价值。什么是隐性价值？简单地说，隐性价值就是产品对顾客的愉悦性，是一种情感上的价值满足。

【案例】必胜客的外卖

顾客接受产品或服务，其实就是在体验，获取情感上的愉悦。并且把情感愉悦度，当做评价产品或服务价值的标准。

比起国内企业的服务，外企的服务更注重顾客的情感体验。就拿“必胜客”来说，有个顾客，在家拨打了“必胜宅”统一外卖电话。19 分钟后，外卖先生已经到门口了，身上的工作服十分干净。令顾客感动的是，外卖先生放下比萨，还不忘对顾客说句“祝您用餐愉快”。

热乎乎的比萨，美味的鸡翅，跟“必胜客”店堂食物一样可口，顾客感觉很享受。

更让人赞赏的是，24 小时之后，必胜宅的服务反馈热线打来电话，询问顾客：食物的温度是否适合，食物是否可口，送外卖先生的服务态度怎样，等等。

这样的服务，顾客非常满意，于是大都成为“必胜客”的忠实顾客。

送餐速度快，食物可口，送餐先生彬彬有礼，售后服务周到，这是顾客对“必胜客”的感受。顾客在享受美味的同时，又体验到被尊重，获得非常大的情感满足。“必胜客”给顾客的价值，已经不单是比萨本身（显性价值）了，而是上升到情感的层面，提高了顾客的隐性价值。

提高显性价值，顾客的满意度会上升；提高隐性价值，带来的可能是顾客的忠诚度。顾客的最大需求在于情感，谁满足了顾客的情感需求，谁就抓住了顾客。

【案例】有个美国人在菲律宾首都马尼拉市开了家餐厅，那里已经有许多家餐厅。但是，他的餐厅开张不久，就把很多顾客吸引过去。他是怎么做到的？

菜比别人做的好吃吗？不是，在他餐厅附近，就有一些餐厅做的菜比他的好吃。是菜的价钱便宜吗？不是，他定的价钱不比别人便宜。是因为餐厅环境比别人舒适吗？也不是，装修很普通。

那是什么原因？是因为餐厅的服务员。服务员全部都是清一色的小矮人，他们最高的不过1.30米，最矮的只有0.67米。他们的服务比其他餐厅的服务员更贴心，更热情，让顾客在好奇中感到温暖、舒适。有些人甚至从外地开车过来，就为了感受这种新奇的体验。

餐厅独特的服务，使顾客乐于在这里消费，乐于把这种奇妙的体验告诉更多的人。

服务人员是服务的最生动演示，最能体现出服务特色，也最容易随时变换服务方法，因此大部分企业着重在这方面提升服务价值。

我们还可以想想，能不能在其他方面提高隐性价值？比如抽奖活动、促销活动、赠送礼品等，带给顾客惊喜。我们也可以用现场操作的方法，满足顾客的好奇心理。比方说咖啡厅、面店、茶馆，服务人员现场炮制演示，甚至让顾客亲手操作，这种新奇的体验，常常让顾客十分愉悦。

在日常的服务中，我们既没有小矮人，也没办法经常举行让顾客惊喜的活动。这种情况下，怎样提高顾客的隐性价值？我们可以检查一下，服务细节是不是有缺漏？比方说，购物环境是不是干净，灯光是不是适合，有没有设置休息区，服务现场有没有播放音乐，洗手间难不难找。点的相加，将产生巨大的效应。做好这些服务点，会让顾客更加舒心，从而有效地提高隐性价值。

三、降低顾客的总成本

顾客的总成本是什么？顾客总成本是指顾客为购买某一产品所耗

费的时间成本、精神成本、体力成本、货币资金成本和机会成本。顾客总成本包含了显性成本和隐性成本。

(一)降低显性成本

降低显性成本,也能有效地提升让渡价值。什么是显性成本?显性成本就是货币成本。顾客购买产品,最想要的是价值最大化,价格最小化。问题是,怎样降低显性成本?我们通常用最直接的方法,也就是降价。产品降价,顾客的显性成本就低了。

顾客希望企业降价,但是降价后,顾客又担心产品是不是出问题,反而不敢购买。一个手术,原本要1000元,医院说降到500元,想想,患者怎么敢轻易尝试。通常我们都要为降价找个理由,消除顾客的疑虑。比方说店庆、节日、换季,等等,或者用打折扣、赠送优惠券等的形式,让利给顾客。

除了降价,也可以用成本转移的方式。打个比方,某个地方举办展会,主办单位为客户提供机票和酒店,把一部分成本转移到企业来。学校减免优秀学生的学费,超市派专车接送顾客,都是一种成本转移。

其他的方式,比方说以旧换新、办理积分卡、赠送现金券,等等,都可以降低显性成本。多种方式交替使用,可以不断吸引顾客的注意力。

(二)降低隐性成本

什么是隐性成本?可以这样理解:隐性成本就是除了显性成本以外的成本。大概有这几个因素:时间、精力和体力。我们怎样降低顾客的这些隐性成本?先看几个例子:

沃尔玛:节假日,商场购物人多,很多顾客排队等结账,商场增加收银台。

某美容院为顾客指定专人顾问,设计脸部改善方案,解决美容问题。

顾客在批发市场购买大宗货物,市场为顾客送货上门。

沃尔玛增加收银台,减少顾客结算的时间;美容院为顾客省去美容的精力;而批发市场呢?很显然,为顾客省了力气(同时也节省了显性成本)。他们都为顾客降低了隐性成本。

在传统营销上,隐性成本往往被忽视了,我们把目光更多地放在显性价值、隐性价值和显性成本上。

听到顾客抱怨存放物品不方便,结算时间太长等,而且抱怨的内容越来越多。我们回过头研究发现,顾客付出的不仅仅是显性成本,顾客的让渡价值还应该包括隐性成本。

做好以下两方面的工作,可以降低隐性成本:

首先,提高便利性,增加服务,让顾客在消费时花费的时间更少,消耗的精力和体力更少。比方说,安排足够的现场服务人员,清楚地提供产品信息(位置、价格等),节省顾客消费时间(包括购物前计划时间、赶到店铺时间、店内选购时间和结算时间等),提供存车(物品)服务、送货服务,等等。超市提供免费接送顾客服务,现场设立服务中心等,都是降低隐性成本的有效手段。

多挖掘顾客的需求,就能找到节省顾客隐性成本的方法。比如北方的顾客冬天购物常常很不爽,为什么?因为人们一进入温暖如春的商场,脱下了厚厚的棉衣,却无处存放。抓在手里,购物非常不方便。据了解,很多商场并没有为顾客设存衣柜。

为什么不让顾客把手腾出来,拿我们的商品呢?多想想顾客的需要,我们才能找到降低隐性成本的方法。

其次,除了传统方式外,新的营销手段也受到顾客的欢迎,比如网上消费。顾客只要坐在电脑前一点击,交易就完成了。大到车子,小到一本书,甚至无形产品,比如管理咨询(中国咨询培训网就提供了这样的服务),顾客都可以通过网络进行交易,节省了大量的隐性成本。

我们在上面列举了四种方法来提升顾客让渡价值。其中,提高显性价值是最基本的,提高了这个价值,我们才谈其他方面的。隐性价值在一定程度上可以弥补显性价值的不足。就好像一些培训师,讲的课不怎么样,那他只能在其他方面补上。比方说,夸大自己的经历,用哗众取宠的作秀来弥补。或者压低讲课价钱,降低顾客的显性成本。我们经常会看到这样的例子。

顾客可能会因为喜欢产品的款式新颖,因为产品的价格低廉而买下产品,但产品的质量,一定是顾客认为过得去才行。

这四种方法,既可以单独进行,也可以加以组合。当它们组合成链时，衍生出来的方法远远不止四种，我们利用链的不同组合，可以错位竞争。比方说，你提高显性价值，我提高隐性价值，他降低显性成本，避免雷同化竞争。

【案例】王永庆卖大米的故事

工作后看过不少企业家的成长故事，但记忆最深刻的，还是台塑创始人王永庆卖大米的故事。

王永庆早年因家贫读不起书，只好去做买卖。1932 年，16 岁的王永庆从老家来到嘉义开一家米店。当时，小小的嘉义已有米店近 30 家，竞争非常激烈。当时仅有 200 元资金的王永庆，只能在一条偏僻的巷子里承租一个很小的铺面。他的米店开办最晚，规模最小，更谈不上知名度了，没有任何优势。在新开张的那段日子里，生意冷冷清清，门可罗雀。

当时，一些老字号的米店分别占据了周围大的市场，而王永庆的米店因规模小、资金少，没法做大宗买卖；而专门搞零售呢？那些地点好的老字号米店在经营批发的同时，也兼做零售，没有人愿意到他这一地处偏僻的米店买货。王永庆曾背着米挨家挨户去推销，但效果不太好。

王永庆感觉到米店要想在市场上立足，自己就必须有一些别人没做到或做不到的优势才行。仔细思考之后，王永庆很快从提高米的质量和服务上找到了突破口。

20 世纪 30 年代的台湾，农村还处在手工作业状态，稻谷收割与加工的技术很落后，稻谷收割后都是铺放在马路上晒干，然后脱粒，砂子、小石子之类的杂物很容易掺杂在里面。用户在做米饭之前，都要经过一道淘米的程序，用起来很不方便，但买卖双方对此都习以为常，见怪不怪。

王永庆却从这一司空见惯的现象中找到了切入点。他带领两个弟弟一齐动手，不辞辛苦，不怕麻烦，一点一点地将夹杂在米里的秕糠、砂石之类的杂物拣出来，然后再出售。这样，王永庆米店卖的米质量就要高一个档次，因而深受顾客好评，米店的生意也日渐红火起来。

在提高米质见到效果的同时，王永庆在服务上也更进一步。当时，用户都是自己前来买米，自己运送回家。这对于年轻人来说不算什么，但对于一些上了年纪的老年人，就是一个大大的不便了。而当时年轻人整天忙于生计，且工作时间很长，不方便前来买米，买米的任务只能由老年人来承担。王永庆注意到这一点，于是超出常规，主动送货上门。这一方便顾客的服务措施，大受顾客欢迎。

当时还没有送货上门一说，增加这一服务项目等于是一项创举。即使是在今天，送货上门充其量是将货物送到客户家里并根据需要放到相应的位置，就算完事。那么，王永庆是怎样做的呢？

每次给新顾客送米，王永庆就细心记下这户人家米缸的容量，并且问明这家有多少人吃饭，有多少大人、多少小孩，每人饭量如何，据此估计该户人家下次买米的大概时间，并全部记在本子上。到时候，不等顾客上门，他就主动将相应数量的米送到客户家里。

王永庆给顾客送米，还要帮人家将米倒进米缸里。如果米缸里还有米，他就将旧米倒出来，将米缸擦干净，然后将新米倒进去，将旧米放在上层。这样，陈米就不至于因存放过久而变质。王永庆这一精细的服务令不少顾客深受感动，从而赢得了很多忠诚的顾客。

在送米的过程中，王永庆还了解到，当地居民大多数家庭都以打工为生，生活并不富裕，许多家庭还未到发薪日，就已经囊中羞涩。由于王永庆是主动送货上门的，要货到收款，有时碰上顾客手头紧，一时拿不出钱来，会弄得大家很尴尬。为解决这一问题，王永庆采取按时送米，不即时收钱，而是约定到发薪之日再上门收钱的办法，极大地方便了顾客。

王永庆精细、务实的服务方法，使嘉义人都知道在米市马路尽头的巷子里，有一个卖好米并送货上门的王永庆。有了知名度后，王永庆的生意很快红火起来。这样，经过一年多的资金积累和客户积累，王永庆便自己办了个碾米厂，在离最繁华热闹的街道不远的临街处租了一处比原来大好几倍的房子，临街的一面用来做铺面，里间用做碾米。就这样，王永庆从小小的米店生意开始了他后来问鼎台湾首富的事业。

后来，王永庆谈到开米店的经历时，不无感慨地说："虽然当时谈不上什么管理知识，但是为了服务顾客做好生意，就认为有必要掌握顾客需要，没有想到，由此追求实际需要的一点小小构想，竟能作为起步的基础，逐渐扩充演变成为事业管理的逻辑。”

这个故事给了我很深的启发甚至是感动。同样是卖大米，为什么王永庆能将生意做到这种境界呢？关键在于他为顾客创造了价值！不仅仅是卖给顾客产品，而是将顾客的需求变成自己的服务项目，与产品一同给予顾客。

顾客从其他米店也可以买到米，但从王永庆的米店里买米，会感觉自己的所得是超出产品价值的。我们应该明白的是：在如今技术高度发展、产品趋同的形势下，一个企业如果想存活并发展，就一定要有超越产品的让顾客愿意为之捧场的理由。只有乐于把方便给予他人，把利益给予他人，把温暖给予他人，把服务给予他人，才能塑造出企业独特的魅力，从而赢得顾客的心。

所以，营销只能让一个有价值的东西卖得好，而不能让一个没有价值的东西卖得好。营销让一个没有价值的东西卖得好，那叫骗销。营销和骗销一墙之隔，这个墙就是价值。菲利浦·科特勒说得好：“营销不是巧妙地教会我们卖东西，而是一门真正地创造客户价值的艺术。”

我们很多企业，今天营销做得很难，销售员也很可怜，为什么？不是我们的销售员不努力，而是我们很多企业在价值层面上已经输给竞争对手了，这是问题的根本。

第三章　市场营销环境分析

20世纪初，亨利·福特作为他那个时代的开拓者把工业化的生产方式引入了汽车制造业，生产出大多数人买得起的汽车，推动了美国汽车制造业的发展，也为自己带来巨大的财富和世界性的声誉。但到了20世纪20年代，美国人开始注意汽车的款式和式样，亨利·福特继续生产黑色的T型车，市场优胜者的位置被通用汽车公司夺去。20世纪50年代，当顾客注意经济性，要求购买更省油的汽车时，通用公司却继续生产大型汽车，更省油的德国车和日本车乘机大行其道。无数企业的经历说明：忽视环境变化的营销活动注定要失败，只有同环境保持协调的企业才能生存、发展。

第一节　营销环境中蕴含机会与风险

一、营销环境

营销环境是指对企业的市场营销活动产生影响和冲击的不可控制的行动者及社会力量。根据营销环境中各种力量对企业市场营销的影响，可把市场营销环境分为微观环境和宏观环境两大类。微观环境是指环境中直接影响企业营销活动的各种不可控制的行动者，如顾客、供应商、竞争者和社会公众；宏观环境是指环境中间接影响企业营销活动的不可控制的较大的社会力量，如政治、法律、经济、人口、技术和文化等。

营销环境对企业有两方面的影响：提供机会；产生威胁和风险。大量的营销实践表明：即使在经济衰退时期，企业也常常可以捕捉到一些新的市场机会，其中有相当一部分企业通过自己出色的营销活动，创造了不寻常的业绩。

【案例】面对“非典”，促销不寂寞

2003 年，由于非典这只“黑蝴蝶”的翅膀扇动，众多企业陷入了“山穷水尽疑无路”的境地之中。那么企业究竟应如何紧急应对，暗渡陈仓呢？

第一，扬长避短，由促进销量的短期活动转为提升品牌的长期工程。在这方面联想和海尔是做得最好的。联想捐赠 1000 万元支援抗击非典，海尔在黄金时段高频率播出“抗击非典”的公益广告，体现了在国难当头时，作为“企业公民”的良心和责任感，从而赢得了消费者的信赖。

第二，化整为零，由“把消费者拉进来”转为“把服务送上门”。三星显示器在部分城市开展的“上门装机活动”，就化被动为主动，沉着应对了无法开展现场促销活动所带来的损失。其活动主要内容是消费者只需通过电话或网络订购，确定所需配置，三星就安排专业“白衣工程师”送货上门，“户外验收，消毒入户”，由此方便了消费者，让消费者安全健康消费。

第三，巧妙借势，把握促销活动的度。科康技术（中国）有限公司在全民抗击非典的战斗中，依托自身的研发实力，在 5 月上旬向社会推出了“无毒空间”臭氧空气杀毒仪，作为通过多个部门权威鉴定的高科技产品，科康公司在上市的促销活动中没有自吹自擂，而是在当地工会的牵头下，将首批下线的七十台产品赠送给抗击非典的医院，并向社会捐赠了三万册抗击非典手册，以引导人们科学地认识和预防非典。从而很好地把握了促销的度，既有力地带动了销售，又避免了消费者的反感。

在经济繁荣时期，市场环境也可能给企业带来一些新的威胁，即有一些企业难免摆脱倒闭的厄运。也就是说，不断变化的市场环境，既给企业的市场营销活动提供机会，也可能带来威胁。

【案例】有三家实力相当的饮料公司，在某个城市形成三足鼎立之势。正值淡季，市场疲软，在广告上，A 公司首先打出“季节大优惠”，一时消费者盈门，销售额直线上升。B 公司闻风而动，也打出了“降价大优惠”的牌子。C 公司发觉 A 公司和 B 公司两家抢走了几乎所有的客户，没办法也打出了“蚀本大优惠”的政策。硝烟弥漫的商战就此拉开了序幕。

没多久,B公司和C公司为了争得更多的客户,又竞相降价。这时,A公司放出风来声称:赔本太大,无法再与B公司和C公司继续竞争下去,关门了事。这下子B公司和C公司非决一死战不可,他们不顾血本大降特降,不做广告顾客也是出奇的多。几个季度下来,双方精疲力尽,公司亏本,入不敷出。这时,B公司和C公司才发现众多的货全被A公司雇人买走了。结果是,C公司倒闭,B公司成为A公司的分公司。这场三家大战,由于A公司及时分析了市场,靠计谋调动了B公司和C公司两家的拼杀,直落得两败俱伤,而A公司获得了“渔翁之利”。

二、营销机会

营销机会是能为企业带来盈利可能的环境变化的特征或趋势。同一环境发生变化,对某些企业是机会,对另一些企业则可能是威胁。

【案例】1875年,美国罐头大王亚默尔在报纸上看到一条“豆腐块新闻”,说是墨西哥畜群中发现了病疫。有些专家怀疑是一种传染性很强的瘟疫,亚默尔立即联想到,毗邻墨西哥的美国加利福尼亚、德克萨斯州是全国肉类供应基地,如果瘟疫传染至此,政府必定会禁止那里的牲畜及肉类进入其他地区,从而造成全国的供应紧张,价格上涨。于是,亚默尔马上派他的家庭医生调查,并证实了此消息,然后果断决策:倾其所有,从加、德两州采购活畜和牛肉,并迅速运至东部地区,结果一下子赚了900万美元。

三、环境威胁

环境威胁是指环境中不利于企业发展的现实的或潜在的特征和变化。营销人员要密切注意环境威胁的先兆,建立风险预警系统,同时合理安排回避和降低风险的手段与措施。

【案例】9.11恐怖袭击发生后,通用汽车的北美汽车销量急剧下滑,面临空前的财务压力。2001年9月13日北美通用汽车销售下挫40%,个别地区达到50%,而在灾难发生地纽约竟无一人买车。

整个美国的消费者都在购买新车时举棋不定。消费者的心理变化不仅是因为对未来的经济形势丧失信心，更多的是在购买新车时有一种负罪感，感觉自己是在别人遭难时大把花钱享受，这显然不是有道德有良心的人有作为。

通用是全球最大的汽车制造商，它的一举一动都直接牵动着美国的汽车工业，甚至美国整个经济的运转。通用公司当时面临着一个两难困境：如果不进行促销，销售无疑会深陷低谷，同时对美国经济造成负面影响；如果进行促销，可能会让公众产生“出风头”或是“利用这场悲剧获利”的想法。

通过缜密思考和讨论，通用美国总裁批准了主题为“让美国继续转动起来”的促销方案。方案的核心是对通用所有车型实施贷款购车零利息。为了让这项方案顺利实施，通用公司采取了如下行动：

(1)9 月 18 日，为了显示工业界对经济复苏的信心，通用公司与美国工业领袖们及商务部长、劳务部长在通用公司的底特律哈姆特拉姆克组装厂举行了 9.11 事件追思纪念仪式。

(2)为了避免刺激消费者感情，广告画面没有采用国旗或其他能够直接和 9.11 联系起来的图片，而是确定为一条高速公路，文字则以画外音形式嵌入。

9 月 20 日广告播出，取得热烈反响。“让美国继续转动起来”的呼声激发了公众对未来的信心，让消费者感到自己购车是在为国家经济复苏出力，不仅没有了享受的羞愧感，相反增添了共渡难关的豪情，申请购车贷款的数字大幅增加，并促使美国汽车工业在第四季度增长了 14.4%，显示了持久的效力和感染力。“让美国继续转动起来”的呼声把消费者重新召唤到了汽车展厅里来。

“让美国继续转动起来”就是 9.11 给企业带来的威胁，通用勇敢地抓住了它，成了致力于振兴美国经济的英雄。当世贸中心大楼轰然倒塌时，一些经济学家悲观地预测美国经济会从此一蹶不振。但通用公司的这一事件营销活动，手法老辣，决策果断，不仅创造了市场奇迹，更为美国走出世纪浩劫装上了强大的引擎。没有比“让美国继续转动起来”更切合 9.11 事件的营销主题了！也没有任何事件能比 9.11 更能彰显这一主题的号召力和感染力!

第二节　宏观环境分析

营销理论强调企业经营采用从外向内的观念，不断从变化的外部环境中发现机会和威胁，在此基础上运用各种可控手段，利用和把握机会，同时回避和降低风险。宏观环境是造成市场机会和环境威胁的主要力量，它引导企业营销活动的大方向，因此企业营销环境分析首先应分析宏观环境。影响企业营销活动的宏观环境因素主要有：人口环境；经济环境；自然地理环境；科技环境；政治法律环境；社会文化环境。

一、人口环境

人口是营销人员最感兴趣的环境因素之一。市场是由人组成的，市场是产品现实或潜在购买者的集合，只有有人才能有顾客，只要有人就可能发展成为顾客。

【案例】高校经济方兴未艾

有关权威调查显示，目前高校学生每月的人均消费在600元左右，30%用于外出就餐、购物、休闲娱乐支出；高校周边物业租金一直呈稳定上升态势，平均上涨幅度为1.5～2倍。校园经济所蕴涵的巨大商机，让众多投资者趋之若鹜。数据表明，目前大都市的大学生，年平均消费每人要在6000元左右。有人算过这样一笔账，如果一个城市有公办大学30所，按在校生总人数50万人计算，那么大学生消费每年就能有高达30多亿元的财富空间。校园经济已经成为了令投资者不容忽视的一大热点。投资者们普遍认为具有大量稳定消费群的校园经济圈的地产项目更具有投资价值。

由于高校周边有着极具成长性的区域发展商机，往往高校周边的商业项目多半规划为餐饮娱乐、文化休闲、服装零售等吸纳性很强的经营形态，再加上高校本身深厚的文化底蕴对大众的吸引，高校经济圈还起着覆盖周边社区、聚集人气和商气的作用。

二、经济环境

形成市场不仅需要人口，而且还需要购买力。一个对企业经营活动有意义的市场包括人口及购买力两方面的因素，二者缺一不可。考察市场的经济环境主要是分析影响人们购买力的各个因素。

【案例】改革开放以来，我国经历了三次消费结构升级：第一次消费结构升级是20世纪80年代，人均GDP为200美元左右，人们省吃俭用追求的家庭财富是“老三件”，即自行车、手表和缝纫机。进入20世纪90年代，人均GDP为800美元左右，第二次消费结构升级是电视机、电冰箱和洗衣机为代表的家用电器的普及阶段。20世纪90年代末以后，随着人均GDP登上1000美元，意味着人们的消费结构急剧升级，表现为以汽车、住房、通讯、旅游等为主导的第三次消费结构的升级，城乡居民消费向享受型、发展型转变。如果从货币量上看，第一次消费结构升级的消费量级为百元左右，第二次上升为几千元，而第三次是万元甚至是几十万元级的升级，这对我国经济增长起到了巨大的拉动作用。

三、自然地理环境

任何企业的生产经营活动都与自然地理环境息息相关。同时，企业的经营活动也影响自然环境的发展和再生过程。一个国家、一个地区的自然地理环境包括该地的自然资源、地形地貌和气候条件，这些因素都会不同程度地影响企业的营销活动，有时这种影响对企业的生存和发展起决定性的作用。企业要想避免由自然地理环境带来的威胁，最大限度利用环境变化可能带来的市场营销机会，就应不断地分析和认识自然地理环境变化的趋势，并根据不同的环境情况来设计、生产和销售产品。

【案例】中国汽车工业面临的资源约束

中国汽车工业面临的资源约束大致可以分成两个部分：直接约束和间接约束。直接约束是指对汽车及汽车零部件生产制造产生的约束；间接约束是指通过对汽车产品的消费、运营，进而传导于汽车工业对其产生的约束。从目前我国汽车工业的发展及汽车产品的应用看，汽车工业总体上受到的直接约束相对比较小；受到的间接约束呈越来越大之势。

1.能源约束

汽车工业属于组装加工业，并在制造业中属于附加值比较高的产业。能源方面对于汽车工业的间接约束，主要来自于汽车的使用和尾气排放。石油安全保障与价格成为对汽车工业发展日益突出的间接约束因素。

石油对汽车工业发展的间接约束不仅体现在石油供求总量的平衡方面，而且体现于汽车尾气排放导致的污染方面。2003 年我国汽车保有量为 9600 万辆，预计 2020 年将达到 1.4 亿辆。随着汽车保有量的增加，汽车已成为中国大中城市污染的主要分担者。

能源对于汽车工业日益严峻的间接约束，不仅体现在供应总量上，而且体现在汽车产品、石化产品的水平、质量、品种方面。发展高能效汽车交通业已成为中国必须考虑的重大战略问题。新进入市场的汽车平均能耗必须有大幅度下降。中国燃油经济性现状以每公升燃料行驶里程计算，与日本 2010 年的目标相比高出 24.7%，与欧盟第二阶段将达到的目标相差 48.4%，节能大有潜力。

2.原材料约束

原材料对于汽车工业的直接约束，由总量供应保障和品种、水平、质量方面的保障共同构成。对于我国这样一个发展中国家、一个汽车工业的后起国来说，新的原材料品种、水平、质量以及生产能力成为约束我国汽车工业发展的重要因素。如钢材是汽车制造的主要原料，据粗略统计，我国每生产一辆汽车，钢材所占的比例为 72%～88%，大大高于发达国家汽车工业的钢材用量(50%左右)。用于汽车制造的钢材品种主要有型钢、中板、薄板、钢带、优质钢材、钢管等，其中薄板等高附加值优质钢材的使用更为重要。

钢材对于汽车工业的直接约束主要表现为：总量方面，由于我国钢铁工业日益依靠铁矿石进口，汽车工业作为钢铁工业大用户不能不受到影响。

再如,有色金属是汽车工业发展的重要原材料,汽车工业应用的有色金属主要是铝、镁、铜、锌等。随着汽车工业的技术进步,有色金属对于汽车工业的影响越来越大。

长期以来,由于铝成本大大高于钢,制约了其推广使用。但是,由于重量轻带来的优势可以抵消偏高的成本,铝材料在汽车上的使用逐步增长。20世纪90年代以来,铝的使用量在轿车上已翻了一番,在轻卡上已增加了3倍。铝材料已成为汽车工业第三大类最常用材料。

再如,我国已经可以生产大部分普通车用塑料。但我国汽车零部件专用塑料,相当程度上还依赖进口。国内企业生产技术落后,规模小,产品牌号少,性能难以达到要求,质量往往难以保证。

我国汽车工业迅猛发展,带动了轮胎产量大幅增长。天然橡胶作为一种重要的工业原料,广泛应用于各个领域,其中轮胎的用量要占总量的一半以上。天然橡胶是全球重要的战备物资,气候条件和地域限制使得它在大多数国家种植匮乏。天然橡胶的供应受到进口关税限制,国内汽车厂商不得不转向使用国产胶,这样使本来已经比较高的国内天然橡胶价格进一步上扬。

随着我国汽车工业规模日益扩大,汽车产品水平逐步提高,汽车工业所需要的各类原材料会迅速增加,品种、水平、质量方面的要求会迅速提高,因此汽车工业将面临着日益严峻的原材料方面的约束。

3. 交通基础设施约束

目前在我国北京、上海、广州等大城市,随着汽车保有量的迅速增长,出现了车流集中、城市道路网平均负荷率高、堵塞严重、停车场严重不足等问题,使我国大城市中心地带的交通达到了饱和状态。我国汽车平均使用率高达80%,大大高于发达国家。这也加剧了城市交通的拥挤。

四、科技环境

现代科学技术是社会生产力中最活跃的和决定性的因素,它作为重要的营销环境因素,不仅直接影响企业内部的生产和经营,而且还同时与其他环境因素相互依赖、相互作用,影响企业的营销活动。

今天,技术已经成为决定人类命运和社会进步的关健性因素。它是一种带有破坏性的创造力量,也就是说,当一项新技术给一些行业和企业带来增长机会的同时,可能严重威胁了另一些行业和企业的生存。比如,晶体管的发明带动了应用晶体管的产业,却严重危害了真空管行业。电视技术的突破性进展带动了电视业的发展,同时也拉走了相当部分的电影观众,使电影业受到沉重打击。飞速发展的技术带给企业的可能是新的、前景广阔的市场机会,也可能是严重的、毁灭性的环境威胁。营销人员应随时监控技术环境的发展变化,调整企业行为以适应变化。

【案例】“铱星计划”破产始末

早在1987年,手机还是不怎么可靠的新鲜玩意时,野心勃勃的摩托罗拉构思了一个宏伟的全球通信计划:“铱星计划”。铱星计划是美国摩托罗拉公司设计的全球移动通信系统。它的天上部分是运行在7条轨道上的卫星,每条轨道上均匀分布着11颗卫星,组成一个完整的星座。它们就像化学元素铱(Ir)原子核外的77个电子围绕其运转一样,因此被称为铱星。后来经过计算证实,6条轨道就够了,于是,卫星总数减少到66颗,但仍习惯称为铱星。14年后,铱星却一颗一颗地被销毁了。摩托罗拉为此付出了超过100亿美元的代价。下面我们来看看铱星计划是如何破产的。

1991年,摩托罗拉公司正式决定建立由77颗低轨道卫星组成的移动通信网络,并以在元素周期表上排第77位的金属“铱”命名。

从高科技的角度进行分析,铱星计划的确是一个美丽而浪漫的故事。铱星系统的复杂、先进之处在于采用了星上处理和星间链路技术,相当于把地面蜂窝网倒置在空中,使地面实现无缝隙通信;另外一个先进之处是铱星系统解决了卫星网与地面蜂窝网的跨协议漫游,铱星系统由空间段和地面段组成:空间段即星座,地面段包括系统控制中心、关口站和用户终端。铱星系统开创了全球个人通信的新时代,被认为是现代通信的一个里程碑,使人类在地球上任何“能见到的地方”都可以相互联络。其最大特点就是通信终端手持化、个人通信全球化,实现了5个“任何”(5W),即任何人(Whoever)可以在任何地点(Wherever)、任何时间(Whenever)与任何人(Whomever)采取任何方式(Whatever)进行通信。铱星移动电话成为唯一在地球表面任何地方均能拨打电话的公众移动通信工具。

1997年,铱星系统投入商业运营,耗资1亿美元的广告宣传将铱星推向登峰造极的地位。随之,铱星公司股票大涨,其股票价格从发行时的每股20美元飙升到1998年5月的70美元。铱星系统尤其被崇尚科技的人士所看好,1998年被美国《大众科学》杂志评为年度全球最佳产品之一。同年底,在由中国两院院士评选的年度十大科技成就中名列第二位。

然而,由于巨大的研发费用和系统建设费用,铱星背上了沉重的债务负担,整个铱星系统耗资达50多亿美元,每年光系统的维护费就要几亿美元。除了摩托罗拉等公司提供的投资和发行股票筹集的资金外,铱星公司还借了约30亿美元的债务,每月光是债务利息就达4000多万美元。债权方集团终于于1999年8月13日向纽约联邦法院提出了迫使铱星公司破产改组的申请;加上无力支付两天后到期的9000万美元的债券利息,铱星公司被迫于同一天申请破产保护。2000年3月18日,铱星背负40多亿美元的债务正式破产。

导致铱星破产的原因,除了债务危机外,还有铱星公司对移动通信市场发展前景缺乏预见性,对市场预期的估计严重不足。对铱星造成巨大冲击的是蜂窝电话通信的异军突起。蜂窝电话起步于1982年,到1987年"铱星计划"提出时,蜂窝电话的全球普及率还不到10%。当时蜂窝电话受基站建设的限制,覆盖面积十分有限,因而给低轨卫星通信厂商带来了很大的信心。但蜂窝电话的发展速度却是人们未曾料到的:1992年普及率超过25%;2000年超过45%,给以语音为主的低轨卫星通信剩下的都是些"老、少、边、穷"地区,加之铱星开通时7美元/分钟的话费导致的"价"高和寡。再者,由于通信距离相对于蜂窝电话较长,由此带来的衰减也大,卫星电话的天线和功率也都有限,服务质量因而受到影响,加之卫星移动通信市场本身还存在着激烈的竞争,使得铱星在短暂的16个月的运营期间,用户数目最多只有6万,距60多万用户的保本经营相距甚远,何谈盈利呢?

铱星系统技术上的先进性在目前的卫星通信系统中处于领先地位。铱星系统卫星之间可通过星际链路直接传送信息，这使得铱星系统用户可以不依赖地面网而直接通信，但这也恰恰造成了系统风险大、成本过高、维护成本相对于在地面也高出许多的竞争劣势。

谁也不能否认铱星的高科技含量，但用66颗高技术卫星编织起来的世纪末的科技童话在商用之初却将自己定位在了“贵族科技”。这使得在开业的前两个季度，铱星在全球只发展了1万个用户，尽管铱星手机后来降低了收费，但仍未能扭转颓势。

日新月异的电信技术在不断为人们创造新通信手段的同时，也在终结着另一些通信方式。在地面的数字蜂窝通信网覆盖日益发达、漫游畅通全球、资费日趋降低的强大竞争面前，市场定位、营销体制的失误，更将这个伟大创意推向毁灭。尽管“铱星计划”失败了，但摩托罗拉公司早在1987年便预见到个人全球移动通信的前景还是令人钦佩的。在科学技术发展过程中，有过各种各样的成功，也有着形形色色的失败，成功固然是财富，而失败在某种意义上也不失为财富，只不过铱星付出的代价大了些，但代价大则更令人深思。

五、政治法律环境

政治与法律是影响企业营销的重要的宏观环境因素。政治因素像一只有形之手，调节着企业营销活动的方向，法律则为企业规定商贸活动行为准则。政治与法律相互联系，共同对企业的市场营销活动发挥影响和作用。

【案例】中国与伊拉克很早就有贸易往来，后者曾是我国钟表和精密仪器的较大客户。海湾战争后，由于联合国对伊拉克的经济制裁，使得我国企业有很多贸易往来不能进行。阿拉伯国家也曾联合起来，抵制与以色列有贸易往来的国际企业。当可口可乐公司试图在以色列办厂时，引起了阿拉伯国家的普遍不满，因为阿拉伯国家认为，这样做有利于以色列发展经济。而当可口可乐公司在以色列销售成品饮料时，却受到阿拉伯国家的欢迎，因为他们认为这样做会消耗以色列的外汇储备。这说明国际企业的营销对象国与其他国家之间的关系，也是影响国际企业营销活动的重要因素。

【案例】中国的政府干预

外国政府不管企业,只管交通、公共设施等公共事务。比如在外国教书除了领工资,政府什么也不管你,一切需要的东西你都要用工资去买。不像在中国,教师的住房、孩子的教育等政府都要管。在有的国家,你根本看不到政府的作用。在澳大利亚根本感觉不到法律的存在,怎么做都不越轨。那里犯罪的人也很少,看不见政府,很多人不知道州长和领导人,真正达到了老子"无为而治"的境界。感觉在那里生活很宽松、很滋润。

我们的政府就很不一样。我们的政府传承的是孔子的思想。孔子是个很好的人,他想做很多事,把一切都想要照看得好好的。在中国,每个人都是责任和义务的结合体,父母对子女有责任,子女对父母有责任,丈夫对妻子有责任,公民对国家有责任,等等。一个人如果想做点事必须考虑很多,受很多关系的牵扯,就好像皮影戏中的角色一样,动一下就会牵动很多条线。所以我们做事时必须上看下看,左看右看,看别人的反应和颜色。在这一点上,外国跟中国有很大的不同。外国人考虑的是权利,我就是我,只要我不犯法侵权,谁也不要啰唆。

中国营销环境的一个特征是政府干预。企业的行为有合法和不合法两类,政府的行为也有合法和不合法两类。如果企业采取合法行为,而政府也是合法行为,那么很好,没有矛盾;如果企业不合法而政府合法,那么也没有问题,是"ok";但是如果企业是合法的,而政府行为不合法,就成了"no"。政府说你行你就行,不行也行;说你不行你就不行,行也不行。在实际中常常是,说你有罪你就有罪,无罪也有罪;说你无罪你就无罪,有罪也无罪。如果企业非法,政府也非法,那么政府就会说企业是合法的,即给不正当行为开绿灯。

中国现在有一个什么问题呢?这就是我们的法律只规定了企业的行为准则,而没有规定政府的行为准则。这样做是很危险的,没有对制定游戏规则的人加以限制,制定规则者不受游戏规则的约束,这样做就一定会产生腐败。在中国做营销,一定首先要界定政府的行为,什么可以做,什么不可以做。如果政府不受法律的约束,那么做企业的,如果不跟政府搞好关系就只有死路一条。比如政府禁止传销，但是他搞一刀切，勒令安利全部停业，这就使正规公司损失惨重。后来安利不得不适应中国开店的做法，不搞直销了。还有一个例子是法国家乐福，他就钻了中国政策的空子。以前中国不让超市搞中外合资，于是家乐福就搞商业管理公司，结果家乐福在中国红红火火地开了很多家连锁店。

六、社会文化环境

社会文化是指一个社会的民族特征、价值观念、生活方式、风俗习惯、伦理道德、教育水平、语言文字、社会结构等的总和。

【案例】教育水平是指消费者受教育的程度。因此，教育水平高低影响着消费者心理、消费结构，影响着企业营销组织策略的选取，以及销售推广方式方法的差别。例如，在文盲率高的地区，用文字形式做广告，难以收到好的效果，而用电视、广播和当场示范表演形式，才容易为人们所接受。又如在教育水平低的地区，适合采用操作使用、维修保养都较简单的产品，而教育水平高的地区，则需要先进、精密、功能多、品质好的产品。因此，在产品设计和制订产品策略时，应考虑当地的教育水平，使产品的复杂程度、技术性能与之相适应。

【案例】商海沉浮，世事难料——“肯德基”进军香港实录

1973年9月，香港市场的肯德基公司突然宣布多间快餐店停业，只剩下四间还在勉强支持。到1975年2月，首批进入香港的美国肯德基连锁店集团全军覆没。这一失败给肯德基严厉地上了一课。

1973年以前，香港还没有一家美国快餐连锁店，因此市场容量肯定十分惊人。肯德基正是看中了这一点，准备进军香港。1973年的一次记者招待会上，肯德基公司的主席宣布他们计划在香港开设50至60间分店。按照正常情况，肯德基在香港的成功是没问题的，况且，鸡是中国人历来的传统食品。

虽然肯德基公司的最高层人物宣称是由于租金上的困难而停业的，但其主要原因是营销策略不对头，没有吸引住顾客。

20世纪70年代，世界经济的飞速发展使得香港人的生活方式发生了巨大的变化，人们的生活节奏越来越快，外出用餐机会越来越多，

而香港的快餐业还是一般的小吃，主要是大排档和粥面店，显然不适应形势发展。

1973年6月，第一间家乡鸡快餐店在香港美孚新屯开业。紧随其后，几乎以平均每月一间的速度发展。为了取得肯德基家乡鸡首次在香港推出的成功，肯德基公司配合了声势浩大的宣传攻势，在新闻媒体上大做广告，采用该公司的世界性宣传口号“好味到舔手指”。

凭着广告攻势和新鲜劲儿，肯德基家乡鸡还是红火了一阵子。很多人都乐于一试，一时之间也门庭若市。可惜好景不长，3个月后，就“门前冷落鞍马稀”了。

在进军香港之前，肯德基在世界各地的连锁店就有数千家了，为什么惟独在香港遭受了如此厄运呢？经过认真总结经验教训，他们发现，是中国人固有的文化观念决定了肯德基的惨败。

首先，在世界其他地方行得通的广告词“好味到舔手指”在中国人的观念里不容易被接受。舔手指是被视为肮脏的行为，味道再好也不会去舔手指。人们甚至对这种广告起了反感。

其次，家乡鸡的味道和价格不容易被接受。家乡鸡为了迎合香港人的口味，采用的是当地的鸡种，但其喂养方式仍是美国式的。用鱼肉喂养出来的鸡破坏了中国鸡的特有口味。另外，家乡鸡的价格对于一般市民来说还有点承受不了，因而抑制了需求量。

此外，美国式服务也难以吸引回头客。在美国，顾客一般是驾车到快餐店，买了食物回家吃。因此，店内是通常不设座的。而中国人通常喜欢一群人或三三两两在店内边吃边聊，不设座位的服务方式难寻回头客。

10年过去了，肯德基家乡鸡在儒家文化的边缘国家，如马来西亚、新加坡、泰国和菲律宾都先后取得了成功，积累了一些经验，因此准备卷土重来，再度进军香港。经历了一次惨痛的失败，这次进军已是有备而来。1986年9月在香港开设了第一家新连锁店。这次进军不再像前一次那样盲目冒进，大约每半年才开设一家新的分店。

在文化上的分析使得肯德基明白了许多道理。所以在广告上，带上了明显的港味，把“好味到舔手指”改为“甘香鲜美之口味”，易被香港人所接受。在新店开业时,也不像过去那样搞得惊天动地,如一家分店开张时只在店外拉了横幅和放置了一块广告牌。经营者还扩大各个分店的营业面积,适应香港人的消费习惯。经营者还严格要求炸鸡的质量,要求所有的鸡都以美国配方烹制,炸鸡在45分钟后仍未售出便不再出售。针对香港市民的价格承受能力,将家乡鸡以较高溢价出售,而薯条、饮料等则以较低的竞争性价格出售,这样就分开档次,形成特色。家乡鸡在香港市场上的浮沉正体现了一个市场规律:只有了解市场才能适应和利用市场。

七、中国的文化特征

东西方文化有很大的差别。外国人不了解中国的文化,中国人认为是好的东西他们不能理解。比如,假如一个学生开着车,遇到他的老师,老师提出要搭这个学生的车,但是这个学生没有答应老师,扬长而去。中国人遇到这种情况一定会说:这个学生怎么这坏啊,没有礼貌。西方人就会觉得:没什么啊,这个学生自己的车,他不让老师搭车是他的权利。中国人说这个学生坏,做的是好坏判断;西方人说这个学生没有做错什么,做的是对错判断,其潜台词是权利,rights。西方人讲权利,学生开车没有带老师这很正常,因为车是学生自己的,"你有钱可以自己买去,不一定要坐学生的车啊"。他们认为这个学生的行为是可以接受的。可见,东西方文化有着很大的差别。

再比如,一个人拿把刀去杀人,结果没有把人杀死,倒把他的瘤子割下来了。中国人遇到这种情况就会抓这个人去坐牢,因为他的动机、出发点是杀人;西方人就会认为效果上没有杀人,反倒做了件好事,那就没事了。如果一个人为了割掉瘤子而杀了人,在西方就要坐牢;在中国就会觉得算了吧,他是个好人。中国讲究动机道德,西方讲究效果道德。中国人认为负责任、尽义务就是好的,不负责任、不尽义务就是坏的。西方人认为尊重别人的权利就是好的,反之就是坏的。如果一件事既是好的,又是对的,那么中西方文化没有冲突。如果一件事是好的,但是错了,或者是坏的,但是对了,在中西方文化中就会有冲突。

外国朋友到了中国,你想对他很热情,陪他玩、陪他吃饭什么的,你以为自己是在热情招待他，但是外国朋友会想：这人是不是在监视我呢？过去雷锋帮别人提东西不需打招呼，但在国外，如果不说一声就去帮别人提东西，那是犯法的，因为那是私人财产。你必须先问一句："Can I help you ?"征得别人同意才能帮忙。在中国我们见面打招呼："你到哪里去啊？"很平常，大家都这么说。但如果你跟外国朋友打招呼说："Where are you going ?"外国朋友会很不高兴，他会想：我到什么地方去关你什么事？你怎么对我的个人隐私这么感兴趣？可见中西方文化存在很大差异。

西方人吃东西讲究营养，中国人吃东西图个嘴巴快活。在中国，听得进去的话就是好的，听不进去的话就是坏的。所以在中国讲话要多加小心，多讲好话，少说一些刺激性的话。法国有一种著名的香水叫"poison"，毒药的意思，我想如果这种香水进攻中国市场的话，恐怕不太好卖。再比如，清华大学的学费是 7 万元人民币，富人要收 10 万元，恐怕很多人都很难接受；但是如果改成清华的学费是 10 万元，穷人补贴 3 万元，这样大家都能很高兴地接受。推销化妆品也一样，假如你对顾客说，你不用我的化妆品就会变丑，可能就没人买了；假如一种药，你跟顾客说，如果不吃就会死，可能顾客就买了。所以到一个地方去，讲话要很小心，一定要先了解这个地方的文化，讲话要适应这个地方的文化。要卖东西也要适应这个地方的文化，不然再好的东西也卖不出去。

因此，做营销首先必须了解中西方文化的差异。比如，美国的一个化妆品的广告是这样的：一位丈夫跪在妻子的面前将这件化妆品作为礼物送给了妻子，结果该化妆品在美国卖得很好，因为它体现了西方社会对女性的尊重。同样的广告拿到日本去，结果就没人买了，日本哪里会有男人跪在女人面前的事情啊。所以，要了解消费者，必须了解他们的文化背景。

第三节　微观环境分析

微观环境直接影响营销活动的方式和效果。一个企业能否成功地开展营销活动，不仅取决于对宏观环境的适应性，也取决于其能否适应和影响微观环境。影响企业营销活动的微观环境因素主要有:企业内部的环境力量;供应商;营销中介单位;顾客;竞争者。

一、企业内部的环境力量

企业内部各个管理层次、各个部门、员工之间分工是否明确,协作是否有效,能否目标一致相互配合,直接关系到营销活动的效率和实施效果。首先要考虑业务部门,如生产部门、采购部门、研究开发部门的情况,营销部门要与它们密切合作,共同制定营销计划。其次要考虑企业高层管理者的意图,以最高管理层制定的企业任务、目标、战略为出发点制定营销活动计划。

二、供应商

供应商是向企业供应各种资源的工商企业和个人。供应商供应的原料价格的高低和交货是否及时,数量是否充足等,都会影响产品的成本、售价、利润和交货期。因此,营销人员必须对供应商的情况有比较全面的了解和透彻的分析。分析供应商的目的就是确定在哪些条件下对哪些原料可以通过自行生产来解决,哪些需要通过外购来解决。

【案例】国内众多的电子公司都心知肚明,很多电子零件都掌握在欧美和日本人的手上,这些东西如果总是捏在人家的手上,就会随时对自己造成威胁。前几年台湾地震,结果世界的芯片也随之统统涨价,因为世界芯片的70%在台湾加工,台湾发生了地震,芯片的供应上不去,于是世界各国的芯片就涨价,这就是供应商的问题。

三、营销中介单位

营销中介单位是协助企业推广、销售与分配产品给最终消费者的企业和个人,包括中间商、实体分配公司、营销服务机构和金融机构。

【案例】冲动的惩罚

20世纪90年代,IT业的高速发展与家电业的微薄利润、激烈厮杀形成了巨大的反差。被长年累月的价格战弄得身心疲惫的家电厂商开始寻找新的赢利模式,而向IT靠拢成了当时一种时髦的举动。

1998年,家电巨头进军PC成为一场轰轰烈烈的群体性行为。TCL、海信、海尔、春兰、澳柯玛、创维等近十个家电厂商纷纷跳下了IT深海,使本已拥挤不堪的PC市场变得"水深火热"。

然而IT的日子并非都很美丽。与跨国巨头在家电产品中大量采用数字技术提高自身竞争力的方式不同,中国许多家电厂商大都采取了直接进军IT行业的模式。他们试图借助自己的渠道和生产体系、资本规模及品牌优势,在IT热潮中分一杯羹。

然而,正当新一轮PC热卖季节到来的时候,家电企业撤离PC业的消息却接二连三地刺激着人们的神经:2002年5月,创维电脑悄悄地退出了PC市场;2002年6月,通过大股东施以援手,海信电器从电脑制造业抽身而去;到了2003年,在家电厂商中,几乎只剩下TCL一家还在PC领域奋力挣扎;而春兰虽然较早进入了PC制造,甚至已涉足笔记本,但PC业务就像其多元化格局中的其他业务一样,无法起到支撑整个集团的作用,春兰还是空调春兰。

显然,IT的游戏规则和家电有着巨大的差别。业界有人因此评价说,创维、海信、海尔的激流勇退和调整,只是家电巨头进军IT业遭遇"滑铁卢"的一个缩影。几年狂热之后,家电厂商发现自己的优势并不能有效地复制到PC产业。

毋庸置疑,当年家电企业进军PC制造大都是步履仓促。不惜血本的价格大战把家电业拉入亏损的深渊,家电巨头无一不急于脱身。然而,家电巨头们忽略了PC家电化虽然是大势所趋,但当时的条件还远未成熟。PC市场是一个典型的技术驱动市场,人们买电脑与买彩电仍然有不同的消费理念。买彩电也许只在乎品牌和价格,买电脑却非常关注内存、硬盘、显卡、显示器等各个部分的技术指标。PC制造与家电制造虽然都越来越类似零件组装,但家电企业所犯的错误,也许正是以为家电制造的模式可以原封不动地"克隆"到PC上来。

另外,令家电企业自豪的就是自己遍布全国的销售网络,但恰恰在PC的销售模式上,号称"营销专家"的家电企业却表现得"水土不服"。随着家电产业进入微利时代,庞大的营销组织反而变成了企业的负担。而一位IT界资深人士也认为,家电企业的弱势在于无法适应IT业的速度,同时由于产品存在差异,无法发挥原有的渠道优势。TCL 进入 PC 制造初期,就曾希望共享其为家电业界赞赏的庞大渠道,但最终不得不重新组建 PC 渠道。

四、顾客

顾客是企业产品或劳务的购买者,也是企业服务的对象。顾客可以是个人、家庭,也可以是组织机构(包括其他企业和转售商)和政府部门。对于一个企业来说,赢得顾客是生存、发展的关键。无数的企业实践表明:市场的优胜者是那些重视顾客、最大限度地满足顾客需求的企业,而缺乏营销远见、忽视顾客需求的企业注定会失败。

【案例】1987 年底,顶新集团原本计划到欧洲投资。但就在动身前,台湾当局宣布开放大陆探亲,他们立即改变行程,决定在潜藏无限商机的大陆市场寻求发展契机。于是,1988 年顶新集团开始在大陆投资。然而,在进入方便面市场之前,他们也经历了一段坎坷。

刚到大陆时,顶新集团注意到当时许多家庭的食用油都是品质较差的散装油,于是决定把在台湾经营油脂的家族经验移植到内地,在内地生产高品质的包装食用油。因此,顶新集团在北京生产“顶好清香油”,开始了在大陆投资的第一步。但由于缺乏对市场的了解,产品价格定得过高,不为消费者所接受,顶新集团的第一炮并没能打响。

顶新集团并不甘心失败,又在济南投资生产“康莱蛋酥卷”,还曾到内蒙古投资一个蓖麻油项目,但都以失败告终。从台湾带来的 1 亿元台币股本赔掉了 80%。现为顶新董事长的魏应行回想起创业时的心境曾感慨地说:“当对内地形势认识只有 5%～10%的时候,感觉真是太好了,什么东西一乘上 12 亿,心情就很激动,恨不得拥抱大陆;随着时间的延长、投资的深入,当认识到 30%～40%的程度时,就沮丧起来,因为不合市场规律的事太多,做什么都不顺利;等到股本赔光,恨不得卷铺盖回家的时候,已经是认识到 50%～59%了,一旦越过这个阶段,到达 60%以上时,就会‘柳暗花明,峰回路转’了。”

幸运的是,这个“柳暗花明,峰回路转”的契机很快便到来了。然而,它的到来,却具有相当的偶然性和戏剧性。

有一次，魏应行乘火车出差，因为他不太喜欢火车上的饮食，便带了两箱从台湾捎来的方便面。没想到这些在台湾非常普通的方便面却引起了同车旅客的极大兴趣。大家纷纷夸奖这面好吃，两箱面很快一扫而空。就是这次经历，让魏应行发现了一个新的创业契机，也就是进军方便面市场。

魏应行等吸取前几次投资失败的教训，在进军方便面市场之前，对大陆的方便面市场进行了详尽的市场调研。他们对当时市场上已有的方便面品牌做了仔细的分析，发现国内的方便面市场呈两极化趋势：一方面国内厂家生产的方便面仅几毛钱一袋，但是质量较差，面条一泡就烂，而且都粘在一起，调味料配料简单，冲出来就像味精水；另一方面进口面虽然质量好，但是却要五六元一碗，一般消费者都接受不了。同时，他们还针对不同层次的消费者做了调查，发现随着生活节奏的加快，大多数人都希望有一种物美价廉的方便食品。由此他们总结出如果生产价格在一两元钱、味美价廉的方便面，一定有很大的市场潜力。

大陆和台湾虽然一衣带水，同根同源，但两地的很多习俗、观念乃至喜好都有很大不同。这是顶新集团在大陆交了大笔学费后学到的最有价值的一课。于是，在进军方便面市场的过程中，他们始终把市场调研工作放在第一位，决不做任何武断的决策。

顶新集团首先考虑如何为产品命名。为此，他们颇下了一番工夫，最后给产品起名叫"康师傅"。"康"念起来很响亮，加上顶新集团运作生产经营过的"康莱蛋酥卷"有一定的知名度，方便面姓"康"与"康莱"可以"称兄道弟"。此外，"康师傅"方便面有个"康"字，也容易引起人们对"健康"、"安康"、"小康"等的心理联想。"师傅"是大陆最普遍的尊称，也是专业上有好手艺的代名词，康师傅叫起来既上口，又亲切，再配上笑容可掬、憨厚可爱的"胖厨师"形象，是一个很具感染力的品牌。

确定了品牌名称，接下来就是开发适合大陆口味的面。这也是最为关键的一步。顶新集团对"康师傅"的定位是既要比大陆生产的方便面好吃，同时还要保留大陆风味。考虑到大陆人口味偏重，而且比较偏爱牛肉口味，集团决定以"红烧牛肉面"作为进入市场的主打产品。在方便面的制作工艺和口味配方确定上，集团的调研策划者采用了“最笨”、“最原始”的办法——“试吃”。他们摆设了摊点，请一批试吃者品尝某种配方的牛肉面，一旦有人提出不满意的地方就改。待这批人接受了这种风味后，再找第二批人品尝，根据反馈意见再加以改进。调研部门经过上万次的口味测试和调查，才将“大陆风味”的方便面制作工艺和配方最终确定下来：公司从日本、德国专门进口了最先进的生产设备，采用特选面粉，经蒸煮、淋汁、油炸制成面饼，保证了面条够劲道，久泡不糟；方便面内附脱水蔬菜包、调味包和夹有细肉块的肉酱包，经过调配便成了具有浓郁牛肉香味的汤汁。

上帝是苛刻的，但也是公平的。当新口味的康师傅方便面正式上市销售时，消费者的反应几乎异口同声：“味道好极了！”一时之间，康师傅方便面便成了北京、天津、上海、广州等几大城市居民最喜欢的方便食品。

顶新集团并没有满足康师傅方便面在大城市的火爆销售。从卖出第一碗面开始，“康师傅”就下定决心要做中国的面王。他们瞄准的是全国市场。然而，要在这样一个巨大的市场里获得消费者的青睐，仅靠红烧牛肉面这一种口味的产品显然是不够的。顶新集团从 1994 年开始相继在广州、杭州、武汉、重庆、西安、沈阳、青岛等地设立生产基地，生产线也从 1 条增加到 88 条。他们每设立一个生产基地，都会在当地展开详尽的市场调研，了解消费者对其产品的意见。根据各地的口味差异，他们先后开发生产了 20 余种不同口味的产品。这些口味的方便面，由于有详细的市场调研资料为基础，在推出后也纷纷受到了消费者的欢迎。

不但努力开发新产品，顶新集团还从细节处着手，尽心竭力地做到让消费者满意。他们最典型的一个创新便是首创在碗面上加放塑料叉，以方便消费者、尤其是出门在外的消费者的食用。此项看似不起眼的创举迅速成为潮流，使得所有生产方便碗面的厂家纷纷效仿，碗面配小叉成了一项不成文的标准。诸如此类的例子很多。顶新集团正是靠着对市场精确的把握，想消费者之未想而最终实现了中国面王的梦想。

五、竞争者

一般说来，为某一顾客群体服务的企业不止一个，市场中可能有多个企业生产、销售相同或相近的产品。企业在一群竞争对手的包围和制约下从事自己的营销活动。这些竞争对手不仅来自本国市场，也来自其他国家和地区。竞争不仅发生在行业内，行业外的一些企业也可能通过替代品的生产而参与竞争。所以，对竞争者进行分析是成功地开展营销活动的一个重要方面。

【案例】雅马哈轻敌的代价

20世纪70年代末80年代初，日本雅马哈摩托车公司同日本本田公司进行了一场争夺摩托车行业世界第一的大竞争。这场决斗被后人称之为"近代日本工业领域中最残酷的一次"。到1983年3月，这场恶斗最终以雅马哈公司向本田公司赔礼道歉，总经理日朝智子被解职而落下帷幕。

20世纪50年代以来，日本的摩托车行业领导者的地位数易其主。最初居摩托车行业之冠的不是本田而是东菱。20世纪60年代以后，本田不顾一切地扩大市场占有率，利用盈利进行再投资。1964年终于将东菱赶出世界摩托车市场，一跃成为摩托车行业的领导者。自此本田不断发展，实力愈发雄厚。本田在日本本土的占有率高达85%，稳居第一。进入20世纪70年代，日本的摩托车市场基本上是四分天下，依次为本田、雅马哈、铃木和川崎。

20世纪60年代和70年代初，世界摩托车市场需求的增长明显减缓。为此本田决定开拓新的产品线——进军汽车市场。然而当时国际汽车行业也非常不景气，一些中小汽车公司纷纷寻找靠山，以度危机。本田为了在汽车市场中站住脚，将公司最好的设备和技术力量投入其中，甚至不惜调用生产摩托车的技术力量。到1975年，本田的汽车收入便超过了摩托车的收入。

本田致力于汽车生产，无暇顾及摩托车业务，原来居于摩托车行业老二的雅马哈公司认为这是一个争夺摩托车市场第一的好机会，为此它不惜一切代价积极拓展摩托车市场。在雅马哈猛烈的攻势下，本田公司节节败退。1970年，本田的销售额以3∶1领先于雅马哈。到1979年，本田的摩托车销售额一直没有增大，雅马哈公司则将本田公司领先的程度从3∶1降到了1.4∶1。在1970年初，雅马哈只有18种车型，本田有35种，到1981年双方都有63种车型，雅马哈的市场占有率与本田不相上下。在最初的交战中雅马哈取得了过五关斩六将的辉煌战果。

在胜利面前，雅马哈的决策者们认为自己的羽翼已丰，决定向本田发出挑战。1981年8月，雅马哈公司总经理日朝智子宣称：很快将建一座年产量100万辆机车的新工厂，这个工厂建成后，将可以使雅马哈总产量提高到每年400万辆，超过本田20万辆，那时本田公司将让出第一把交椅的位置。1982年1月的一次会议上，雅马哈公司董事长小池也表示："我们将以新的产量超过本田，身为一家专业的摩托车厂商，我们不能永远屈居第二。"

雅马哈的勇气固然让人钦佩，然而它忘记了本田是一个几十年来一直称雄于世界摩托车市场的实力雄厚的大公司。面对雅马哈的攻势，本田怎能善罢甘休？早在1978年，本田的董事长河岛就在《日经新闻》上暗示："只要我当社长一天，本田就永远是第一。"在1982年1月，当雅马哈公司挑战性的言论传到本田决策者耳朵里时，他们迅速做出决策：在雅马哈新厂未建成时，以迅雷不及掩耳之势给予反击，打掉他们的嚣张气焰。一场被誉为"日本工业领域最残酷的战役"打响了。

从一开始，本田就采用了大幅度的降价策略，并增加促销费用和销售点。在竞争最激烈时，一般车型摩托车的零售价，降价幅度都超过了1/3，以致一部50公升的本田摩托车价格比一辆10变速的自行车还便宜。但由于本田公司除摩托车生产外，还有汽车生产，特别是20世纪80年代初汽车销售稳步上升，因此"东边不亮西边亮"，它完全可以通过汽车的盈利来弥补摩托车价格战的损失，最终达到打击雅马哈、扩大市场份额的目的。而雅马哈公司则是一个专业的摩托车生产厂商，它的生存完全依赖摩托车，而且它投资建厂造成企业的成本较大，如果采取与本田公司相同的降价策略，公司本身是无法负担的。但如果不降价或降价幅度较小，那就只有在价格大战中失败。显然，在价格战上雅马哈公司已处于劣势。

本田采用的另一策略是迅速使产品多样化并加快产品的更新换代。在18个月内，本田凭借它的技术优势，也凭借它有2/3的营业收入来自汽车，资金充裕等条件，推出了81种新车型，淘汰了32种旧车型。为了超过本田，雅马哈公司在投资建新厂上下了很大赌注，内部营运资金入不敷出，只好向外大量贷款。而新厂尚未建成，无法产生效益，因此雅马哈几乎无力开发新产品。本田不停地推出新产品，极大地刺激了年轻消费者的需求；产品永远富有新鲜感，经销商推销起来也很带劲。产品更新换代的加快，使企业在消费者心目中树立起新的形象。这样，本田摩托车的销售量直线上升，而雅马哈公司则有些相形见绌。在本田推出81种新车型时，雅马哈公司只推出了34种新车型、淘汰了3种旧车型。产品更新换代速度的减慢，使雅马哈在市场上的形象日益衰老，产品日益积压，只好通过折扣等方式来减少库存。

最后，雅马哈终于招架不住了。短短18个月，雅马哈的市场占有率就从37%降至23%，产量迅速下降。1982年的营业额比上一年锐减了50%以上，亏损严重。1983年初，雅马哈公司的库存占日本摩托车行业库存的一半。在这种情况下，雅马哈只有以举债为生。1982年底，雅马哈公司的债务总额已达2200亿日元。银行家们看到雅马哈前景不妙，纷纷停止贷款。雅马哈公司缺乏资金，产品无法降价出售，库存越积越多。走投无路的雅马哈公司为了避免倒闭，只有举手投降。

1983年6月，雅马哈公司董事长川上与总经理智子一起去拜见本田公司的总经理川岛清，就雅马哈的不慎言辞向本田公司道歉。接着，川上又在记者招待会上重申对本田公司的歉意，并宣布解除智子的职务。至此，历时18个月的摩托车大战才以雅马哈惨败而宣告结束。

第四章　市场信息的收集和利用

第一节　市场信息的意义

一、市场信息的含义

信息是一种资源，是认识事物的中间环节，作用是消除事物的不确定性。

市场营销的成功在于赢得竞争优势，赢得竞争优势不能单靠促俏，而是要实现与消费者的沟通。而只有建立在对消费者充分地了解和理解之上才能实现沟通。因此，市场信息就显得尤为重要。市场信息是企业参与市场竞争的路标，市场信息是发现潜在需求的线索，市场信息是制定营销策略的依据，市场信息是企业了解和理解消费者的桥梁。

【案例】没有调查的代价

1992 年 4 月，欧洲迪斯尼乐园向欧洲游客敞开了大门。这座坐落在巴黎城东 20 英里外马恩河畔的乐园，按照设计将成为当时迪斯尼公司最大的、主题最丰富的乐园。它比加利福尼亚州的迪斯尼乐园，佛罗里达州的迪斯尼世界，还有日本的东京迪斯尼乐园都要大。早在 1989 年，人们就相信“欧洲迪斯尼乐园”会成为由董事长迈克尔·艾斯纳(Michael Eisner)和总裁弗兰克·韦尔斯(Frank Wells)领导的迪斯尼母公司的摇钱树。然而令人扼腕的是，过了不久，先是欧洲迪斯尼乐园在 1992～1993 财政年度亏损了近 10 亿美元，尔后在 1994 年春，韦尔斯又死于空难。

让迪斯尼管理者们大吃一惊的是，欧洲人不像日本人那样，为“米老鼠”神魂颠倒。从 1990 年到 1992 年初，约有 1400 万人游览了东京迪斯尼乐园，而且四分之三是回头客。一个四口之家到迪斯尼乐园玩一次,在附近的饭店住上一夜,轻轻松松就花掉了 600 美元。与此相反,欧洲家庭一般都不愿意到欧洲迪斯尼乐园一天花上 280 美元,去享受公园的景点和包括汉堡包与奶昔在内的美食。很多人对在乐园过夜想都不会去想,因为那儿的房价实在太贵了。例如,在新港湾俱乐部(迪斯尼六大新饭店中最大的一家,也是全欧洲最大的饭店之一)住上一夜,就要花费 100 美元到 380 美元不等。相比之下,在巴黎最好的饭店住一夜也不过花费 340 美元到 380 美元。

二、市场信息的重要性

市场竞争实际上也是信息竞争,对信息利用又是智慧的较量,谁在市场信息的开发利用上获得了成功,谁就是竞争的胜利者。因此,收集信息是非常重要的。无论是战争还是营销工作,最重要的一件事就是收集竞争对手的商业情报,这对做出明确的判断非常重要。为了保持自己在世界贸易中的优势,美国政府甚至不惜代价派出 FBI 到各国作间谍收集别国的商业情报。

【案例】兰德公司(RAND)是当今美国最负盛名的决策咨询机构,一直高居全球十大超级智囊团排行榜首。它的职员有 1000 人左右,其中 500 人是各方面的专家。兰德公司影响和左右着美国政治、经济、军事、外交等一系列重大事件的决策。

1950 年,朝鲜战争爆发之初,就中国政府的态度问题,兰德公司集中了大量资金和人力加以研究,得出 7 个字的结论:"中国将出兵朝鲜",作价 500 万美元(相当于一架最先进的战斗机价钱),卖给美国对华政策研究室。研究成果还附有 380 页的资料,详细分析了中国的国情,并断定:一旦中国出兵,美国将输掉这场战争。美国对华政策研究室的官员们认为兰德公司是在敲诈,是无稽之谈。

后来,从朝鲜战场回来的麦克阿瑟将军感慨地说:"我们最大的失误是舍得几百亿美元和数十万美国军人的生命,却吝啬一架战斗机的代价。"

事后,美国政府花了 200 万美元,买回了那份过时的报告。"中国将出兵朝鲜"七个字,字字无价,体现了信息的巨大价值。

军事上的战略决策要从信息收集中来，商战中的战略决策也同样如此。

【案例】麦当劳在中国开到哪里，就火到哪里，令中国餐饮界人士又是羡慕，又是嫉妒，可是我们有谁看到了它前期艰苦细致的市场调研工作呢？麦当劳进驻中国前，连续5年跟踪调查，内容包括中国消费者的经济收入的情况和消费方式的特点，提前4年在中国东北和北京市郊试种马铃薯，根据中国人的身高体形确定了最佳柜台、桌椅的尺寸，还从香港麦当劳空运成品到北京，进行口味试验和分析。开首家分店时，在北京选了5个地点反复论证、比较，最后麦当劳进军中国，一炮打响。这就是信息的价值。我们中国哪个餐饮企业在开业之前做过如此深入的市场研究？

【案例】20世纪90年代中期，北京、天津、山东、广东、湖南同时上了5个乙烯工程，每个工程投资80亿元，国家共投资400亿元。工程建成投产后，一投产就出现亏损，5个工程很快都破产了，400亿元的投资白白打了水漂。什么原因呢？难道我们仅仅简单地归纳为"战略决策失误"吗？记得当年红军第5次反围剿时，中央红军在共产国际军事顾问李德的指挥下，连连失利，损失惨重，彭德怀大骂李德"崽卖爷田心不痛"。400亿的损失，我们不能以"战略失误"几字一笔了之。

乙烯工程最低标准的规模效益是年产30万吨，而这五个工程都是年产15万吨。试想：如果有关战略规划部门拿出这400亿的千分之一甚至万分之一委托一个像兰德这样的咨询机构做一下市场前期的调研、预测工作，还会出现这种情况吗？

第二节　市场信息的分类和特征

一、市场信息的分类

对企业而言，市场信息可分为三类：第一类是别人不知道我们知道的信息；第二类是别人不能利用我们能利用的信息；第三类是别人没有意识到我们意识到的信息。

(一)别人不知道我们知道的信息

由于所在的位置、所处的环境、所做的工作不同,有些信息只有特定的人才能了解和知道。这种信息往往具有独占性,所以是有极高价值的。

【案例】往返都能让客人看见富士山

东京一家贸易公司有一位小姐专门负责为客商购买车票。她常给德国一家大公司的商务经理购买来往于东京、大坂之间的火车票。不久,这位经理发现一件趣事:每次去大坂时,座位总在右窗口,返回东京时又总在左窗边。经理询问小姐其中的缘故。小姐笑答道:"车去大坂时,富士山在您右边,返回东京时,富士山已到了您的左边。我想外国人都喜欢富士山的壮丽景色,所以我替您买了不同的车票。"

就是这种不起眼的细心事,使这位德国经理十分感动,促使他把对这家日本公司的贸易额由400万马克提高到1200万马克。他认为,在这样一个微不足道的小事上,这家公司的职员都能够想得这么周到,那么,跟他们做生意还有什么不放心的呢?

(二)别人不能利用我们能利用的信息

有些信息是公开的,大家都知道的。但由于不具备相应的条件,如人力、物力和财力资源,所以有些人就可以利用,有些人就利用不了。比如,我们都知道人际关系的重要性,但有些重要的人际关系也不是每个人都可以利用的。

【案例】很少有人知道比尔·盖茨今天成为世界首富的真正原因。比尔·盖茨之所以成功,除了他的知识非常丰富外,最重要的是比尔·盖茨的人际关系。比尔·盖茨在他二十多年前创立微软软件公司的时候,他只是一个无名小卒,但是在他二十岁的时候,签到了一个大case(大单)。这份合约是跟当时全世界第一名的公司——IBM签的。那比尔·盖茨一个二十岁的无名小卒,怎么能签到这么大的合约呢?可能很多人不知道,比尔·盖茨之所以可以签到这份合约,是因为有一个中介人——比尔·盖茨的母亲。比尔·盖茨的母亲是IBM董事会的董事,妈妈介绍儿子认识董事长,这不是很理所当然的事情吗?假如当初比尔·盖茨没有签到IBM这个单子,我相信他今天绝对不可能成为世界首富。

(三)别人没有意识到我们意识到的信息

别人没有意识到而自己能意识到的信息是最有价值的。

【案例】曾看过这样一个故事，觉得对现在的企业和个人都具有借鉴意义：

某著名大公司招聘职业经理人，应聘者云集，其中不乏高学历、多证书、有相关工作经验的人。经过初试、笔试等四轮淘汰后，只剩下6个应聘者，但公司最终只选择一人作为经理。所以，第五轮将由老板亲自面试。看来，接下来的角逐将会更加激烈。

可是当面试开始时，主考官却发现考场上多出了一个人，出现了7个考生，于是就问道："有不是来参加面试的人吗?"这时，坐在最后面的一个男子站起身说："先生，我第一轮就被淘汰了，但我想参加一下面试。"

人们听到他这么讲，都笑了，就连站在门口为人们倒水的那个老头子也忍俊不禁。主考官也不以为然地问："你连考试第一关都过不了，又有什么必要来参加这次面试呢?"

这位男子说："因为我掌握了别人没有的财富，我本人即是一大财富。"大家又一次哈哈大笑了，都认为这个人不是头脑有毛病，就是狂妄自大。

这个男子说："我虽然只是本科毕业，只有中级职称，可是我却有着10年的工作经验，曾在12家公司任过职……"这时主考官马上插话说："虽然你的学历和职称都不高，但是工作10年倒是很不错，不过你却先后跳槽12家公司，这可不是一种令人欣赏的行为。"

男子说："先生，我没有跳槽，而是那12家公司先后倒闭了。"

在场的人第三次笑了。一个考生说："你真是一个地地道道的失败者!"男子也笑了："不，这不是我的失败，而是那些公司的失败。这些失败积累成我自己的财富。"

这时，站在门口的老头子走上前，给主考官倒茶。男子继续说："我很了解那12家公司，我曾与同事努力挽救它们，虽然不成功，但我知道错误与失败的每一个细节，并从中学到了许多东西，这是其他人所学不到的。很多人只是追求成功,而我,更有经验避免错误与失败!"

男子停顿了一会儿,接着说:"我深知,成功的经验大抵相似,容易模仿;而失败的原因各有不同。用10年学习成功经验,不如用同样的时间经历错误与失败,所学的东西更多、更深刻;别人的成功经历很难成为我们的财富,但别人的失败过程却是!"

男子离开座位,做出转身出门的样子,又忽然回过头:"这10年经历的12家公司,培养、锻炼了我对人、对事、对未来的敏锐洞察力,举个小例子吧——真正的考官,不是您,而是这位倒茶的老人……"

在场所有人都感到惊愕,目光转而注视着倒茶的老头。那老头诧异之际,很快恢复了镇静,随后笑了:"很好!你被录取了,因为我想知道——你是如何知道这一切的?"老头的言语表明他确实是这家大公司的老板。

企业能获得第一类信息固然好,它能确保企业在市场竞争中取得出奇制胜的效果。但这种信息的获得有很大的难度。如果企业把市场信息的搜集重点都放在这一类上,市场信息工作很难有所成效。第二类信息也很重要,但信息的利用要求企业必须有特殊的实力。如果不具备特殊的实力,面对信息只能发出几声感叹。第三类信息应特别引起企业的重视,它取决于人的智慧。人们把自己所掌握的知识和经验调动起来用心去发现,就能够察觉市场信息的价值。

二、市场信息的特征

(一)时间性

所谓时间性,是指越早获得的信息越有价值。一般来说,提前获得信息才能及时制定出有效的竞争策略。

【案例】周末到朋友办公室玩,发现在他的案头上,所有的办公用品:曲别针、红蓝铅笔、胶水……都是两盒以上。见我好奇,朋友微微一笑,说起了一盒钉书钉的故事。

他是名牌大学的毕业生,以优异的成绩考入一家省级机关。当时他胸中豪情万丈,一心只想鹏程万里。不料上班以后才发现,每日无非干些琐碎的事,既不需要太多的智慧,也看不出什么明显的成果,热情便在不知不觉中冷却下来。

一次系统开大会，处里彻夜准备文件，分配给他的工作是装订和封套。处长切切叮嘱："一定要提前做好准备，别到时措手不及。"

他听了心里更是不快，心想：初中生都会做的事，还用得着这样嘱咐？于是根本没理会。同事忙忙碌碌，他也懒得帮忙，只在旁边看报纸。文件终于完成，交到他手里。他开始一件件装订，没想到只订了十几份，钉书机"咔"地发出空响，书钉用完了。他漫不经心地打开钉书钉的纸盒，脑海里"嗡"地一声：里面是空的。所有的人都发动起来，到处翻箱倒柜，不知怎地，平时仿佛到处都是的小东西，此刻竟连一根都找不到。

此时已是深夜11点半，而文件必须在明早8点大会召开前发到代表手中。处长咆哮："不是叫你做好准备的吗？连这点小事也做不好，大学生有个屁用啊！"

他只能俯首，无言以对，脸上却像挨了一巴掌似的滚烫刺痛。后来几经周折，才在凌晨4点时，在一家通宵商务中心找到了钉书钉。

事后，他灰头灰脑地等着训斥，平时被他认为是严厉而不近人情的处长却只说了一句话："记住，工作面前，人人平等。"

他说那是他一生受用不尽的一句话，让他深深地领悟到：以十分的准备迎接三分的工作并非浪费，而以三分的精神态度面对十分的工作，却注定会带来不可逆转的恶果。

(二)分散性

市场信息都是分散发生，没有固定的发生地。基于市场信息的分散性特征，必须广泛地开辟信息渠道，收集信息工作也不应局限于少数人身上。而搞好信息工作的关键在于建立起自己的信息网络，加强信息的社会交换工作，与社会保持广泛的联系，并对所获得的信息及时加以处理。

日本企业之所以能获得巨大的成功，这与他们所建立的有效信息网络有着很大的关系。中国人在工作中非常努力，也非常用心，但一讲到收集情报和信息，往往是日本人在这方面更厉害。他们对于每一个情报的收集、每一个市场的调查都做得非常周密并且认真。

【案例】当中国刚刚宣布实行对外开放政策时，日本的企业就提出在北京设立汽车维修站，其实就是信息站。信息站很快就发回了一条信息：北京市发了红头文件，规定卡车不准进城，于是他们马上造了一批箱式小汽车，正好适合进城送货用，在北京十分畅销，赚了一大笔钱。2002年上海市做出规定：1吨以上卡车不能进入二环以内，不久日本就造出了0.9吨的小卡车。这种收集信息并及时制定营销策略的能力充分地体现了企业的竞争力。

（三）间接性

信息具有间接性，而成功利用信息的关键在于有效地分析信息并挖掘出信息背后连带的事实。

【案例】早在我国开发大庆油田时，日本人就特别能够挖掘和利用信息。1966年7月，《中国画报》有王铁人头戴瓜皮帽的照片，日本人就推断出此地为零下30度的东北地区；又根据运原油的列车上灰层的厚度，日本人测出油田与北京的距离，认定油田应在哈尔滨与齐齐哈尔之间；1966年10月，《人民中国》刊登出宣传王进喜的文章中，透露出一个“马家窑”的地名，日本人便推断出大庆应在安达车站附近；王进喜原在玉门油田，1959年参加国庆典礼后就销声匿迹了，日本人就推断出大庆开发时间为1959年9月。这次调查的成功，使日本后来在中国石油工业进口设备的谈判中占据主动，大获全胜，几乎垄断了我国石油设备的进口。

（四）再创性

原始的信息一般很少有价值。只有对信息进行再加工、再创造，并且与本企业的人、财、物等资源结合起来，信息才能产生出巨大的价值，并且为自己所用。

【案例】据说有两个卖鞋子的推销员同时来到了太平洋中的一个海岛国家，发现这里的人都不穿鞋，前一个推销员发回的信息是：“这里的人都不穿鞋。”而后一个推销员发回的信息则是：“这里的人还没有穿上鞋。”

由于对同一事物做了不同的解释，于是所产生的结果也就完全不同。后者的解释就发现了市场机会。先是将鞋白送给那里的头面人物，头面人物觉得穿鞋确实比不穿鞋好，于是开始有了穿鞋的习惯。老百姓看到当头的都在穿鞋也都要穿，于是鞋子的市场自然就打开了。

原来都不穿鞋，现在人人要穿鞋，于是就创造出巨大的市场。因此，在理解和解释信息的时候要善于发展地看问题，现在是零，将来是无限。

第三节　市场信息的收集和利用

一、市场营销信息系统与信息的收集

市场营销信息系统是一个由人员、机器设备和计算机程序所组成的相互作用的复合系统，它连续有序地收集、挑选、分析、评估和分配恰当的、及时的、准确的市场营销信息，为企业营销管理人员制定、改进、执行和控制营销计划提供依据。它由内部报告系统、营销情报系统、营销调研系统和营销分析系统组成。

（一）内部报告系统

内部报告系统亦称内部会计系统，它是企业营销管理者经常要使用的最基本的信息系统。内部报告系统的主要功能是向营销管理人员及时提供有关订货数量、销售额、产品成本、存货水平、现金余额、应收账款、应付账款等各种反映企业经营状况的信息。通过对这些信息的分析，营销管理人员能够发现市场机会、找出管理中的问题，同时可以比较实际状况与预期水准之间的差异。其中订货—发货—回款这一循环是内部报告系统的核心。

【案例】斗智斗勇：我是如何追讨应收账款的

中国当前市场经济的典型特点便是风险经济，尤其是在由卖方市场转化到买方市场之后，应收账款问题便成了营销工作中最为普遍而且最为棘手的问题。在业务往来中，因对客户赊销或铺货而产生了应收账款，如果客户能够及时回款，则是有惊无险；一旦客户恶意拖欠，导致资金无法及时回收甚至形成了呆账死账，将直接威胁到企业的周转和生存。

小赵是科龙北方某省分公司的冰箱业务员。在追讨前任业务员留下的应收账款时，他没有像许多普通业务员一样苦苦哀求或声色俱厉。而是先“按图索骥”，然后“请君入瓮”，然后再来个“瓮中捉鳖”，最后却又巧妙地玩了一招“金蝉脱壳”。下面是小赵追款的过程：

2000年9月份，我被分公司派到A地区负责冰箱业务工作。在与前任业务员进行交接工作的时候，我发现该地区S镇有一家H家电城居然有8万元的应收款。“为什么一个乡镇级的经销商竟然有这么多欠款？”我不解地问正准备顺利完成交接的前任业务员。面对我的疑问，该业务员皱起眉头，脖子一缩，两肩一耸，双手一摊，摆出一副无奈的样子，一言不发。

原来，H家电城4月份给公司出了一张票面金额为10万元的银行承兑汇票，这张汇票是背书转让的，我的前任业务员未做认真审核便通知公司开单发货。当时公司财务人员也有疏忽，待汇票到了银行才发现章有问题，于是被退了回来。而货此时已发到了H家电城，业务员马上通知他们重新换票。但该单位付了2万多元现金后便没了下文，并且由于原来合作过程中发生过一些冲突，对方显然已经没有诚意再继续合作了。

我马上意识到了问题的严重性，于是第二天就急忙赶到了S镇。对区域工作的高度责任感使我要弄清事情的究竟。这个镇在A地区很有名气，有很多大厂都设在这里，街面上也比较繁华。我先在街上转了一圈，找到了H家电城的位置，同时也了解了镇上所有家电经销商的位置与布局，但我没有直接来到H家电城，而是先拜访了其他几家经销商。通过与他们的交谈，我了解到H家电城在该镇家电业能排到前三名，但老板人品较差，以前有过几次与厂方财务上的纠纷。

在做了初步了解之后，我缓步来到H家电城，发现店面果然很大，里面不但有容声冰箱的专柜，也有科龙冰箱的专柜。但老板的态度却不冷不热，当我提到冰箱销售效果时他轻描淡写地说容声销量一般，科龙销售很差，下一步准备主推海尔，并且对科龙、容声产品他们不想再同公司直接合作，而是准备到省城Z市一家家电批发市场提货。言谈之中对销售科龙、容声产品的厌倦之情溢于言表。

我并没有因为他们对我的冷淡而难过，毕竟他们想抵赖。情况了解到这一步，我已经心中有数了。晚上回到市里的住处，我详细整理了一下思路，做好第二天工作安排以后，我习惯性地拿起了《孙子兵法》，一页页翻开去，突然有一段话引起了我的注意："兵者，诡道也。故能而示之不能，用而示之不用，近而示之远，远而示之近，利而诱之，乱而取之……攻其无备，出其不意……"思索良久，嘿，有了！一个"请君入瓮"的主意逐渐显露出了脉络……

第二天，我咨询了分公司财务人员，对一些相关问题做了了解。得到明确答复后，我又去了S镇，到了之后，我与老板很随意地聊了一阵后，就跑去同店内的营业员谈起冰箱产品知识了。在其后的一个月时间里，我平均一周去两次。到那里除了给营业员做一些培训外，我还逐渐跟这位老板聊一些他感兴趣的话题，有时他的小孩在场，我还会买一些小东西送给他。后来，我们越来越熟了，再后来，到他那里谈话也就很随便了，他也开始请我吃饭了。但我从来没有同他谈过欠款的事，就好像我从来不知道这件事一样。

我第一次到S镇来H家电城的时候就注意到了他那里科龙冰箱的问题，后来通过盘库，我算出他科龙冰箱存货高达12万元之多，这是因为科龙冰箱价格比容声普遍较高，店内营业员又不太懂产品的卖点，不知道该怎样去推，所以导致了严重滞销。但我在给其营业员做培训时却只讲容声，不讲科龙。这下好了，本来容声就比较好卖，营业员了解了系统的产品知识后，销售时就更加侧重主推容声。

这位老板终于开始注意到这个问题不太对劲了，在又一次请我喝酒之后，他开始向我抱怨科龙冰箱占压资金，又不出货，问我是否有办法。我心中暗自感觉解决问题的时机快到了，但我故意卖了个关子，无可奈何地说："×总，也不光你这儿不好卖，不瞒你说，科龙冰箱全国都没有容声好卖，主要是价格比容声高的缘故，我也没有什么好办法……"他听了后便更加愁眉不展。

以后的几天，他每见到我都要提这件事，我都会对他深表同情并表示愿为他两肋插刀把事情搞定。突然有一天，我故做神秘地告诉他："×总，我们总部刚下了个通知，说科龙冰箱下个月要调价，有几款机型实行降价促销，但全国统一不予补差，你库存多不多？得抓紧时间消化库存呀。消化了之后好再进新的特价品，要不然如果你库存多的话，我跟公司美言几句，你干脆退掉直接换新的多好。”我摆出了一副热情而急切的样子。

他再也沉不住气了，连声说：“好，好，好，我正好有十几万的科龙冰箱压在库里，请你无论如何也要帮我一次，帮我把这些陈货退掉。”

我说：“那恐怕不好办，公司有要求，直接退货肯定不行，并且本身科龙冰箱退货就很难，但如果将这些货换成容声冰箱可能会简单一些。”

他说：“行，行，怎么都行。你赶紧给帮助办了，回头我请你喝酒。”他一再要求，我终于“勉为其难、半推半就”地答应说回去试试。他千恩万谢，感激涕零。在故意拖了几天后，我才告诉他“公司批了，可以换货”。

后来的结果你肯定能够猜到：他的货到分公司入仓后，结果当然是被抵了欠款。你同时还可能会猜测他将会痛骂我是个奸佞小人，我可能怕惹麻烦会不再露面。

但事实不然，我并没有在“骗”回他的货后便从此跟他断绝来往。相反我却大摇大摆地再次登门造访。果然，他一见到我便怒气冲冲地说：“小赵，你这人真不地道，我请你帮我换货呢，这下倒好，一下换没影了。你这不骗我嘛。”

我马上满脸委屈地埋怨他说：“×总，这就是你的不对了，你让我帮你换货，我要是不帮忙，你肯定会埋怨我不够朋友，但你当时为什么不告诉我你在公司有欠款呢？要不然打死我也肯定不会让你换货。”他自知理亏，摆摆手说：“好好，算我倒霉。”便低着头说不出话来。

以后的日子，他再也不提这件事了。待库存消化得差不多以后，他又办了一次款，还是10万元的汇票，这一次再也没有什么问题了。我还像正常的客户关系一样对他，偶尔也喝喝酒，山南海北乱侃一通……

(二)营销情报系统

营销情报系统是指市场营销管理人员用以获得日常的有关企业外部营销环境发展趋势的恰当信息的一整套程序和来源。它的任务是利用各种方法收集、侦察和提供企业营销环境最新发展的信息。营销情报系统与内部报告系统的主要区别在于后者为营销管理人员提供事件发生以后的结果数据,而前者为营销管理人员提供正在发生和变化中的数据。

利用营销情报系统的关键是调动营销人员、推销人员、促销员和经销商等一线人员收集信息的积极性。一线人员对市场上产品的信息、竞争对手的情况以及消费者的需求偏好都了如指掌,他们提供的信息是最有价值的。而利用的关键是调动他们收集信息的积极性,比如可以采用重奖的方式,只要提供一条有价值的信息,重奖5000元等。

(三)营销调研系统

上述两个子系统的功能都是收集、传递和报告有关日常的与经常性的情报信息,但是企业有时候还需要对营销活动中出现的某些特定的问题进行专门研究。比如企业希望测定某一产品广告的效果。市场营销调研系统的任务就是系统客观地识别、收集、分析和传递有关市场营销活动各方面的信息,提出与企业所面临的特定的营销问题有关的研究报告,以帮助营销管理者制定有效的营销决策。营销调研系统不同于营销信息系统,它主要侧重于企业营销活动中某些特定问题的解决。

【案例】台湾著名的永和豆浆餐饮连锁公司,1999年在上海成立了永和豆浆总部及直营连锁店,在中国开设了几十家分店,在国内的媒体上也做了不少广告,可是并未达到预期的效果。2001年他们委托零点调研公司通过市场调查帮他们找找问题到底在哪儿?零点调研公司在调研中发现,上海还有一家叫永和大王的餐饮有限公司,也是来自台湾。在访问中大部分的被访者都分不清永和豆浆和永和大王,认为他们是一家公司。所以消费者要选择在永和豆浆用餐时,却跑到了永和大王,永和豆浆的大力广告宣传有一部分是给永和大王做了"嫁衣"。针对人们的"误会",永和豆浆改变了广告策略,通过近两年的努力,永和豆浆在消费者心目中建立了清晰而又良好的品牌形象。

(四)营销分析系统

营销分析系统也称营销管理科学系统,它根据上面三个系统收集的信息,做出系统分析并得出如新产品开发、广告投放、竞争策略、产品定价及最佳营销组合等的结论,并帮助营销管理人员作出最佳的市场营销决策。

二、市场信息的利用

信息的价值不在于信息本身,而在于信息背后的一系列连带的事实,利用的关键是能否准确地解释出来。

在一般情况下,市场信息反映的只是某些事物的变化苗头,是某种事物发生的先兆,只有经过因果分析才能意识到事物的实质性内容。正因为如此,市场信息虽然反映的是某种市场变化,但企业只有将其与经营目标联系起来才能发现其中存在的市场机会,因而在很大程度上取决于主观方面的理解和解释。

怎样通过信息去发现"解释因素",这需要主观素质方面的沉淀,它不但取决于人的知识、经历,同时还需要情感、注意力等心理要素。当年在延安曾广泛流传着一个传说:河北省出了一个白毛仙姑。这样的信息人人都听到了,但谁也没想到其中的含义,可当时只有 18 岁的贺敬之却做出了这样的解释:"旧社会把人变成了鬼,而新社会又把鬼变成了人。"于是就写出了不朽的名著《白毛女》。这就是发现了信息中的解释因素而产生的成果。

许多重大的商业机会都是由于发现了信息中的解释因素,对信息进行延伸分析而获得的。20 世纪 70 年代中期,日本一家综合商社驻莫斯科人员获悉苏联几名高级贸易专员启程赴美科罗拉多州。根据这一情报,该商社分析出:①这几名苏联高级贸易专员在国内是负责农业的;②科罗拉多州是盛产小麦的地方;③苏联该年粮食减产。由此,他们推断出苏联将与美国达成大宗进口小麦的协定,世界粮价将上涨。于是,该商社火速储备粮食并适时提高了粮价,从而获得了巨额的收益。

第五章　市场营销的战略选择

第一节　三大竞争战略

著名的企业战略大师迈克尔·波特的竞争战略理论,为企业长期保持有利的竞争地位,领先于同行业中的所有竞争对手指明了三种相互联系、相辅相成的竞争战略,即总成本领先战略、差别化战略与集中战略。

一、成本领先战略

(一)成本领先战略的含义

成本领先战略是指通过有效途径,使企业的全部成本低于竞争对手的成本,以获得同行业平均水平以上的利润。

成本领先战略要求坚决地建立起高效规模的生产设施,在经验的基础上全力以赴地降低成本,抓紧成本与管理费用的控制,以及最大限度地减小研发、服务、推销、广告等方面的成本费用。尽管质量、服务以及其他方面也不容忽视,但贯穿于整个战略之中的是使成本低于竞争对手。一个公司成本较低,意味着当别的公司在竞争过程中已失去利润时,这个公司依然可以获得利润。

【案例】世界上有两家最大的飞机制造公司:一个是美国的波音,另一个是欧洲的空中客车,空中客车是后起之秀,它能与美国波音抗衡,靠的是什么?是在技术方面?绝对不是,空中客车所拥有的技术波音全部都掌握了,在技术上都差不多时,那剩下的就只有成本了。

中国的航空公司,还有美国的西北航空公司,都对空中客车非常感兴趣,想采购空中客车的飞机。于是,美国波音马上展开调查:最近空中客车出了哪些事情?空中客车的空难大事马上就查了出来:

30 年来这家公司卖了 2499 架飞机,还有 1620 架没有交货,但是

12年来发生了很多的空难,11次的重大空难,死了2100人。2001年10月空难发生在纽约,2000年8月空难发生在中东,2000年1月空难发生在非洲,1999年12月空难发生在印度,等等,一直讲下去,一共死了2100人。

死了这么多?买飞机的人得知后吓一跳。空中客车一听,马上也展开针锋相对的调查,说波音死的比我们还多,就把波音的空难也统统调查出来,大家看谁死得多。

其实这是次要的,哪一种飞机没出过事故?!最重要的是产品的价格。2003年,欧洲最大的航空公司要买飞机了,波音和空中客车为此而竞争得你死我活,最后空中客车击败了波音,抢到了60亿美元的订单,一共是120架飞机,2007年以前全部交货。有人做过专访,波音亲口承认空中客车这一次卖的价钱比波音便宜,说穿了就是靠成本优势。因为空中客车所拥有的技术,波音统统具备,它是完全靠成本优势才拿到这张订单的。

抢下这个订单,空中客车的发货量第一次跟波音平起平坐,凭的就是成本优势。这次抢到订单,就证明空中客车的竞争优势在于成本领先,在飞机制造业,它要居于成本领先的地位。

(二)树立正确的成本意识

在销售价格、销售数量以及销售收入既定的条件下,企业的利润最大化目标实质上变为成本最小化目标,成本就成为利润的第一来源。当年,美国钢铁大王卡内基,他的两座大型炼铁炉刚刚建成,建造的工程师告诉他:“现在发明了一种新的炼铁法,可使每一吨炼铁的成本降低50美分,可惜现在新炼铁炉已经完工,要是晚建一段时间就好了。”卡内基问:“新炼铁法确保能降低成本吗?”工程师回答:“没问题。”卡内基讲:“那就将新建的炼铁炉炸掉重建!”可见在企业家的心目中成本处于什么地位,而也正因为有这样的成本意识,才能成为竞争的优胜者。

当谈到成本时,人们往往想到的是节约。确实,节约是降低成本的重要途径,节约的价值还在于能促进企业管理水平的提高。但如果把成本作为一种战略措施,仅仅理解为节约,那就必然限制了经营者的思考范围。

1. 成本控制就是该花的一分不少，不该花的一分不花

在一些企业经常出现的一种现象是：企业经营形势不好，产品销路不畅的时候，企业领导就一头扎到了财务科，算起了小账：首先，回收资金不多，那就别做广告了；其次，为了减少开支，别出差了；再有，钱这么紧，不用搞培训了。各位想一想，不做广告，市场是否还能保持住？不出差，必要的关系断了怎么办？不培训，员工的素质怎么提高？企业由此可能进入恶性循环，结果是大大地削弱了企业的竞争力。

在竞争中，企业是否处于成本领先地位，并不能简单地用某个绝对值来判断，而是有一个投入产出比的问题。

如果看起来是在某一方面增加了一些费用，而从总体上使效益有了较大幅度的提高，这仍然是赢得了成本领先。这里最明显的是广告费的投入，那种不顾后果，力图用广告轰炸的方式打开市场是不可取的，但力图靠节约广告费来降低成本的做法同样荒唐。有人称这种做法是“想节约时间而不买手表”。只有把成本控制的思想与提高企业的竞争力联系起来，成本控制才不会偏离方向。

国外许多著名的企业如日本丰田公司，在细小的生产管理环节上，从一点一滴做起降低成本，如劳保用品手套破了要一只一只地换，办公纸正面用了还要用背面，厕所水箱里放块砖头用来节水，可每年的科技投入费用却大得惊人，开拓市场该花费的钱绝不含糊。

总之，降低成本是与提高企业竞争力的目标相联系的，是为了企业进入良性循环的发展道路而进行的。背离了这一基本目的，成本控制就失去了意义。

在市场竞争中发展的企业，所采取的各种措施总是不可避免地要面临一定的风险，有时成本是风险的代价。有一位美籍华人回国争取一笔买卖，按他的说法在美国已经濒临破产，因此必须做成这笔买卖。到北京住在王府饭店，别人问他：“为什么不节省一点？”他说：“我要是住在招待所，谁跟我做大买卖呢！”他这样也可能争取不到机会，反而加重了他所面临的风险，可如果不这样做，他只有破产一条路可以走了。

2. 成本控制要先运营，后控制

管理的一项重要任务就在于成本控制，但不应当把成本控制过程

看成是静态的。要想真正在竞争中实现成本领先,就需要按创新的思路在技术和管理上采取有力的措施,通过成本运营找到大幅度降低成本的途径。

首先,要高科技投入,采用新的科技手段将成本大幅度降下来。航天部长城公司对俄罗斯做服装贸易,其经营过程中最主要的是运输成本,把运输成本降下来才能取得竞争优势。于是,他们投资 100 多万元,请清华大学的几位博士设计了一个电子计算机软件,把运输公司提供的机型、仓位和面积等输进计算机,然后得出最佳的运输方式:要求待运服装打成 7 种包型,确定出各种包型的装机位置,这样就可以最充分地利用运输空间。这样做的结果,使运输成本降低了 1/3,很快公司就取得了竞争的优势地位,使得对俄罗斯服装贸易达到 50%的市场占有率。

其次,通过社会协作降低成本是成本运营的另一重要途径。只有通过高度的社会分工才能简化生产过程,提高生产效率,降低成本。而“大而全”、“小而全”的生产方式,难于找到大幅度降低成本的突破口。

【案例】温州的经济发展使人感到是个谜,那就是所生产的产品十分便宜,有的售价甚至比其他地区同类产品的成本还低。

如果从表面上看,在温州一家一户的生产还占有相当的比例,仅乐清柳市镇原来就有 9000 家企业,似乎是个小生产王国。

其实,“大生产”还是“小生产”,讲的是生产方式,而不是生产规模。在温州,这些小企业是按照社会化分工建立起来的,每个小企业都在竞争中确定了自己的位置,以极高的专业化程度生产,整个社会协作为一个整体生产产品。例如,在鸥海区河边一条街都是卖鞋样子的,一律电脑设计。转过来的一条街都是卖鞋面的,再过一条街都是卖鞋底和鞋跟的,各种式样、各种尺寸都有。生产皮鞋的厂家买了鞋样之后,按鞋样买鞋面、鞋底和鞋跟,然后按市场需求生产皮鞋。正是通过这种社会协作,从而以很低的成本生产出很多市场欢迎的皮鞋。当然,竞争也使许多小企业被淘汰,并逐渐形成了较大的集团公司。但这样的集团公司与那种靠行政命令凑在一起的公司有着本质的区别,竞争的调整使公司在组织结构上十分合理,确保了低成本的生产过程。

最后,企业组织结构的改革是确保降低成本的重要措施,其改革的基本指导思想就是将企业外部竞争引申为内部的竞争。

【案例】淄博矿务局原来所属的都是老煤矿,开采成本过高,是一个严重亏损的单位。耿家怀局长上任后,大刀阔斧进行改革,所有亏损的煤矿全部封闭。然后成立各种公司,开展多种经营。同时,寻找富煤矿区建新矿井。新矿井建成后,地上设施十分简单,后勤保障业务一律通过社会协作解决,所需工人不是到社会上招聘,而是与老矿区的公司订立合同,由老矿区派遣工人,工资、福利等各种费用一并付予老公司,发现不合格工人立即退回。同样的矿井需要11000名工人,而淄博的新矿只需1000人就够了。由于人力成本大幅度下降,全局从总体上迅速实现了扭亏为盈。

3.成本领先是一项长期战略

按照竞争要求实现成本领先,需要有一个长期的战略安排,从总体上实现控制目标。也许从短时间内还要加大投入,造成成本上升,但从长远考虑可以赢得成本的领先优势,因而不能从一时一事上评价成本领先的成果。

要从战略上把握成本领先的过程需要企业家具有一定的胆识与魄力,需要权衡各种得失作出判断,需要确定有价值的目标按步骤地推进,最后才能获得战略的成果。

【案例】淄博矿务局在实现扭亏为盈之后,没有急着改善员工的福利待遇,而是用自有资金开发了一个新的矿井。在资金很不充裕的条件下,耿家怀局长决定投资300万元从国外引进最先进的自动化设备,没有增加产量而省下了人工,使得新建矿井达到了人员控制目标,即3名领导干部,20名管理人员,300名工人。耿家怀局长解释他这一决策的理由是:“从战略上考虑问题,人力成本是最大的成本。因为人多会造成事故率高,发生一个工伤事故,成本就上去了。人员大幅度减少了,工资总额也大幅度下降了。”

从短时间看,多投了300万元,而从长远看,可以大幅度降低成本,确保了企业在竞争中的成本领先优势。企业只有从战略的高度认识成本控制,才能确保达到成本控制的目标,并使成本控制转化为竞争优势。

(三)如何实施总成本领先战略

1. 实现规模经济

根据西方经济学原理,在达到一定规模之前,产量越大,单位平均成本越低。我国乡镇企业在某些行业借助成本优势与国有大中型企业竞争,但那种优势并不是真正意义上的战略性的成本优势。这些优势有些企业是靠自己简陋的厂房、简单的设备和不太可靠的产品等投机得到的;有些是因为大企业自身经营管理不善侥幸得到的,换句话说不是自己做的很好了,而是对手做的太糟糕的缘故。因而,这种优势来得快,去得也快,是不稳定、不可靠的。

我国汽车行业在差异化(如产品差异、品牌差异、营销手段差异等)方面比不过欧美,在成本上则比不过日韩。后者与规模有很大关系。比如说一汽与丰田同为15万职工,一汽的产量是40万辆,而丰田则是500万辆,规模差距决定了成本的差距。

2. 做好供应商营销

所谓供应商营销,也就是与上游供应商如原材料、能源、零配件等协作厂家建立起长期稳定的亲密合作关系,以便获得廉价、稳定的上游资源,并能影响和控制供应商,对竞争者建立起资源性壁垒。过去,我们很多企业"大而全,小而全"强调自我配套。今天,则强调专业化分工,最终产品制造商按比较经济原则组织外部配套,比如跨国公司大都建立了全球采购体系。

3. 塑造企业成本文化

一般来说,追求成本领先的企业应着力塑造一种注重细节,精打细算,讲究节俭,严格管理,以成本为中心的企业文化。不但要抓外部成本,也要抓内部成本;不但要把握好战略性成本,也要控制好作业成本;不但要注重短期成本,更要注重长期成本;不但要讲企业成本,更不能忽视顾客成本。要使"降低成本"成为企业文化的核心,一切行动和措施都应体现这个核心;一切矛盾和冲突的解决都应服从于这个核心。"邯钢模式"或称"邯钢经验"一段时间曾广为推行,很重要的一点是其形成了一种文化,这种文化润物细无声,得到了员工的高度认同。

4. 生产技术创新

“创新”是一条永远不变的市场竞争法则，降低成本最有效的办法是生产技术创新。一场技术革新和革命会大幅度降低成本，生产组织效率的提高也会带来成本的降低。如福特汽车公司通过传送带实现了流水线生产方式而大幅度降低了汽车生产成本，进而实现了让汽车进入千家万户的梦想。河南莲花味精集团围绕味精生产先后进行了十几次技术改造，每一次改造，都伴随着生产效率的提高、能源及原材料的节约。用玉米代替大米为代表的替代工程的实施以及发酵与提取技术的提高同样取得了降低成本的效果。

值得强调的一点是，我国企业以往依靠廉价的劳动力、土地资源建立起来的成本优势是不持久的。从世界范围来看，当初日本企业与欧美企业竞争靠的是劳动力成本低廉，但这一竞争优势很快为东南亚四小龙所取代，四小龙在劳动密集型产品上的成本优势继而又被中国大陆所取代，因为后者较前者劳动力和土地成本更低。有鉴于此，只有建立在规模经济、供应商营销、管理与文化、生产技术创新等基础上的成本领先才是企业可持久的竞争优势。

【案例】我国实施总成本领先战略较为成功的企业，包括格兰仕集团、长虹集团、莲花味精、邯钢集团等，其中格兰仕可称为我国总成本领先战略的成功典范。格兰仕可以说把“总成本领先战略”的威力发挥到了极致，难怪连海尔的张瑞敏都连呼“想不到”。让我们看看它是怎样实施总成本领先战略的：

微波炉行业是我国品牌集中化程度最高的一个行业，格兰仕占有国内60%左右的市场份额，欧洲35%的市场份额，可以说是一个“寡头垄断”行业。格兰仕的成功取决于三条：一是规模化优势。其年产1200万台的产量使得其单位产品总成本实现了行业最低，而挑战者要突破格兰仕构筑的成本壁垒很困难。二是上游资源的打造。格兰仕能以绝对优势的产量与第一品牌的光环迫使供应商以超低的价格供货，建立起了有形和无形控制力极强的完整产业链条。三是以超低价格占领终端市场，并通过“价格战”清理门户。如当其生产规模达到125万台时，就将出厂价定在规模为80万台的企业的成本价以下，这样，80

万台以下的企业生产越多，亏损越多；当规模达到300万台时，又将出厂价定在规模为200万台的企业的成本线以下……

有不少企业界与学术界人士曾经不理解，认为格兰仕是自己和自己打价格战，好好的钱不赚。但如果深入分析，就会发现其竞争战略是可取的，是明智的选择。首先，格兰仕的价格战是建立在成本基础上的，不像彩电企业"赔钱赚吆喝"，虽然价格低，但有利润。其次，自觉地控制利润率水平正是国外不少聪明的企业所为。过高的利润率无疑是给潜在的进入者发了一个邀请函，降低潜在进入者的预期有利于减少进入者。国外有的企业还设置利润率警戒线，自我控制，待到控制了市场再行收获。当然，如果自身垄断了技术尤其是核心技术，又当别论，就如微软不会以超低价格出售其软件一样。其三，格兰仕的定价策略极富杀伤力。由于竞争者在微波炉这种技术含量不是很高的的产品上难以获得差异化优势，只能走价格竞争这步棋，新进入者往往在襁褓期、磨合期、适应期即被扼杀，像海尔、荣事达这样的优秀企业亦不例外。其咄咄逼人的价格战攻势也无形中建立起了一个"威慑系统"，不断打击着进入者或潜在进入者的信心。可以说，格兰仕关注的更重要的是市场竞争优势地位的形成而非短期利益。其四，将成本领先优势全球化，立足于全球的大生产、大流通，定位于"全球最大的微波炉生产基地"。格兰仕的成本领先优势全球化延伸可以降低国内市场风险，避免像彩电企业那样在单一国内市场相互倾轧。

二、差异化战略

（一）差异化

所谓差异化就是企业凭借自身的技术优势和管理优势，生产出在性能上、质量上优于市场上现有水平的产品，或是在销售方面，通过有特色的宣传活动、灵活的推销手段、周到的售后服务，在消费者心目中树立起不同一般的好形象。差异化所追求的"差异"是产品的"不完全替代性"，即在产品功能、质量、服务、营销等方面，本企业为顾客所提供的是对手不可替代的。"鹤立鸡群"是差异化策略追求的最高目标。比如你们都在卖大的红苹果，我家里也有三棵苹果树，我也只有来卖苹果。你们都已经有牌子有固定客户了，我只有插另外一个牌子，“你是红苹果，我是青苹果”，总有人喜欢青苹果，这样竞争对手也没有办法。

喝过星巴克的人都知道里边的消费不便宜，但是星巴克照样备受人们的青睐，原因是有差异。要享受它的第三空间，就只好忍受差异带来的高价，就这么简单。中国麦当劳的价钱其实不便宜，跟美国的麦当劳的价钱一样，但还是人满为患，原因也是差异化，都认为那是美国文化，就进去吃了。等有一天人们觉得美国文化也不怎么样时，麦当劳准会乖乖地降价，一直降到中国人可以接受的水准。

为什么中国那么多市场出现恶性竞争、局部过剩，就是因为大家做的产品都是消费者基本满意的产品。比如说手机，这些手机基本上没有什么差异，几十家企业基本上做的都是大同小异的产品，每个企业都是靠忽悠，靠做广告，在大市场中分到一点点小市场。尽管前几年有人说国产手机已经占据了半壁江山，但是只要问问做手机的企业就知道，中国国产手机元器件百分之七八十以上的价值还是世界巨头的，我们所做的工作最多占 30%，做外壳提供服务负责销售负责宣传，赚钱的那一块统统被人拿走了。中国企业喜欢面子，中国老百姓喜欢民族牌子，那国外的公司就将面子、品牌给你，他们将钱拿走，何乐而不为？国外的公司越来越知道怎样在中国做生意，包括联想和 IBM 的合并，我的观点不是联想买了 IBM，而是 IBM 买了联想，只不过他是赚了钱买了联想。

差异化表现在很多方面：采购、设计都可以差异化，制造、出货、人事管理、咨询系统、财务管理、营销、顾客服务等方面也统统都可以表现出差异化。做酒店的可以在顾客服务上表现出差异化；做贸易的可以在咨询系统上表现出差异化；做大卖场的可以在采购出货上表现差异化；做室内装潢的可以体现出设计的差异化；做机器、做汽车的可以在制造上体现出差异化；做直销的，像安利、雅芳、玫琳凯，可以在销售上表现出差异化。玫琳凯有它的一套规则，雅芳有它的一套制度，而安利有安利的一套模式，它们都表现出了各自的差异化。

【案例】日本三德利啤酒有句广告语：“三德利啤酒采用纯天然矿泉水酿制。”这句话不怎么好，因为差异不明显，卖啤酒的人都会这么说。

后来三德利就把这则广告又改成"三德利啤酒,用现代化的酿酒工艺,而且采取全面质量管理体系 TQN",好像比第一次的广告词稍微有点差异了,但是实质上两者的差别仍然不大,因为哪一个卖啤酒的会说自己的酿酒设备很原始、很古老呢?都是在讲现代化呀。哪个不是在吹它是采用了 TQN,哪个不是在讲它有现代化的酿酒设备呢?差异仍然不大。于是他们又收回了这个广告,又做了一个新的广告,这一次差异稍微多一点儿、明显一点儿了:"三德利啤酒选用加拿大进口的优质麦芽、德国原产的优质啤酒花和日本空运的新鲜酵母。"这谁有呀?全中国这么多做啤酒的,用加拿大进口的麦芽,用德国的啤酒花,还有日本空运的新鲜酵母,就只有它三德利了。就这样把差异慢慢地做出来了,它的市场自然也相应随之慢慢地扩大了。

说到啤酒,我们来说说另一种——力波啤酒。力波啤酒想了很长时间,也想不出自己的啤酒究竟和别人的有什么差异。于是,他们就在瓶子上下工夫,说他的瓶子跟别人的不一样,并推出了一个广告:"力波啤酒,先挑好瓶,再酿好酒",接下来的一句是:"力波啤酒,采用世界先进的空瓶验瓶设备,经得起卫生和安全的层层考验。"尽管啤酒不怎么样,但瓶子是不同的。不管怎么样,这好歹也是一个差异,至少还说得出来。

市场竞争是很激烈的,要说出自己的产品跟别人的差异,不是一件容易的事情。而这个差异也不应该是自己说的,而应该是由消费者决定的。要是消费者说:"什么瓶子都无所谓,我主要是喝啤酒,哪怕用瓦罐装也没关系。"那力波就完了。如果消费者说:"啤酒都差不多,我特别重视啤酒瓶是否真正洁净,千万不要在里面看到一只小蟑螂。"那么力波啤酒的这个广告就有效了。

(二)注意差异而不营销

现代营销之父——菲利普·科特勒说:"所谓差异化,是指设计一系列有意义的差异,以便使本公司的产品同竞争者的产品相区分的行动。"直白地说,就是提出你的对手没有推出的卖点、没有提出的概念。而且,这个卖点还必须是你的顾客所能钟情的,否则你推出再独特的卖点也是白搭。

举个简单的例子,两个人都是卖水果的,都卖苹果、梨子、葡萄、西瓜这些水果。但是你还卖火龙果,这是你的对手没有的,这时你就实现了“差异化”。但如果你处在一个没有人吃火龙果的地方,那么,非常不幸,你的差异化优势就等于没有,因为你的差异化没有消费者响应。因此,实施差异化不能只一味“闭门造车”地推出卖点,还要看消费者是否买账。

比如,一家空调企业推出所谓“自然换气”的健康空调概念,这个差异化无疑是有效的。但是假如另一家企业推出所谓的“杀菌空调”,以此构成差异化的话,可能就没有多少人会买账了。因为在人们目前的消费经验和健康知识储备中,对空调是否能够杀菌完全没有概念,况且企业也没有向消费者灌输这样的知识。因此,这样的差异化基本是无效的。

(三)让你的营销主张与众不同

先进的营销思想体现于建立独特的营销主张,通过独特的营销主张可以显示出企业营销的差异性。差异就是竞争力,可以体现企业的个性和创造性,只有创造才能使企业具有生命力。

1.把产品销售变成方案销售

实现方案销售不是方法问题,而是营销理念问题:能否做到把一切困难留给自己,把一切方便让给客户。企业如果要使自己的业绩跨上一个台阶,就必须改变原有的营销思路,导入方案销售。在这方面,美国戴尔公司的成功能给我们很大的启示,其成功并不在于直销形式,而在于通过系统设计满足客户的个性化需要。

在产品销售中,商家总是把注意力集中在产品上,采用各种各样促销手段让用户接受自己的产品;而方案销售则是从用户的需要出发,为满足用户的需要进行产品和服务的组合。大家都知道,用户购买产品并不是目的,目的在于满足需要,在这一点上方案销售直接与用户的购买目的相吻合。特别是在进入消费者需要个性化时代之后,产品销售日趋显得无能为力,只有方案销售才能使营销产生质的飞跃。

【案例】有一家化肥企业,在卖给农户化肥的同时还介绍种子和农药,出现问题也由化肥公司负责赔偿,并派驻技术人员指导农民种地,甚至农户生产出来的农产品,厂家也帮助寻找销路。这就是方案销售。

2.解决用户的购买能力

能将这一要求由企业主动承担起来,也会产生激发需求、创造市场的效果。

【案例】上海一家经营工程机械的公司,他们从生产企业购来碎石机,然后到贫困山区与农民协商,说:“我们出设备你们出人工,将石头破碎后,销售收入按比例分成。”农民当然十分高兴,而公司也很快收回了成本,并且拥有了稳定的利润源。由于解决了农民的购买力,企业也获得了高效益。

3.开展营销的系统化思维

系统思维善于将不同的事物组合在创新结构中,结构决定功能,实现“总体大于局部之和”。根据这一思想,营销应善于将一个利润点分解成多个盈利点,然后组合为一个整体,从总体上产生更高的效益。

【案例】当代著名华商陈江和到印尼苏门答腊发展产业,他先为当地人民修了一条路,建了自来水厂和发电厂,使当地居民免费用水和用电,并义务为当地居民进行职业培训,教他们种蔬菜、养奶牛、种速生树,再加以收购,加工成脱水蔬菜、奶制品等,运往世界各地销售。

4.了解消费需求,为消费者创造价值

营销的过程应该是理解消费者的过程。消费者购买房子并不仅仅是为了居住,还是为了安全感和归属感;人们买一套家具也不仅仅是为了使用,还是为了获得温馨的生活。销售者不应以专家的身份教训消费者,而需要理解他们的愿望,用自己的产品为消费者提高生活质量,从而也就为消费者创造了价值。

同样是销售整体厨房,一家企业宣传“技术领先”,另一家企业宣传“生活在厨房”,当然后者更能引起消费者的青睐。因为前者仅是对产品功能的描述,而后者则是把产品功能与提高消费者的生活质量联系在一起,是一种独特的销售主张。

(四)制造有差异的卖点

在产品一章我们曾经探讨过,卖点就是企业以自己产品和服务的差异性去满足消费者的个性化需求,从而激发消费者的购买动机。卖点的独特之处就在于与竞争对手存在着明显的不同之处，甚至是强烈的反差，它在市场上能产生独特的吸引力。

有意义的卖点可能体现在产品性能上，如九阳电器公司生产的“智多星”豆浆机，具有语言功能，有会“说话”的独特本领；也可能体现在产品用途上，如“露露”饮料原来销路一般，可后来提出在冬天可以加温热着喝，而热着喝确实口感好，别的饮料恰恰不能加温，结果使“露露”销路大增。再如台湾的“三叶”牌钢琴，广告词讲：“学钢琴的孩子不变坏”，正是这个理由打动了父母的心，于是就销得很好。

三、集中战略

集中战略是指企业把经营的重点目标放在某一特定购买者集团，或某种特殊用途的产品，或某一特定地区上，来建立企业的竞争优势及其市场地位。

由于资源有限，一个企业很难在其产品市场展开全面的竞争，因而需要瞄准一定的重点，以期产生巨大的市场力量。此外，一个企业所具备的竞争优势，也只能在市场的一定范围内发挥作用。例如，天津汽车工业公司面对进口轿车和合资企业生产轿车的竞争，将经营重心放在微型汽车上，该厂生产的“夏利”微型轿车，专门适用于城市狭小街道行驶，且价格又不贵，颇受出租汽车司机的青睐。

企业必须要明确，企业是为部分人服务的。其实所有的人都是为部分人服务的，你服务的群体越窄，你成功的几率就越大。

【案例】北京有一个摄影师，他只给各个公司的老板拍照，专门给CEO、总裁们拍照，其他客户一律不干。世界上所有知名的老板要拍照，都去找他，比如说宝马中国区总裁、惠普中国区总裁等，这就是只为部分人服务，很明确。人家过的很滋润，半天时间，万把块钱就赚到手，生意红火的要命，人家只吃这碗饭，只为部分人服务。这是市场经济很重要的原则。希望大家一定要仔细地想一想自己是为哪部分人服务的。

【案例】立邦漆产品遍布世界各地，口号就是“处处放光彩”，支持其处处放光彩的基础就是种类多，共有100多种，按档次又分了几种，每一种漆又分为亚光、半光、全光好几种。这是立邦漆的优点和优势所在——产品色彩、品种齐全，只要你有需求，就能满足你。这也是它所塑造的品牌形象，在家庭装饰的涂料上是第一品牌。

立邦漆广告也做得非常好，可以把大楼变个颜色、汽车变个颜色，色彩缤纷，很好看。广告语言平和，信息也非常明确，不像其他企业一样称王称霸。中国许多企业认为自己的产品比较便宜，想分立邦漆一块市场蛋糕，但其与立邦漆做法类似，因此直到今天也没有一家企业能与立邦漆平起平坐。

印度的一家企业也生产涂料，他们看到立邦漆在印度也是稳坐老大交椅，就想："有什么办法能把立邦漆拉下马，而与他平起平坐呢?"他们采取的办法是：先走访立邦漆的代理商和购买立邦漆的客户，问他们对立邦漆不满意的三个方面；然后再问从商店里走出来时，手里提的不是立邦漆的客户，问他们"为什么不买立邦漆"的三条理由。这样，总结下来，有以下几种说法：

有的说名牌太贵，不值；也有人觉得立邦漆不比别的漆好在哪里，刷在墙上，也显不出来立邦漆的标志，又没有暗花什么的，没有什么品牌效应。它不像衣服和手表什么的，能看出牌子，可以炫耀。你就是带人看家里的房子，也不会说："看，我们家用的全是立邦漆。"还有的代理商说立邦漆优点是品种多，但代理它的门槛太高：你要体现处处放光彩，肯定每一个品种都要有，共一百多个品种，每种就是只拿五桶也要500多桶，一般代理商没有地方存放，再说也没有资金，所以对其也只能是望而生叹。

还有一种说法是立邦漆是有几种产品很赚钱，但也有几种产品基本上卖不出去，也就是说赚钱的赚了很多，但赔钱的也赔了不少。这样一来，到年底结账，赔赚相抵，忙活一年下来也没赚多少钱。然而把不赚钱的产品扔掉又不行，因为他体现的是处处放光彩，这样做的话就体现不出来这个特点了。还有一点是它的整体成本比较高，资金回笼慢，代理商的资金压力比较大。

于是，这家公司确定了自己的战略方案：①经过市场调查，找出了立邦漆比较畅销的五种产品，自己只做这五种，产品比较单一；②在价格上比立邦漆便宜三分之一，这是它的价格优势所在；③在宣传策略上，他们宣称：如果你要买这五种产品当中的一种，你没有理由买立邦漆（我的性价比最好），如果你买这五种产品以外的漆，那请你继续去买立邦漆。

也就是说针对这五种产品来说，我的产品与它的产品质量一样，还比它便宜1/3，你有什么理由不买我的产品而去买它的呢？你如果非要去买它的产品，除非你有毛病：多花1/3的钱干嘛呢？没有人认为你多花钱有什么价值！同时还有一条出路，如果你买这五种漆之外的漆，那么就请你继续去买立邦漆，也没有把立邦漆的出路堵死。

接下来就是与消费者沟通，又便宜又好的东西有吗？假如我现在告诉你有个地方卖20万元一辆的奔驰，你会去买吗？你可能会问：20万元一辆的奔驰，是真的吗？毕竟大家认定的是"一分价钱一分货"，又便宜又好，你凭什么？你做得比别人好，为什么会比别人便宜呢？针对这一点，他们是这样解释的：

第一，我的产品单一，就五种，而立邦漆100多种，这100多种产品下来就需要100多条生产线，卖得好的产品生产线利用率还可以，但是卖得不好的产品呢？今天生产一点，后天生产一点，甚至有时候一个星期也不用一次，生产线基本闲置。这样的话，生产成本也就比较高。而我就只有五条生产线，市场需求量又比较大，所以说生产线利用率比较高，这就降低了产品的生产成本。

第二，中间环节费用低。假如一个代理商代理五种产品，就是一种5桶，一共才25桶，占用资金比较少。

第三，五种产品全是畅销产品，走得快，来钱快，代理商数量也会增加，成本也就拉下来了。

经过这一番解释，大家都明白了，"有道理，这是让利销售，把利润给了经销商"。那么，厂家还赚什么钱呢？对厂家来讲，钱是一分没少赚，但他是在成本里面赚的，不是利润方面赚的。这个企业准备完毕，发起全面进攻，很快就成了一个知名品牌。

毕竟它做的是最畅销的五种类型，另外它的价格还便宜1/3。如果是一瓶水，才1块多钱，就是便宜1/3也无所谓，看不出来。但装修房子就不同了,他是以万元来计价的,便宜1/3,效果非常明显。所以,他的销售在市场很快上升到了前三名。

任何一家企业都是靠支撑优势的点生存和发展的,要攻击你的对手,就要在他的长处之中找弱点。为什么呢?在他的优点里边找弱点,使他无法还击。比如立邦漆,如果他也只生产五种产品,还能体现"处处放光彩"吗?不能,因为其优点丢失了,优势也就不存在了。如果缩小战线,定位就改变了。

第二节　专业化战略与多元化战略

一、专业化战略

(一)专业化战略的含义

专业化战略是指集中公司所有资源和能力于自己所擅长的核心业务,通过专注于某一点带动公司的成长。核心业务是指在公司从事的所有经营领域中占据主导地位的业务,核心业务构成了公司的基本骨架。我们这里所说的专业化包括两方面的意思:一是行业专业化,即公司专注于某一个行业内经营;二是业务专业化,即公司专注于行业价值链中某一环节的业务。

专注于核心业务求发展,是公司成长最基本的战略,也是公司成长的必由之路。与通过扩大业务范围来获得公司增长的方式相比,专注于核心业务的做法更值得鼓励,这种成长方式更有助于增强公司的核心竞争力,建立稳固的竞争优势,因而它所驱动的增长也会更加健康,更加稳定,更加长久。

与现代的公司经营环境相适应,一家公司应该只做自己最擅长、最赚钱、公司最有价值的核心业务,而把那些谁都能做、低附加值、非核心的业务委托给外部的协作公司去做。作为公司领导者,你应该明白有些业务别人做会比你自己做更好的道理,应该审慎地分析业务环境和自己的专业能力,主动放弃覆盖整个产业链的一体化运作模式,专注于你的核心业务。

(二)公司的业务类型

如果仔细分析公司的业务,你会发现不同的业务对公司的价值有很大的差异。一般说来,公司的业务活动可以分为四类:

第一类是只有自己可以做,或者必须自己做,并且通过它们使公司区别于竞争对手的业务。这是公司存在的根本,没有这些业务公司根本就没有存在的必要,因此这些业务往往是战略性的,属于核心业务的范畴,是公司竞争力的主要载体。例如英特尔的芯片研发与制造、耐克的产品研发与品牌管理、三星的数码业务等。

第二类是必须由公司自己做,别人无法替代,但难以和竞争对手区别开来的业务。例如餐馆行业的食品卫生,航空行业的安全、快捷等。这是公司经营的"保健性"因素,也就是说,做得不好就直接给公司造成负面影响,做好了也不大可能在顾客心目中留下深刻的印象。当然,如果与竞争对手相比做得特别好,这些业务可能提升公司的竞争力,形成竞争优势。例如麦当劳的食品与就餐环境卫生、美国西南航空的快捷服务等都成为了它们的核心竞争力。

第三类是可以形成公司的竞争力,同时别人做比自己做更有优势的业务。例如制造公司非关键零部件的供应、直销公司的物流配送服务等。这类业务往往不是公司的核心业务和主营业务,但它对核心业务和主营业务有较大的支持作用,管理得不好会影响核心业务的运营。因此,要仔细筛选并管理好这些提供外围服务的公司,由于它们的重要性,公司应该把它们当做重要的合作伙伴而非一般的供应商或服务商。

第四类是专业公司更有优势,同时对公司核心业务及竞争优势无关痛痒的业务。例如工厂环境卫生及绿化服务、员工上下班班车服务等。

公司正确的做法是:牢牢抓住第一类核心业务,加强核心业务领域的竞争力;认真管理好第二类业务活动,使其充分发挥对核心业务的支持作用,或直接转化为公司的竞争优势;对于第三类、第四类活动则要积极主动地外包给合格的供应商,所不同的是对于第三类业务的外部供应商或服务商更应加强管理与协作。将大量可以由合作伙伴来完成的任务外包,有助于公司将有限的人力、物力、财力资源集中于对公司发展有重大影响的业务活动上来。这将使公司拥有更快的反应速度、更高的运营效率、更强大的竞争优势。

实际上以核心业务为中心的专业化已经成为一种潮流和趋势,这并不以人的意志为转移,不管你是否愿意,你都必须跟着潮流前进。电脑行业的演变就是一个很好的例子。20世纪70年代,IBM牢牢掌握着电脑市场,它几乎生产、组装电脑系统的每一个元器件,包括电子元件与软件操作系统。进入80年代后,随着PC的出现和普及,英特尔、微软进入电脑行业,并掌握了硬件、软件的核心技术,之后戴尔与捷威(Gateway)又使电脑行业进一步分化,这些公司通过协作共同生产、服务,电脑产业寡头垄断的局面被打破。到了90年代,电脑业更是全面进入按需定制的阶段,无数专业化的公司组成互为相关的网络,进而构成了整个产业链,过去一家公司从头至尾全部"通吃"的景象将一去不复返了。当你将一台"联想"电脑搬回家的时候,你可能不曾想到,这台电脑的中央处理器(CPU)可能来自英特尔,显示屏可能产自飞利浦,光驱则可能出自于东莞的某一家专业工厂,也许只有主板是联想自己设计和生产的。

(三)专业化战略的意义

专业化不仅通过价值链各环节的分工提高了整个行业的效率,同时,专业化也提高了单个公司的效率和效益,促进了公司成长。

【案例】丰田公司、通用汽车公司专注于汽车的设计与生产,通过精益求精地向消费者提供富有吸引力的汽车取得了成功。更令人称奇的是,高露洁(Colgate)公司仅凭几元钱一支的牙膏和牙刷也能跻身于世界500强之列,而专业化正是高露洁成功的关键因素。200年来,高露洁始终专注于极为普通的口腔护理产品的研究与生产,始终将公司的全部资源和精力集中于为数不多的几个能够给公司带来高额利润的产品,始终只关注自己最擅长、利润率最高的核心业务。高露洁的专注显然获得了回报,声名卓著的"口腔护理专家"的形象已经在全世界的消费者心目中根深蒂固。

【案例】调查表明,在中国消费者对汽车品牌的崇尚度上,宝马稳居第一,甚至比处于第二位的奔驰有着近70%的品牌领先度。宝马大中华区总裁兼首席执行官史登科博士在谈到宝马相对于竞争对手的品牌优势时说，除了持续追求设计和技术上的超前性外，其另一重要的优势在于宝马"深知自己的优势在哪里，专业优势会体现在哪里。"20世纪80、90年代许多大公司都开始业务扩张，涉及其他很多领域的业务，但是现在这些公司又把发展方向集中到中心业务上。而宝马公司多年来一直集中自己的资源在高档汽车领域。"

【案例】诞生于杭州的万向集团也是凭借专注经营万向节这一单一产品走出了国门，走向了世界。万向集团是以浙江杭州万向节厂为核心的企业集团，其前身为1969年建立的乡镇企业，经过30多年的发展，万向集团已成长为包括十几个下属公司、日创利润100多万元的股份集团公司，其产品销往几十个国家和地区。万向集团的创始人鲁冠球在总结万向的成功之路时说：我们专注于万向节一个产品，把它做精、做专、做大、做强、做深，终于做到了现有的市场地位。

20世纪80年代，在美国最大的250家公司中，仍然通过多元化战略进行扩张的仅占8.5%，而通过剥离重新回到核心业务的公司则达到20.4%。美国大公司的这种调整，贯穿了20世纪的最后20年，并一直延续至今。1987年至1988年间，美国大公司的资产与业务剥离行动达到了第一个高潮，并由此引发了美国第四次公司兼并浪潮。在这次兼并浪潮中，美国公司的资产剥离占到整个并购交易的40%以上。90年代以后，资产剥离行动再一次掀起了高潮，1994年美国公司资产和业务剥离交易总值达236亿美元，1995年则超过了300亿美元。放弃非核心业务，控制经营领域，缩短市场战线，突出核心业务，正在成为越来越多公司的战略选择。

1996年，美国电话电报公司(AT&T)果断地把经营电信设备的朗讯(Lucent)公司和经营计算机业务的NCR公司分离出来，腾出资金和精力专门经营其看家的电话业务。为了应对市场竞争，百事可乐(Pepsi Cola)公司也将"比萨店"(Pizza Hut)等快餐业务剥离出去，以便集中"优势兵力"与可口可乐(Cocacola)展开决战。

在任何时候忽略核心业务都是危险的。因此，无论身处何种环境，都要重点关注公司的核心业务，绝不能因一些激动人心但却前途难测的新冒险而忽视公司的核心业务。要知道,在一个你所从未涉足的新兴业务上追赶先行者绝不是件容易的事,而一旦你对公司的核心业务有稍许的掉以轻心,你后边那群虎视眈眈的竞争者则会很容易地超越你。最后最可能的结果是:你在所谓令人激动的新业务上未取得任何竞争优势,反而在核心业务上丧失了原有的优势,等你明白过来的时候可能就追悔莫及了。在这方面,著名的福特(Ford)汽车公司也曾有过深刻的教训,它曾试图远离自己的核心业务,而这差点给福特公司带来了灭顶之灾。

【案例】1999 年,雅克·纳塞尔接任福特公司 CEO 一职后决定通过多元化转变公司的战略定位,将福特公司变成一家与运输相关的"全球消费者服务公司"。在雅克·纳塞尔这种战略思想的指导下,福特公司投入大量资金收购与其核心业务并不相关的公司,包括 Kwik - Fit 汽车修理连锁店,并积极投身于其并不擅长的电子商务。更要命的是,与此同时,福特公司似乎要将其核心的汽车制造业务放在一边,在产品研发、生产安排、质量控制以及市场推广、顾客服务等各方面都出现了大大小小的问题。在不到 3 年的时间里,福特公司迅速由美国汽车行业盈利能力最强的公司一举沦落到岌岌可危、为生存而拼命挣扎的悲剧境地。幸运的是,2001 年 10 月,福特创始人亨利·福特的曾孙小比尔·福特将雅克·纳塞尔扫地出门,并将福特公司重新带回正确的轨道,否则今天的福特还不知是什么样子。

(四)实施专业化战略的途径

在中国目前的经济及市场形势下,公司专注于现行业、现业务的经营仍有很大的空间,做大核心业务可以有许多种方法,以下是几条可供参考的途径。

1. 在现有业务领域范围内不断升级技术和产品

虽然各公司都在大声疾呼行业走向成熟,市场竞争激烈,生意如何难做,但事实上,到目前为止,在中国真正已经步入成熟阶段的行业并不多。彩电行业被公认为是最为成熟、市场化程度最高的行业之一,竞争相当激烈。但即使是在彩电行业,也并非没有进一步专业化发展的机会。首先,中国市场如此之大,还有十分广阔的农村市场亟待开发;

另外，彩电企业也可以通过开发新技术、升级新产品，对现有市场进一步深度开发，如近年来出现的纯平电视、等离子电视、液晶电视、高清晰电视、平板电视等，使该行业不断涌现新的机会，继续保持着较强的吸引力。

2. 通过出口扩大收入，强化核心业务

中国加入 WTO 及自由贸易的不断深化，巨大的全球市场一下子敞开在中国公司面前。中国作为全球重要的制造基地及产业布局的重要一环，积极参与国际市场为中国公司提供了广阔的市场机会。要知道，在许多低端行业，如纺织品业、手工加工业、机电制造业等还是具有较强的竞争优势的。

3. 开发核心产品和核心技术

对于专注于某一行业的公司来说，向核心产品、核心技术领域进军，是做大核心业务最有价值的方式。许多公司尽管在行业内做到了一定规模，但它们并没有掌握核心技术，这里面的发展空间十分巨大。在现有行业或业务领域内集中力量开发核心产品和核心技术，不仅可以获得更高的附加值，还可以降低公司受制于人的风险。

二、多元化战略

（一）多元化战略的含义

多元化战略又称多角化战略，是指企业同时经营两种以上基本经济用途不同的产品或服务的一种发展战略。多元化战略是相对企业专业化经营而言的，其内容包括产品的多元化、市场的多元化、投资区域的多元化和资本的多元化。

所谓产品的多元化，是指企业新生产的产品跨越多种行业，且生产多为系列化的产品；所谓市场的多元化，是指企业的产品在多个市场，包括国内市场和国际市场；所谓投资区域的多元化，是指企业的投资不仅集中在一个区域，而且分散在多个区域甚至世界各国；所谓资本的多元化，是指企业资本来源及构成的多种形式，包括有形资本和无形资本诸如证券、股票、知识产权、商标和企业声誉等。

一般意义上的多元化经营，多是指产品生产的多元化。多元化与产品差异是不同的概念。所谓产品差异是指同一市场的细分化,但在本质上是同一产品。而多元化经营则是同一企业的产品进入了异质市场,是增加新产品的种类和进入新市场两者同时发生的。所以多元化经营是属于经营战略中的产品—市场战略范畴,而产品差异属于同一产品的细分化。

(二)多元化经营应注意的问题

1. 注意"共同效应"

"共同效应""即协同效应,除了分散经营的集团多元化以外,以一业为主的集团多元化(即有明确的主营业务)、同心多元化、水平多元化、纵向多元化都有一个共同的核心问题,即经营过程的"共同效应"。所谓共同效应是指经营过程的不同环节、不同阶段、不同方面共同利用同一资源(原材料、设备、技术、管理、市场、信息、人才)产生整体效应。共同效应包括:第一,生产技术方面的共同效应,即在原材料、零部件、设计与开发、机器与设备、工艺、工程技术人员的利用上具有整体性,从而能减少投资,节约开发和生产成本,提高技术、生产水平。第二,市场方面的共同效应,即在销售渠道、顾客、促销、产品销售方面的相互促进作用,老产品能为新产品引路走进市场,新产品又能为老产品开拓市场;老市场能为新市场提供示范,新产品又能为老市场扩大范围,从而能减少营销费用,增加销售额和市场占有率,有利于市场的开拓。第三,管理方面的共同效应,即在管理的内涵、风格、标准、方法、手段等方面比较一致,从而节约管理人员熟悉新产品、新业务、新市场、新技术、新信息的时间和精力,提高管理效率。

2. 多元化经营可能给企业带来的风险

多元化经营从总体上讲能帮助企业抵御风险、化解威胁,但同其他任何事物一样,也有利弊两个方面。若采用的合适,它可以提高企业的竞争优势;而采用的不恰当,则会损害企业资源的合理配置,从而影响企业的竞争优势。多元化战略可能给企业带来的风险包括以下几个方面:

(1)系统风险。企业进行多元化经营时,不可避免地要面对多种多样的产品和各种各样的市场,这些产品在生产工艺、技术开发、营销手段上可能不尽相同,这些市场在开发、开拓、渗透、进入等方面也都可能有明显的区别。企业的管理、技术、营销、生产人员必须重新熟悉新的工作领域和新的业务知识。另外,由于企业采用多元化经营,规模逐渐扩大,机构逐渐增多,企业内部原有的分工、协作、职责、利益平衡机制可能会被打破,管理、协调的难度大大增加,在资源重新配置和保证企业竞争优势方面会遇到较大的挑战。企业若向新领域进军,有可能决策失误,并且要遭到失败的风险,造成新的经营项目的失败。

(2)资产分散化。企业在一定条件下、一定时期内所有的资源是一定的、有限的,如果企业内生产经营过分分散,就容易失去原有主导产品、主营业务的竞争优势,最终会导致企业在原有主导产品或主营业务竞争中失去市场和优势。

(3)成本风险,即代价风险。通过多元化战略来降低经营风险需要付出一定的代价。对于互不相关的多元化或跨行业经营发展方式,人们不能夸大“把鸡蛋放在不同篮子里最安全”。因为,从更深层次考虑,放鸡蛋的篮子也是用钱买的,是有成本的。如果把造篮子或买篮子的成本考虑进去,可能许多企业还是选择把鸡蛋放在一个篮子里。因此,企业采用多元化战略要进行综合比较。

3. 多元化增长的前提是将主业做好

稳定而具有相当优势的主营业务,是企业利润的主要源泉和企业生存的基础。企业应该通过保持和扩大企业自己所熟悉与擅长的主营业务,尽力扩大市场占有率以求规模经济效益最大化,要把增强企业的核心竞争力作为第一目标。

世界上优秀的企业,在经营领域的选择上,都首先确立了自己的核心业务(即主营业务),并以此为基础,考虑多元化经营。紧紧围绕自己的核心业务,以与原核心业务有关的一些特殊的技术、条件、管理或者资源为基础,不断推出新产品,使看好的市场越做越大。因此,可以得出一个结论,既搞一些“多元化”经营(这是实现适应环境变化的一个基础),又通过核心竞争力经营自己精通的主营业务的企业,对环境变化的适应和引导具有更大的力量,能够取得很好的发展效果。

国内外的营销实践也表明,那些扩充了业务范围,但仍紧紧地以自己的原有技术、管理特长为中心的企业，所取得经营成绩比其他形式的企业好。主业和核心竞争力才是企业的生命。一个企业商标形象和企业形象及在顾客心目中的地位是依靠主业确立的，如果主业和主导产品的信誉出了问题，肯定会影响企业的其他产品。

总之，对于选择多元化战略的企业来说，意味着企业进入新的领域，新领域意味着陌生，企业常常缺乏在新领域内的知识、人才、经验和相应的专长，因而风险较大。有时需承担比在原来熟悉的主业领域更大的风险。而且在进入新领域之初，企业还不大可能迅速站稳脚跟，也不大可能迅速取得高额回报以平衡新领域的风险。因此，企业在开始采用多元化发展战略时，需要主营业务提供雄厚实力和稳定保障来支持，这不仅仅是企业多元化发展的前提，更是企业避免因多元化的风险而遭受灭顶之灾的客观要求。如果主营业务已经陷入困境，欲用多元化使企业摆脱困境，企业不仅缺乏足够的资源在新领域内建立新的优势，甚至还会使原来的经营领域受到连累而危及到企业的生存。

三、专业化与多元化战略的利弊分析

几乎所有优秀的中国公司都或多或少地进行着多元化的努力，而几乎所有优秀公司的危机与衰亡都与公司的多元化扩张战略有关。这种现象的出现并不奇怪，做公司的目的无非是做大做强，而做大做强的出路只有两种：要么是专业化，要么是多元化。

强大的核心业务是公司进行卓有成效的多元化经营的深层基础。因此，无论你是否有多元化经营的计划，足够的专业化都是公司首先要完成的战略任务。从中国目前经济发展阶段、产业结构层次和市场经济水平来看，对大多数公司而言，在一段较长的时间内，做大做强核心业务都是支持公司成长的一条最稳健、最快捷的途径，理应成为公司优先的战略选择。虽然也有一些公司做到了较大的规模，但真正拥有核心竞争力的公司并不多，这对公司长远发展来说是相当危险的。另外，除了少数像石油、电力、电信、钢铁、矿产、保险、军工等国家垄断行业之外，中国绝大多数行业的集中度还不高，还存在着新一轮甚至几轮行业整合的可能。

美国是全球最大的汽车市场和生产基地，然而就在这样一个市场，也只有区区的三家公司（通用、福特、克莱斯勒）就控制了整个行业。而中国的汽车制造企业多达几百家，而加起来的产量还不如通用汽车一家公司。医药行业是另外一个例子，我国医药企业数量众多。截至2003年，仅通过GMP认证的医药企业就超过了3000家，而排名前4位的公司的市场集中度（CR4）却不足10%，排名前8位公司的市场集中度（CR8）则一直不足15%。而早在1991年，德国医药行业的CR4就已达到28%；1993年，英国医药行业的CR4更是高达35%；1996年，日本医药行业的CR8也已达到44%。中国市场集中度低的特点对于公司来说既是机会，又是威胁，关键在于如何把握。

笔者强烈反对海尔、联想等公司进行多元化，但并不反对多元化本身。为什么？公正地看，多元化和专业化都有成功的可能：GE和诺基亚都是世界上最优秀的公司，GE的道路是多元化，诺基亚的道路是专业化，而且是从多元化最后转向专业化。反对一些国内优秀企业多元化的根本原因在于，国内大部分在学GE走多元化道路的公司，并不真正懂得GE多元化道路成功的"真正原因"，只是看到了多元化的好处，而并不真正懂得多元化。

学GE走多元化道路是可以走通的，但前提是真正懂得GE多元化道路背后的真正支撑点，否则笔者建议还是去学诺基亚，老老实实走专业化道路。

【案例】GE多元化真相：我们忽视了GE真正伟大的东西

关于GE多元化成功背后的前因后果，限于篇幅不再赘述，在这里只在战略层面上列出GE多元化成功的几个原因：

第一，多元化公司必须拥有一个超越于具体业务的公司战略，从而使公司战略更加强调未来远景与总体控制，避免业务单元成为没有战略的利润中心。GE著名的四大战略：全球化、服务转型、六西格玛和电子商务，没有一个是与具体的业务有关的。

第二，多元化公司必须在公司层面拥有一个强调组织学习能力与创造性的核心竞争力，从而使公司的核心竞争力能够支撑多业务的扩张。譬如，GE拥有"活化"组织结构层级与激发组织创新、将业务运营系统与变革思想融为一个整体的综合能力,从而保证了多元化背后的持续支撑动力。

第三,多元化公司必须拥有一个竞争性的公司远景与具备筛选功能的业务模型,从而使公司业务"多而不乱"。譬如GE拥有著名的业务筛选模型,GE公司在80年代设定的远景是:"我们要在从事的每一个行业都成为第一名或者第二名,我们将通过革命性的变革,既具有大公司的强势,又具有小公司的敏捷。"多元化的公司必须拥有强势凝聚力和控制力的企业文化以使公司能够通过共同的理念减少管理成本。譬如,GE的企业文化中强烈要求价值观上的认同,要求绝对遵守GE的企业道德原则和公司规则,GE恐怕是全世界对员工职业道德要求最严的公司之一。

【案例】诺基亚道路:如何从多元化转向专业化

没人统计知道诺基亚的人多还是知道芬兰的人多,但我相信知道诺基亚是一家芬兰公司的人,一定比知道芬兰的人要少。这至少说明,诺基亚其实已经是一个很国际化的公司了,人们并不介意它是芬兰的还是德国的,人们只知道它是全世界手机的领导者。

事实上,即使在芬兰,诺基亚也是没有地道芬兰特点的"另类公司"。1865年,诺基亚作为一个生产纸和纸浆的木材加工厂诞生;1917年,诺基亚通过合并成为橡胶、电缆与电器制造商;1967年,诺基亚通过并购成为横跨造纸、化学药品、橡胶与电缆等产业的大集团。从20世纪80年代开始,诺基亚开始了它从多元化转向专业化的道路,并成功地在90年代成为移动通信领域的全球领导者。

诺基亚的战略思想有着十分鲜明的"现实理想主义"色彩。1977年,卡拉莫被任命为诺基亚CEO时,诺基亚赋予他的使命是使诺基亚成为一个电气巨人。而作为CEO,卡拉莫认为,诺基亚必须从国际化的眼光来看诺基亚的业务战略,才有可能使诺基亚成为真正的巨人。虽然到1977年,诺基亚的净收入中已经有65%来自于国外,但卡拉莫认为这并不足以支撑诺基亚成为"国际巨人",诺基亚必须从国际竞争的眼光来制定战略,让"现实的发展服从于理想",这样地处芬兰的诺基亚才有可能成为国际市场的领导者。

正是在这种远景的指导下,诺基亚开始了它的专业化之路。首先,诺基亚对自己的业务进行了精心分析,将当时还很小的移动通信业务放到最重要的位置上来,并将自己的未来定位于移动通信,开始收缩阵线,集中力量于一点。1980年,诺基亚的业务结构是:电子行业4%,化学2%,机械3%,电器批发6%,移动电话10%,电信10%,动力2%,橡胶4%,信息系统21%,电缆11%,消费类电器27%。到2000年,诺基亚的业务结构转变为:移动电话72%,电信基础设施25%,其他3%。

"在同一时间内能够将增长、国际化、保持活力、超速发展融为一体",这是业界对诺基亚专业化道路成功的评价。诺基亚成功的经验,很大程度上提示了专业化道路成功的必要条件。在战略层面上,可将诺基亚道路成功的经验总结为下面三点:

第一,必须从国际竞争背景与趋势来定义业务选择模型。淘汰那些没有发展潜力的业务,集中力量于有国际竞争力的新兴业务,从而使公司获得持续加速成长的资格,避免那种"只埋头拉车(创造了第一流的效率),不看路线(没有战略,从而被新的产业变革抛弃)"的情况。诺基亚的成功首先是战略的成功。譬如诺基亚在90年代即将自己定义为移动通信的领导者,从而将沾沾自喜的摩托罗拉拉下领导位置;而在2000年,诺基亚又将自己定位于"将互联网带给每个人",此时感到危机的是仍然不可一世的微软。

第二,必须拥有自己的"管理之道",这个管理之道不仅包括管理的策略,而且要有人性化的文化基点,从而使公司保持一个完整的管理系统,使公司的管理系统能够持续激励员工去勇于承担责任和创新。譬如诺基亚之道强调管理与领导之间的平衡,并在此基础上构造公司文化。

第三,必须强调公司品牌而不是产品品牌,强调消费者而不是产品,强调创新而不是技术优势,从而使公司的竞争优势建立在持续的"资源"上。产品可能衰竭,但只要公司品牌还在,消费者仍然还在,创新精神还在,公司就能够获得再生的能力。

第三节　创新战略与跟随战略

一、创新战略

在满足顾客基本需求的情况下，为顾客提供独特的产品是很多企业追求的目标，而实现这一目标的根本在于不断创新。

微软总裁比尔·盖茨说："微软离破产永远只有180天。"海尔总裁张瑞敏说："战战兢兢，如履薄冰。"而华为总裁任正非大谈危机管理。这些都不是危言耸听，这就是所谓的丛林生存法则——优胜劣汰。你不创新，别人就会超过你，就要灭掉你——没有什么可商量的。

记得20世纪80年代，著名的摇滚歌星崔健有首歌唱道：不是我不明白，这世界变化快。的确太快了，改革开放近30年来，中国的变化之快出乎意料，近年来更呈加速之势。当初，你若拿款"大哥大"数字模拟手机，你是被公认的大款；而十年后，中国手机数量突破1亿部。这期间，上演了多少部世界级通讯巨头的拼杀、商战，也上演着国产手机厂商奋勇争夺的一幕幕历史悲喜剧……社会已进入资讯时代，科技日新月异，没有一个产品能永远畅销。社会也已进入"快鱼吃慢鱼"的时代，企业要想长盛不衰，就必须在各个方面进行创新……

（一）什么是创新战略？

创新是什么？毛泽东提出的农村包围城市战略就是一种创新，因为当时所有的革命理论都认为革命要成功，必须从中心城市突破，但是毛泽东用了三十多年的时间，带着他的农民兄弟，从韶山出发，一路下来，打进了紫禁城。还有田忌赛马的故事，田忌的马总体上不占优势，但经孙膑指点并进行了合理的安排后，三局两胜，得到了胜利，这也是一种创新。

（二）如何进行创新？

长期以来，我们的企业一直在念叨：人无我有、人有我新、人新我变、常变常新。但是，这句口号念叨了这么些年，很多企业的创新能力却并未得到些许提高。现在，我们仍然常常是看到对手推出了新产品，而且市场不错，这才赶紧去追，结果自己的市场份额已经损失不少了。要知道，所谓创新不仅仅是一项技术的改进，或者想出了一个什么局部的点子，这些充其量只能被称为革新或发明而已。那么，如何进行创新呢？

1.观念的创新

创新最重要的是观念的创新，也就是小平同志所说的解放思想。我想，如果我们的企业都有了创新意识，我们的企业一定可以赶超欧美和日本的先进企业的。

【案例】哥伦布发现新大陆之后，英国女王为他举行了盛大的答谢晚会，感谢他为人类做出的杰出贡献。但是英国很多贵族不服气，有人说："如果我开了一艘船在地球上走，可能也能找到新大陆，因为地球是圆的。"哥伦布说："是吗?"然后他拿出了一个鸡蛋问到："谁能把它立起来?"结果很多人试了之后都不能，那些人就又说了："你肯定也不能立起来。"哥伦布说："这其实很简单！"然后就将鸡蛋"啪"地一下就立在桌子上了。方法很简单，但是想不到就没有办法。

【案例】有一次我上网浏览的时候，偶然发现一个有趣的帖子："假如你有100斤黄豆要卖出去，可现在市场上黄豆正滞销，请问你有什么办法把豆子卖出去?"在这张帖子的后面，我发现跟帖的网友有好几十位，他们提出的办法不下30种，其想像力令人叹为观止，深受启发。仅列举如下3种：

第一种方法：如果市场上豆子滞销，那么就把豆子剥成豆瓣，卖豆瓣；如果豆瓣卖不动，就把豆瓣腌了，卖豆豉；如果豆豉还卖不动，那就加水发酵，改卖酱油。

第二种方法：将豆子制作成豆腐，卖豆腐；如果豆腐不小心做硬了，就改卖豆腐干；如果豆腐不小心做稀了，就改卖豆腐花；如果实在太稀了，那就改卖豆浆；如果豆腐卖不动，就放几天，改卖臭豆腐；如果还卖不动，就让它彻底长毛发霉后，改卖腐乳。

第三种方法：让豆子发芽，改卖豆芽；如果豆芽还滞销，就让它长大点，改卖豆苗；如果豆苗还卖不动，就再让它再长大点，当盆栽卖，命名为"豆蔻年华"，到城市的各大中小学校门口摆摊，并到白领公寓区开产品发布会,不过要记得这次卖的是文化而非食品;如果还卖不动,建议拿到适当的闹市区进行一次行为艺术创作,主题就是“豆蔻年华的枯萎”,记得以旁观者身份给各个报社打电话报料,如成功,可迅速成为行为艺术家,并以此完成另一种意义上的资本回收,同时还可拿到报社的报料费;如果行为艺术没人看,报料费也拿不到,那就赶紧找块地,把豆苗移栽入土,灌溉施肥,除草培育,几个月后收成,再去市场卖豆子……

看来,这世上只有卖不出豆子的头脑,没有卖不出去的豆子。

2.思路的创新

中国发明了火药,但是中国人拿着火药做鞭炮,而外国人却拿它制造炮弹来攻击敌人,从而成就了其开疆拓土的野心。这是思路的创新!中国人发明了指南针,只把它拿来当做看阴阳风水的罗盘使用,但外国人却拿它安装在轮船上用于航海,成了为其国家考察疆域、探索未知地域的帮手。这也是思路的创新!

譬如说同是香皂,其他香皂与舒肤佳香皂一样都具有杀菌的功效,为什么消费者一定要选择舒肤佳呢?答案很简单,因为“舒肤佳独特的迪保肤成分能够在24小时内有效抑制细菌的再生,使您的皮肤更干净,更健康”。

舒肤佳抓住了什么?很简单——健康。首先,舒肤佳清晰地认识到,自己卖的并不只是一块香皂,而是一个健康的产品。而一般的香皂总会告诉消费者,它的香皂是怎样地能洗去污垢,杀灭细菌,但是绝大多数的企业都忽略了一个相当重要的问题:虽然你告诉消费者,你的香皂的杀菌功效很好,但是细菌会在洗去后很快再生。就像割韭菜一样,割完了又会再长,治标不治本啊!就像你需要保护时,一个人对你说:“把他们赶走就没事了。”你是什么感觉?你一定会想:“乖乖,现在是没事了,要是待会儿又来找我就更惨了。”但是如果另一个人对你说:“别怕,今天我都在你身边,24小时保护你!”此时,你才会感到自己是真的安全了,是不是?其实这是一样的道理。

舒肤佳告诉消费者:“舒肤佳独特的迪保肤成分能够在24小时内有效抑制细菌的再生,使您的皮肤更干净,更健康”。仅此一点,就足以令消费者对舒肤佳产品产生信赖,进而产生购买的行为。

【案例】有个故事，是讲古代的国王的。国王有后宫佳丽三千，对这些后宫佳丽来说，能得到一次皇上的宠幸，有可能意味着一辈子的荣华富贵，不能得到皇上宠幸的，有可能一辈子孤单寂寞。而皇上的佳丽太多，多得无法选择。后来有个太监想了一个法子，让皇上骑着马，马儿在哪儿停，皇上就在哪儿就寝。有个聪明的宫女，就在自己的门前种上马儿喜欢吃的草。马儿一看到草，就会停下来，那个宫女就能得到皇上的宠幸。其他的宫女看到这个情况，也纷纷在门前种上草，那个宫女也就很难再得到皇上的宠幸了。但是，这个宫女发现马儿比较喜欢吃撒盐的草，于是她又经常在草上撒点盐，于是她又得到皇上更多的宠幸……

【案例】柏林墙全长169.5公里，其中包括水泥板墙104.5公里、水泥墙10公里。墙高约3.6米，沿墙有253个瞭望塔、136个碉堡。因此，要拆除柏林墙，耗费肯定不少。但有家公司却提出以非常便宜的价格承包这项工程。为什么？他提出了一个口号："把柏林墙带回家"，当然不是免费的。结果很多旅游者来到这里，就会想到带一块柏林墙回去。另外他们还提供体验营销，如果给十美元，就发你一个锤子到柏林墙上去砸。

【案例】1999年，为了迎接中国建国五十周年大庆，天安门广场进行整修。有一个国家机关的工作人员，有一天来到天安门广场，发现天安门广场围了起来，就问为什么？天安门广场管理处告诉他说："这里为了迎接建国五十周年，要更换所有的天安门广场砖。"天安门广场是世界上最大的广场，工程已经进行了很久了。他问："现在天安门广场砖还有多少？"回答说还有一万多块。他就说："你能不能全给我，我找人帮你拉走。"天安门广场管理处很高兴，就很爽快地答应了。

于是，这位国家机关的工作人员到北京最便宜的南三环，租了一家民房，把所有的砖全拉走了，运费他自己出，但是要求给一个证明书，证明这是天安门广场的砖，而且不是一张证书，而是一万多张证书。天安门广场管理处说："没问题，给你一个章自己盖吧！"然后，他就开始给全国的小学校长发函。每个学校都要升旗，他说了："我让你踩在天安门广场砖上升旗，而且也有证书证明这是天安门广场的砖。"

这个人从1999年就开始卖天安门广场的砖，定价为一千九百九十九元，而且还有特殊的编号，就像卖手机号码一样。北京、上海、深圳等大城市的校长免疫力比较强，但是想想中国有很多偏远的乡村、山区，那些孩子们一年来县城都没有几次，让他们踩在天安门广场砖上升国旗体验肯定不一样。大家算算他挣了多少钱。

3.开拓新领域、新市场

【案例】1896年，年仅17岁的爱因斯坦就读于瑞士苏黎世联邦工业大学，他的导师是数学家明可夫斯基。由于爱因斯坦勤奋好学，肯动脑筋，深得明可夫斯基的赏识。师徒二人经常在一起探讨科学、哲学和人生。

有一天，爱因斯坦突发奇想，问明可夫斯基："一个人怎样才能在科学领域、在人生道路上，留下自己的闪光足迹，为人类做出伟大贡献呢?"一向才思敏捷的明可夫斯基被问住了，直到三天后，他才兴冲冲地找到爱因斯坦，非常兴奋地说："你那天提的问题，我终于有了答案!"说完，他拉起爱因斯坦朝一处建筑工地走去，径直踏上了建筑工人刚刚铺平的水泥地面。在建筑工人们的呵斥声中，爱因斯坦被弄得一头雾水，非常不解地问明可夫斯基："老师，您这不是领我误入歧途吗?"

"对，对，歧途!"明可夫斯基顾不得别人的指责，指着水泥地面的脚印说："看到了吧，只有这样的'歧途'，才能留下足迹!"然后，他又解释说："只有在新的领域，只有在尚未凝固的地方，才能留下深深的脚印。那些凝固很久的老地面，那些被无数双脚涉足过的地方，别想再踩出脚印来……"

听到这里，爱因斯坦沉思良久，非常感激地对明可夫斯基说："恩师，我明白您的意思了!"那段尚未凝固的水泥路面，启发了爱因斯坦的创新和探索精神。其实，在人类社会和现实生活的各个领域，都有各式各样的"尚未凝固的水泥路面"，等待着人们踩出新的脚印，踏上新的征程。

4.改变游戏规则

要成为真正的赢家，必须重新规划策略，改变市场游戏规则，以制造对自己有利的局势。

【案例】小佳能为什么胜了大施乐——打破对手的战略定式

小企业未必永远不能与大企业抗衡，最重要的是要找到“巨无霸”的软肋，找到自己最坚硬的地方，然后寻找一个攻击支点，采取差异化的竞争战略改变游戏规则，改变力量的强弱对比，从而获得以小胜大的业绩。

你当然不能按照强大的对手制定的游戏规则去跟他打。因为，对手一定是根据自己的优势来设定这个游戏规则的，所以你千万不能“鸡蛋碰石头”。但是我们怎样找他的弱点呢？只能在对手的优势之中去找。比如说，对手的拳头力气很大，而且很硬，但是在他的拳面上有一个伤疤，那么你就可以使劲打他的这个伤疤处，甚至就直接用一根棍子准确地捅这个伤疤，他就会鲜血直流，束手待毙了。这就是从对手的优势中找弱点的思路。

20世纪中后叶，施乐发明了复印机，在复印机行业取得了巨大的成功，使人们一想起复印机就会想到施乐这一品牌，施乐也当之无愧地成了复印机行业的老大和代名词。为了保护自己，施乐采取了过河拆桥的战略，申请了五百多项专利。假如一个企业要花钱买他的五百多项专利，制造出来的复印机会比他贵几倍，根本没有市场。

美国这类产品的专利有效期为十年，到了第九年，佳能开始对施乐进行研究，试图改变市场游戏规则以获取复印机市场竞争的胜利。佳能从施乐产品中那些不能满足人们需要的地方入手，因为消费者的需要没有得到满足，就意味着机会。于是，佳能开始走访施乐的用户，了解他们对现有产品不满意的地方。同时也走访没有买过施乐复印机的企业，寻找没有买的原因，走访的结果佳能得到了几条主要的线索：①施乐复印机是大型的。当时叫集中复印，一个有钱的大企业也只能买得起一台，因为它是几十万、上百万元一台，速度和性能都非常好。但价格太高，不是每个企业或企业的部门都能消费得起的，这是第一个不满意。② 一个公司假如说有十层楼，一台复印机放在任何一个地方，所有人哪怕复印一张纸都要跑到那里去，不方便，这是第二个不满意。③如果老板要复印一些保密的东西，如人员晋升、涨工资等材料，他不愿意把文件交给专门管复印的人复印，而更愿意亲自复印。这样一来就产生了第三个不满意:保密性不好。

这就是佳能当初发现的几个问题,根据这几个问题,佳能有了解决问题的方案:①设计一个小型复印机,把造价降到原来的1/10、1/20;②将复印机做成像傻瓜相机一样,简单易用,不用专人操作;③操作简单、价格便宜,每个办公室都可以拥有一台,老板房间也可以自己用一台,从而解决了保密问题。

此时,战略的脉络似乎已经很清晰了:消费者期望能有一台价格便宜、操作简单而且体积小便于放置在私人办公空间的小型复印机。于是佳能迅即开始了小型复印机的研发,经过一年多时间,这款小型复印机问世了,从产品概念上来看,已经从根本上解决了消费者的需求。那么既然问题都解决了,是不是就可以生产了呢? 不是! 还有很多问题没有解决。

佳能在考虑,假如佳能将复印机生产出来,施乐就会反击(市场竞争一定是动态的,要想到别人会怎样反击)。因为,施乐是复印机大王,那个时候佳能的名字还没有人听说过,听说过的只有施乐复印机。

如果你这个产品一面世,施乐一看这个市场不错,它用不了几天就可以将新产品做出来,一脚就能把佳能踩死。于是,佳能意识到,自己没有办法营造一种环境来保护孤军作战的自己,没有办法过河拆桥,怎么办?

聪明的佳能想到了办法——联合多家小企业,联手对抗施乐。佳能设计出这个产品后,拿着非常诱人的说词跟理光、美能达等厂家沟通:"如果我们联合起来做这个产品,第一,投产时间要快一年多;第二,只花你开发费用的1/10。"

如果对方是一个理性的厂家,你说对方会拒绝吗? 一定不会! 最后,佳能终于跟这些小企业结成了一个联盟,十来个日本厂家同时推广这么一个分散复印的概念,一举改变了游戏规则,一下就把这个市场做起来了。

为什么? 首先,施乐是用一家公司来对抗十来个日本公司,这时的力量对比就不一样了。同时佳能这么做的好处还有:打消了几家日本公司自主开发的念头,在无形中消灭了一批未来的竞争对手。你想,佳能再开发出来新产品，还是以你开发费用1/10的价位卖给你，你要不要？没有理由不要！自己开发又费时间又费钱，跟佳能合作，等于“天上掉馅饼”，坐享其成，何乐而不为呢？最后，只要佳能开发一代，这些企业就从佳能那儿拿一代的许可证，不用自己开发了，这就意味着他们默认了佳能在复印机市场上的领导地位。

正是因为佳能对原来复印机市场的游戏规则非常了解，所以他才有能力开发出一些新产品，从根本上改变了游戏规则。假设佳能只是在施乐的专利保护期到期之后，模仿制造大型复印机，或者以小型复印机为武器，单枪匹马地跟施乐正面斗争的话，结果可想而知。可见，佳能之所以能成功地赢得市场，在于其精心规划自己的策略，改变了市场游戏规则，打破了强大对手既定的战略定式，而非一味模仿竞争者的脚步。

5.综合

综合也是一种创新。有这样一个故事：在一次酒会上，有7个人：美国人、俄国人、英国人、法国人、德国人、意大利人、中国人，每个人都在宣传自己国家有什么好酒。中国人把茅台拿出来了，酒盖一启，香气扑鼻，在座的各位说：“茅台了不起。”然后，俄国人拿出了伏特加，英国人拿出了威士忌，法国人拿出了XO，德国人拿出了黑啤酒，意大利人拿出了红葡萄酒，都很了不起。到了美国人这里，美国人找了个空杯子，把茅台等几种酒都倒了一点，晃了晃，什么酒？鸡尾酒。这是一种综合，综合就是创造。他哪有东西，只不过把别人的东西拿来，把好的东西综合起来就是一种创新。

二、跟随战略

企业发展中最直接的问题就是：我应该做什么产品或者服务？我应该进入什么样的行业和领域？而解答这个问题的基本办法有两个：一个是跟随，一个是领跑。所谓跟随，就是看看别人在做什么，分析他们是发展还是停滞，是赚钱还是赔钱，以及背后的原因是什么？如果人家是发展、赚钱，或者哪怕人家停滞、赔钱，但我有把握消除停滞、赔钱的因素，那么我就跟随别人进入这个行业、领域，做这个产品或服务。

领跑就像鲁迅先生所说的"前面本没有路",所以,领跑不但需要超过别人的洞察力,更重要的是,全新的行业、领域以及产品、服务有着巨大的不确定性,它们可能面临技术上的不确定性,也可能面临市场需求和商业模式上的不确定性,所以领跑者必须要具有承担巨大不确定性的能力。松下的摄像机和索尼的WALKMAN演绎的是数年独占利润的故事,而美国的铱星和日本的模拟高清晰度电视演绎的是打水漂的故事。而跟随,最大的好处就是能够发现现成的需求信号、技术路线和商业模式,避免不确定性,避免需求判断失误、技术路线失误、商业模式失误带来的成本,要知道,这种成本巨大得可以将一个企业彻底压垮。

【案例】在过去20年的发展历程中,TCL基本上是一个跟随者,这里所指的跟随包括对境外企业的跟随和模仿。TCL最开始做盒式磁带就是看到日本TDK磁带在中国的畅销,后来做按键式电话、音响、大屏幕彩电、手机等,几乎都是对外资企业和国内企业的跟随。很显然,强烈的市场需求吸引了TCL的跟随,TCL在市场营销能力、劳动力成本控制、技术人员的吸引能力、进口渠道优势等方面的自信和经验促成了其跟随行动。

采用跟随战略,后发制人照样可以改变原有的竞争态势。先进入市场的企业不一定是竞争的赢家,如果根据先进入者所暴露的问题,有针对性地加以改进,完全可以产生后来居上的效果。

【案例】蒙牛的跟随战略

实力相对较弱的企业,为了尽快赶上领先的企业,经常采取"跟随战略",选择一个跟随对象,然后在产品、定价甚至包装等方面模仿领先企业。这是弱势企业避免被领先企业甩开的好战略。蒙牛在起步初期,就是以跟随战略迅速缩短了与伊利的差距,在2004年以后,又逐步开始超越。

1999年初,蒙牛刚成立,但是蒙牛的力量非常弱小,资金只有一千多万元,这在乳品行业实在是微不足道;同时,蒙牛的生存环境却非常恶劣,根源就在于牛根生。

牛根生实质上是被伊利驱除的,伊利当然不希望自己的叛将过得太好,这会让伊利很没有面子。蒙牛的管理团队,几乎都是从伊利叛逃的，这更是“大逆不道”的行为，伊利打压蒙牛，既是为了出气，也是一种震慑，稳定住自己的人马，防止更大规模的叛逃。所以，蒙牛从一诞生起，就遭遇到很多莫名的挫折。例如，蒙牛的一些运奶车半路被人截住，牛奶被当场倒掉。蒙牛做的户外广告牌，刚树立起来就被砸坏好几块。明眼人都知道这些事情是谁干的。

这时，牛根生的江湖智慧发挥了作用。他明白一个道理：这种事情即使是犯法，蒙牛也很难拿到证据，即使拿到一些证据，以当时蒙牛微弱的地位，也没处说理；如果对着干，就会把矛盾更加激化，甚至断送了蒙牛。所以唯一聪明的做法就是“忍耐”。

为了减少冲突和避免不必要的麻烦，为了不抢夺伊利的奶源，同时也是为了保护自己，牛根生很快制定了三个“凡是”政策：第一，凡是伊利等大企业有奶站的地方蒙牛不建奶站；第二，凡是非奶站的牛奶，蒙牛不收；第三，凡是跟伊利收购标准、价格不一致的事，蒙牛不干。这些措施，把蒙牛和伊利的利益区隔开，从而避免了直接冲突。

暗度陈仓：宣称要做“内蒙第二品牌”

忍耐只是防守性的行为，更聪明的是化被动为主动。聪明人善于把坏事变为好事，把危机转化为机遇。在2000年前后，蒙牛提出了“创内蒙古乳业第二品牌”的创意。当时内蒙乳品市场的第一品牌当然是伊利，蒙牛当时还名不见经传，连前五名也进不去。但是蒙牛的聪明也就表现在这里，蒙牛通过把标竿定位为伊利，使消费者通过伊利知道了蒙牛，而且留下的印象是：蒙牛似乎也很大。

蒙牛首先把这个创意用在户外广告上，地点就选在呼和浩特。2000年，蒙牛用300万元的低价格买下了当时在呼和浩特还很少有人重视的户外广告牌。一夜之间，呼和浩特市区道路两旁冒出一排排的红色路牌广告，上面写着：“蒙牛乳业，创内蒙古乳业第二品牌”，“向伊利学习，为民族工业争气，争创内蒙古乳业第二品牌！”这让很多人记住了蒙牛，记住了蒙牛是内蒙乳业的第二品牌。

这种策略还有一个额外的好处，就是在一定程度上降低了伊利的“敌意”，这对初生的蒙牛来说非常重要。

“并驾齐驱”——创造“乳都”的概念

蒙牛的“内蒙古第二品牌”的创意使用的时间很短，在蒙牛业绩突飞猛进，蒙牛真的成为内蒙古的第二品牌之后，就很少使用了。这个时候再使用这个创意就不仅不能借伊利的“势”，还会平白地灭了自己的“名”。

在蒙牛成长到一定程度后，蒙牛及时修正了跟随战略，而开始以平等地位和伊利并驾齐驱，并开始放眼全国，提出了“中国乳都”的宣传口号，而且在很长时间内使用。

从2000年9月至2001年12月，蒙牛推出了公益广告——《为内蒙古喝彩·中国乳都》。在所投放的300多幅灯箱广告中，蒙牛不仅宣传了内蒙古企业团队，也借势提升了自己的形象，蒙牛的最大竞争对手伊利赫然排在首位。此外，在冰淇淋的包装上，蒙牛直接打出了“为民族工业争气，向伊利学习”的字样。蒙牛如此谦卑，高抬竞争对手，使竞争对手也无话可说。

“乳都”的概念是一个创新，这不仅有利于蒙牛和伊利，而且对内蒙古的区域经济战略也是一个很好的提升和宣传，蒙牛把自己的命运同整个内蒙经济的腾飞牢牢维系在一起。同时，在国内其他区域市场，“乳都”的定位也能提升蒙牛奶源的正宗——虽然蒙牛后来的多数奶源不在内蒙，从而把自己和光明、三元等品牌隔离开，给了消费者一个很好的想象空间。“乳都”概念的提出，突出了内蒙乳品品牌在全国的地位，而蒙牛作为内蒙最好的乳品企业之一，同时又是“乳都”概念的创造者、宣传者，自然而然就给人留下印象：蒙牛是“乳都”企业群中的第一品牌，虽然此时的蒙牛比伊利还是有一些差距的。

挑战第一

很多跟随战略实施者的最终目的是为了实现反超，在实现反超之前要耐心，但是一旦机会成熟就要主动出击。与伊利相比，蒙牛的发展思路与战略操作也有许多惊人之举。

在蒙牛提出“乳都”概念的同一时期，蒙牛依靠从摩根斯坦利等知名投资机构得到的巨额投资，为蒙牛超常规发展奠定了基础。2003年以后，再也没有在宣传中把自己和伊利相提并论，而是开始主动出击，此时的蒙牛已经羽翼丰满。2004年，蒙牛成功在香港上市，解决了资金问题，更是采取了一系列大手笔，力争成为中国乳品行业的第一。

2005年初，蒙牛斥资3亿元、日产量为100吨的通州工厂落成，它是亚洲第一大规模的酸奶研发生产基地。酸奶是一个发展潜力巨大的产品，蒙牛之所以要斥资建设这个基地，而不是采取虚拟经营的方式，就是因为蒙牛要依托这个基地为自己的赶超战略奠定基础。2005年，蒙牛又成功赞助“超级女声”，在乳品行业独领风骚。2005年1月到6月，蒙牛酸酸乳在全国的销售额比2004年同期增长了2.7倍，很多销售终端出现了供不应求的现象。

从回避与伊利的冲突，到亦步亦趋地跟随伊利，蒙牛在创业之后几年内，很好地采取了跟随战略，从而快速塑造了自己的品牌，同时避免了强大竞争对手的打压。然后，当具备一定实力之后，又及时改变了跟随战略，在产品结构方面蒙牛开始有所侧重，与伊利有所区隔，从而在某些方面超过了伊利。例如，冰淇淋市场，伊利第一，蒙牛第二，但是在液态奶市场，蒙牛高居第一。

第六章　目标市场营销战略

第一节　市场细分

一、市场细分的含义

所谓市场细分就是指按照消费者欲望与需求把一个总体市场(总体市场通常太大以致企业很难为之服务)划分成若干个具有共同特征的子市场的过程。因此,分属于同一细分市场的消费者,他们的需求和欲望极为相似;分属于不同细分市场的消费者对同一产品的需求和欲望存在着明显的差别。例如,有的消费者喜欢计时基本准确、价格比较便宜的手表,有的消费者需要计时准确、耐用且价格适中的手表,有的消费者要求计时准确、具有象征意义的名贵手表。因此,手表市场据此可细分为三个子市场。

二、为部分人服务

一个企业为哪些人服务,这是最简单不过的问题。但是中国80%以上的企业回答不上来,做的东西都是为人民服务,没有为部分人服务的概念。

【案例】市场细分的胜利者——妙士乳业

同质化或许是目前营销界使用最为频繁的词汇,也是当今企业普遍遇到的课题。相似的产品特性、相近的市场定位、相同的目标市场,必然导致了唯一的竞争模式,即价格竞争。它像突如其来的病毒感染着各个行业,当企业已经病入膏肓的时候,也许还不清楚当初被感染的部位。良性的价格竞争是市场博弈的手段之一,但某些行业的竞争程度已经远远超出了企业所能承受的底线,比如昨天的彩电行业,也许还有明天的汽车行业。有趣的是凡是热衷于恶性价格竞争的企业从来没有把竞争对手打败，倒是自己因为长期低利润运营，导致技术研发乏力、售后服务无序，逐渐失去了生命的活力或者干脆退出了历史舞台。

世界上任何一家企业可利用的资源都是相对有限的，就如同可口可乐把目标市场锁定在一线城市而非常可乐把重心放在了广阔的农村市场一样，虽然选择的市场不同，但相同的是他们均取得了非凡的成功。市场细分原则的核心是结合本企业资源和优势有针对性地选择目标市场，围绕该目标市场设计相应的营销策略。笔者认为有两家企业是市场细分的杰出代表：其一为世界日化巨头宝洁，其子品牌市场细分战略早已成为营销界中的经典案例，被无数企业和学者学习与研究，有关宝洁战略分析的文章随处可见，这里不再多言；另外一家当属民营企业的佼佼者——妙士乳业(以下简称为妙士)，其经营战略和操作手法确实有别于其他快速消费品公司，在此介绍其营销理念，希望与营销同行共享与讨论。

妙士是在消费品行业内比较神秘的一家公司，营销类和大众类媒体鲜有详细介绍其经营分析之文章。虽然妙士品牌的知名度和影响力均难以与其他乳品巨头比肩，但他却创造出一流的销售业绩和保持着良好的财务状况，是乳品行业中令人尊重的品牌。妙士创立于1992年，经过十余年业绩的快速增长，由区域品牌发展到全国性品牌，先后建立了八家生产基地，基本完成了全国市场战略布局，搭建起强大的销售网络。总部也由保定迁至北京，扭转了其区域品牌形象。

与一些成功企业发展过程相似，妙士成立之初资源极度匮乏，既无国有企业背景，也无强势资本注入，身处消费水平不高的城市，同城有当年比他更为强大的天香乳业。在经过了细致的市场调研后，发现餐厅奶的巨大市场空白，且妙士系列产品以乳酸菌饮料为主，符合就餐饮用乳饮料的需求。经过反复的分析与评估，果断地放弃传统通路，确定了企业的细分市场与发展方向"以餐店为主要终端，开创了牛奶饮料上餐桌的先河"。这一发展策略经受住了市场的考验，经过了十余年的努力与积累，妙士几乎成为了餐厅奶的代名词，在餐饮渠道拥有绝对优势，令其他传统餐饮奶如新南洋、太子奶、天香、美森等难以逾越。试想如果按传统的销售模式，以零售和送奶上门为主要营销手段的话，仅凭当年的综合实力，恐怕难有今天的成绩。

营销的实质是用正确的方法做正确的事，成功的企业必定掌握了正确的方法。希望已经或者准备多元化发展的企业，认真研究一下市场细分原则，谨慎行事。但愿少一些恶性竞争，多一些"妙士乳业"。

因此，任何一个企业都应该树立为部分人服务的思想。要明确为部分人服务，首先就要将市场分层、行业分层。有些专家说了，中国市场比较特殊，我们一个行业里可能会有二三十个品牌，国外不一样，一般一个行业三五个品牌就搞定了。其实这些专家没有理解行业跟市场的关系，行业是行业，市场是市场，一个行业可以拆为三个市场，主流市场、次主流市场和非主流市场。比如说汽车行业，像奔驰、宝马都是次主流，丰田、本田都是主流市场，但是每一个市场下又分为很多不同的市场，有专门搞越野车的，有专门搞跑车的，等等。其实这样一分，整个汽车市场大概可以分为几十个小市场。

所以说一个企业首先要明确自己为哪部分人服务，因为主流市场、次主流市场和非主流市场的需求完全不一样。主流市场是希望物美价廉，这是这部分人的追求。次主流市场就是优特专，希望与众不同，奔驰、宝马、沃尔沃都是。非主流市场，就像是劳斯莱斯、宾利、法拉利等，一年在全世界卖不了多少，但是卖一个赚一个钱。从这个意义来说，并不是大企业就好。在中国现在很多人希望企业大就好、上市就好。但是在国外很多企业并不希望上市，因为上市就要被别人管，股东、董事会天天可以收拾你。所以在国外很多公司，其实永远不追求上市，永远也不追求长大，因为长大了其实有很多的麻烦，而是维持一个适度的规模。比如说做小刀的，肯定是瑞士人做的好，人家不做别的，就研究刀。中国所有的炼钢厂做不出这样的钢来，但是人家一个小小的炼钢厂，就是专门为小刀厂服务的。欧洲有很多很多这样的产品，做的很窄，但是在全世界做的最好，当然也赚大钱。

主流市场最后的平衡点就是比银行利率高一个百分点，企业稍微不慎就会死掉。沃尔玛的盈利率在2%，如果你想跟他竞争，管理达不到他的境界，稍不注意就死掉了。规模经济体现在这里，利润压到最低，最后考验的就是管理水平，看谁的精细化管理水平高，看谁能够在这么小的利润空间里玩的转。因此,做主流市场就不能贪图高利润,否则招来的必然是重复建设和恶性竞争。中国为什么那么多行业,有成百上千家的企业做,因为暴利,因为这些企业一开始就没有意识到自己做的是微利市场,他们用的是暴利手段做,结果导致所有的人都进来做,就像手机行业一样。一个行业开始是暴利然后是微利再后是赔本最后是退出,其实中国各个行业都在经历着同样的过程。

如果你做次主流市场,就要有思想准备,这个市场规模不大,不可能成为大企业,就是中等规模的企业,但是利润是中等的,也没有太多的竞争。因为是优特专,竞争优势是靠产品的差异化,选择的竞争战略就是迂回包抄,不跟对手正面冲突。

如果你做非主流市场,市场规模非常小,但是利润非常高,可能一个敌人也没有。在这样的情况下你的竞争优势一定要锁定某个特定市场。北京有一个厉家菜,在一个小四合院里,每天就做三桌。车都没有地方停,厕所也脏得要命,而且价格比北京最高级的五星级酒店里的菜还要贵,可是生意极为红火。要去吃一次饭一般要提前半个月预定。为什么?因为全世界最著名的人到北京来都要到那里去吃饭。这就是典型的非主流市场,在北京所有这帮外国人,经常看的杂志媒体上,一定有这家餐厅,于是为了名气大家都来了。这种非主流市场,有非常特殊的东西,能够让人忘不了。这个游戏规则是不可以改变的,你必须遵循。

三、市场细分的依据

市场细分怎么做呢?我们要选择几个参数,然后看那些参数体现出不同群体之间有哪些差异。我的一个朋友做了一家咨询公司,他首先选择了四个因素,所有制、企业类型、企业规模、咨询需求。在所有制里面,主要是做民营企业,兼顾一小部分上市公司。按照企业的类型分,主力是制造业,其次是房地产。企业规模主力是中小企业。按照咨询需求主要是做营销战略,帮助一个企业制定三到五年的发展战略,其他的一概不做。当然目前中国最赚钱的是改制上市等,但那不是他们擅长的。

(一)消费者市场细分依据

如前所述,一种产品的整体市场之所以可以细分,是由于消费者或用户的需求存在差异性。引起消费者需求差异的变量很多。实际中,企业一般是组合运用有关变量来细分市场,而不是单一采用某一变量。概括起来,细分消费者市场的变量主要有四类,即地理变量、人口变量、心理变量、行为变量。以这些变量为依据来细分市场就产生出地理细分、人口细分、心理细分和行为细分四种基本形式。

【案例】可以根据消费者使用某一产品的数量大小细分市场,通常可分为大量使用者、中度使用者和轻度使用者。大量使用者人数可能并不很多,但他们的消费量在全部消费量中占很大的比重。美国一家公司发现,美国啤酒的80%是被50%的顾客消费掉的,另外一半的顾客的消耗量只占消耗总量的20%。因此,啤酒公司宁愿吸引重度饮用啤酒者,而放弃轻度饮用啤酒者,并把重度饮用啤酒者作为目标市场。公司还进一步了解到大量喝啤酒的人多是工人,年龄在25 ~50岁之间,喜欢观看体育节目,每天看电视的时间一般为3~5小时。很显然,根据这些信息,企业可以大大改进其在定价、广告传播等方面的策略。

【案例】白酒业细分的N种可能

按消费者年龄可以细分为:青年专供酒、中年专供酒、老年专供酒等。

按情感细分,人的七情六欲、喜怒哀乐、友情、亲情、爱情皆可以装入酒瓶,因此可以有:友情酒、同学情专供酒、战友情专供酒、姐妹情专供酒、父子情专供酒、母子情专供酒、同事情专供酒。

按消费功能可以细分为:结婚纪念酒、婚宴专供酒、满月用酒、祝寿专供酒、生日专供酒、哀悼用酒等。

按纪念日、重大节日、重大事件可以细分为:2008奥运专供酒、世博会专供酒、祝贺两会专供酒等。

按时节可以进一步细分为:春节专供酒、清明专供酒、冬至专供酒、中秋专供酒、端午节专供酒、国庆节专供酒、元旦专供酒、圣诞专供酒、情人节专供酒等。

按名人可以进一步细分为:杰克·韦尔奇中国之行纪念酒、比尔·盖茨中国之行纪念酒,等等。

【案例】川菜、湘菜期待辣味分级

食客都知道,不吃辣,可能无福享用世上一半的美食佳肴,喜欢吃辣的人却常因为找不准适合自己的辣度而备受困扰——调味辣过头,忙着找冰水猛灌,太淡又嫌不过瘾,这都是因为辣椒类等调味食品没有标辣度引来的麻烦;如果能像酒类标明酒精度多寡一样,明确标出辛辣程度等级,那该多好!

刚从一家湘菜馆出来的王先生抱怨,“我喜欢吃湘菜,不过这些店的菜太辣。能否将辣味分级呢?”为此,记者随后走访的多家湘菜和川菜馆,他们都表示目前还没有把辣味分级的打算。但在一家重庆火锅店,记者看到该店把火锅的口味分为微辣、中辣和特辣三种。该店负责人张小姐表示,因为很多人吃辣的口味仍有较大差别,这样做可以根据消费者不同的口味,“看人下菜碟”。

过去市场上出售果汁因为纯度不同,售价屡有争议,后来清楚地标明原汁比例后,消费者有所选择,问题就解决了。有鉴于此,为了让广大的消费者吃得更安心,有专家建议政府辅导或强制制定行业标准在辣椒产品上增加辣椒标志。虽然国际上对于辣度认证已有统一的标准,但是否能借此就将标准统一化?许多餐饮从业人员对此表示怀疑。经营川菜多年的王先生认为,“每个人对辣度接受程度并不一样,即使标识出多少辣度,消费者又怎能知道实际辣到什么地步?它不像酒类酒精度标识,能够马上让消费者明白酒精浓度。”不过,部分辣椒调味品从业者却有不同看法,对不喝酒或初饮者而言,酒精度多寡一样没什么概念,但接触久了,培养出喝酒前先看标志的习惯之后,自然能感觉到酒精度标示的意义。如果辣椒酱甚至辣味食品都能标志辣度,对于消费者应该有积极的意义。

【案例】从“苗条淑女”看饮料产品的市场细分

在2006年成都“春交会”上,国内著名制药企业“哈药集团制药六厂”虽然只是低调亮相,但所推出的“苗条淑女”动心饮料还是吸引了不少经销商,令许多业界人士为之震惊的是“哈六”此举不仅意在表示将正式进军饮料市场,且从其市场表现来看,可以说已经成功打响了

2006年功能饮料市场的第一枪，因为糖酒会还没有正式召开，“苗条淑女”就已经在蓉城呈火爆销售之势，其“铺市率”亦达70%以上。

有人怀疑“哈六”可能是仗着资本雄厚在搞“赊销铺底”，但实际上他们是“现款现货”，而同成都一样，在糖酒会前，他们对全国其他城市的招商工作已经基本上结束，成都春交会对“哈六”而言，仅仅是一个“亮相”与“收尾”工作，这与我们以往所看到的有些外来资本重金投注糖酒会可大不一样。

对于“哈六”点燃的“第一把火”，有业界人士认为一贯靠广告轰炸造势的“哈六”，这次首战告捷主要还是凭借了电视广告的优势，靠影视红星范冰冰在帮忙吆喝！

其实不然，因为基本上是在糖酒会行将结束时，他们才开始在成都与四川卫视的几个台播出饮品广告，而其他城市当时还未投放。我个人认为，“哈六”的成功主要在于对饮料市场进行了深入细分，从而使他在快速消费品行业分得了2006年国内功能饮料市场的第一杯羹。

1. 细分南北市场差异，以点及面逐步扩展

不清楚者都会认为，“哈六”进军饮料行业太草率，因为毕竟医药与饮料是两个不同的行业，“哈六”能卖好药但是不一定能够卖好饮料。此话的确担心的不假，不过，“哈六”进军饮料行业绝非冒进，从一定程度上讲还应该是“摸石探河”，非常谨慎。

近年来“哈六”在国内医药市场可谓发展迅猛，从最初的“泻利停”到后来的“新盖中盖高钙片”、“护彤”等产品，可以说个个都卖的火！“哈六”人也一直在想如何利用制药业的优势进军饮料行业，特别是功能饮料；可毕竟医药的网络渠道、营销方式、消费特征与饮品完全是两码事，考虑到南北市场的差异和避免外行涉足的各种不利因素，“哈六”开始并没有直接进入全国市场，而是推出了“纯中纯”水饮料作为“试水石”在东北局部市场作战，结果“纯中纯”系列饮品的推出在当地市场很受欢迎，其中“南波万”纯净水还畅销到了别人来仿冒的地步！当时对娃哈哈等外来品牌的拓展也产生了有力的阻击，这样一来在一定程度上也为“哈六”进军全国饮料市场摸索到了一定的经验。

前两年，其产品不仅俏销东北三省，还销售到了河北、北京等地，经

过了一定时期的精心准备后，2006 年“哈六”见时机已经成熟，于是果断出击外埠市场，“苗条淑女”便是进军全国市场的第一主力产品。这里值得一提的是，“哈六”作为外行资本涉足其他产业，并没有凭着资金优势与气血之热冒然阔步，而是先通过在局部市场的锻炼与学习再由点及面，逐步扩展，这一点，很值得我们借鉴学习！

2. 细分功能饮料市场差异，打出“减肥”招牌

从碳酸饮料、水饮料、果汁饮料、茶饮料到功能饮料、含乳饮料，等等，虽然饮料市场一路风姿万千，但功能市场素来就被不少业界的玩家看成是一个赚大钱的香饽饽，可从近几年功能饮料市场的表现来看，真正吃到螃蟹者好像并不多，略为风光的可能就是“王老吉”凉茶，前几年的“红牛”也不牛了，“脉动”也是一般，而其他的“运动型”、“营养型”品牌也更是昙花一现。

为何会有如此的局面？除了品牌、营销等诸多因素外，关键是在功能饮料的“产品定位”上，没有真正推出一个能满足消费需求的功能产品。

当然，功能定位也并非易事，第一，你的功能不能信口开河，拿消费者的生命当儿戏；第二，功能如太特别、太差异化了，又在一定程度上局限了消费群体，“市场培育费”也不轻松；第三，饮料本身就是一个大众化产品，有时太突出了功效反而适得其反。基于这些因素，笔者认为“哈六”的定位是恰入其分，得机得势。所谓“机”，是填补了市场空白，之前没有减肥饮料产品；而“势”则是有效利用了“哈六”的生产与资本优势。

从一定程度讲，以“减肥”功效定位的“苗条淑女”饮料能满足相当部分消费群体的需求。我们都知道随着当今物质生活水平的日益提高，社会肥胖族人群是越来越庞大，有减肥产品需求者也就会越来越多！这是因为肥胖已成为世界面临的一个严重的公共健康问题。据最近公布的中国健康状况的调查结果显示：在 7 到 18 岁这个年龄段中，10％的男孩和 5％的女孩属于肥胖人群，是 1995 年的两倍；同时，去年的一项调查显示：20 岁以上的中国成年人中有 3000 万肥胖人口，目前我国肥胖者已远远超过 9000 万名，超重者高达 2 亿名。有专家预测

说,未来十年中国肥胖人群将会超过2亿。

而“哈六”此次适时推出减肥产品,对消费者来讲也是一种福音,因为饮料没有药品贵、且有保健作用何乐而不为呢!“苗条淑女”减肥饮料是获得国家保健食品认证的,也即是说的确具有减肥功效,因为在国内饮料行业获得此证书的厂家微乎其微。据悉:包括“红牛”在内,国内才有两家。以在制药业的名望向消费者告知饮料产品的品质,这一点,相信能增强消费者对“苗条淑女”的忠诚度。

不难看出,“哈六”为了实现多元化发展,通过对功能性饮料市场的细分,有效延伸了自己的产品链,即“医疗性药品”→“功能性饮品”。

3.细分消费群体,“国内第一女性化饮料”横空出世

在现代社会中,胖人越来越多,有男人有女人,有老人有少儿,面对消费结构复杂的消费群体,一瓶大众化饮料该由谁来买?少儿不是领导型,老人不是主动型……在男人与女人组成的大千世界里,“哈六”首先选择了女人作为减肥产品的消费主体。而针对女性消费群体,又进行了深入细分,因为在女性肥胖人群中18~25岁之间的年轻女性又是最怕胖的,她们正处于女人最美丽的年龄阶段,不仅希望自己年轻漂亮,更希望自己能长期保持一个苗条淑女般的身材,而这部分消费者可以说又是时尚型、冲动型消费者。这样,“哈六”以“苗条淑女”四个字来作为产品名,便真正找到了最喜欢喝减肥饮料的对象——最怕胖的青春女孩。总体分析,“苗条淑女”达到了“名实相符”与“名市相符”。所谓“名实相符”,是“苗条淑女”这四个字能深刻诠释产品的功能特征,消费者很容易联想到“减肥”二字;而“名市相符”则是指符合目标市场的消费环境,准确地锁定了目标消费群体。这里,说它是“国内第一女性化饮料”并不为过。

4.细分产品包装,推出“淑女”造型

世面上各类饮料包装大同小异,无论是塑瓶装、PET、易拉罐,还是复合纸包装等都十分近似,包装颜色也千篇一律,缺乏个性。怎样做到让自己的包装新奇夺目,同时又能突显产品的特征,这方面,“哈六”就比较有特色,结合产品的“减肥”功能与目标消费群体定位,其推出的“淑女”造型瓶可谓十分迷人。

笔者在超市看到：瓶颈与握手的中间部分好比少女白净的颈项与纤纤细腰，整个瓶型俨然似一个生动逼真的"苗条淑女"。同时瓶体颜色以紫色为主，以白色衬托，充分体现了美丽、高贵与典雅。而瓶子手感也十分舒适，备受年轻女性的喜爱与推崇。作为减肥饮料，"哈六"没有在产品标识上过度渲染，而仅一个瓶体造型设计，就能让消费者联想到"苗条"，这一点可以说是做得难能可贵。

5. 细分广告诉求，"怕胖"二字迎合了消费心理

在品牌传播方面，广告诉求究竟应该表达什么？就好比作为功能饮料究竟是该突出功能，还是淡化功能，或者是突出其他方面，这一点恐怕很多人都在纳闷。从一个功能饮料产品来讲，笔者认为绝对不能太突出功能，因为饮料毕竟是一个大众化产品，太突出了，相反会让消费者置疑你的功能，同时也局限了"功能需求以外"的部分消费群体。而这方面，哈六做到了微妙的回避，可谓恰到好处，一句"怕胖喝苗条"！通过暗示的手法有效诠释了产品的减肥功效，有效激发了消费者的购买欲望，特别是在代言人范冰冰拍摄的十五秒舞台广告片中，一句"怕胖的女孩跟我来"更是打动了无数消费者的心，可谓有效满足了目标消费群体的心理需求。而在产品包装本身，"哈六"在产品名称下面并没有标注"减肥饮料"，而是"动心饮料"四字，只是在后面的产品说明文字里作了减肥功效的阐述。试想，一瓶能让消费者"动心"的饮料难道不比"减肥"二字更具有说服力吗？

6. 细分价位层面，准确定位中高档饮料产品

在饮料产品中，2 元左右的产品是主流，3.5 元以上的产品基本上就属于中高档了，但相对而言，5 元以上价格的产品相对较少，也即是说在这个价位层面，竞争者也较少。但如果只是一瓶普通饮料，肯定价格太高，而如果是功能饮料，且是面对有一定经济收入或冲动型、时尚型消费者的话，那么，这个价位层面还是很有市场的。所以，虽然"苗条淑女"在超市、商场是高达 5.2 元/瓶，而有的零售店还卖到了 6 元一瓶，但购买者依然很多，其成功就在于，"哈六"针对产品独特的功效，通过合理的价格定位，准确锁定了功能饮料市场的中高档消费人群。

综上所述，哈六"苗条淑女"动心饮料的成功上市，主要是很好地运

用了市场细分策略，把自家产品打造成一个非常具有个性的差异化产品，以其崭新的视觉形象与独特的功能诉求和独到的营销手法，让市场与消费者得到了认同。其实市场细分就是营销者通过详细的市场调研后，根据产品特征、品牌个性、竞争环境、消费行为等因素，对市场的某一个整体层面划分为若干个消费群体的营销手法。今天，市面上的饮料产品是琳琅满目，一个新进者如不对产品、品牌、营销等进行创新的话，那么，你就只能做一个艰难的跟进者。

（二）生产者市场细分的依据

上述细分消费者市场的标准，基本上适用于生产者市场的细分，这是它们的共性。但是由于生产者市场细分的对象是企业，它们的消费是生产消费，不是生活消费，因此它有不同于消费者市场细分标准的特点。生产者市场细分的主要标准有：产品的最终用途，购买者的地理位置，购买组织的特点以及购买者追求的利益等。

1.产品的最终用途

它是生产者市场细分的基本要素之一，是生产者市场细分最常用的标准。不同的使用者对产品有不同的需求，因而形成了产品不同的最终用途，厂家要对最终用途加以细分。例如，地毯制造商可根据地毯的最终用途不同，将用户细分为汽车制造者用地毯、建筑商用地毯等。又如，晶体管制造商可根据晶体管的最终用途不同，将市场细分为军用市场、工业市场以及商业市场。再如，同是钢材用户，有的需要圆钢，有的需要带钢；有的需要普通钢，有的需要硅钢、钨钢或其他特种钢。企业可根据用户要求，将要求大体相同的用户集合成群，并据此设计出不同的营销策略组合。

2.购买者的地理位置

它是生产者市场细分的基本要素，是生产者市场细分的重要标准。世界上每个国家或地区，大都根据物产、气候和历史传统形成若干个工业区，即生产者集聚的地方。因此，生产者市场往往比消费者市场更为集中，这是它不同于消费者市场的特点。按购买者地理位置来细分市场，给企业带来很多好处，由于目标集中而且明确，可以节省推销人员的工作时间，节约运输费用，降低企业成本。

3.购买组织的特点

也是细分生产者市场的重要标准。购买组织主要指企业,购买组织各有各的特点,不能一概而论。这里主要是指企业规模的大小,具体包括资金的多少、购买力的大小。一般来说,大企业数量少,资金多,购买集中,但购买次数少。相反,小企业数量多,资金少,购买力小,购买分散,但购买次数多。以钢材市场为例,像建筑公司、造船公司、汽车制造公司对钢材需求量很大,动辄数万吨的购买;而一些小的机械加工企业,一年的购买量也不过几吨或几十吨。企业应当根据用户规模大小来细分市场,并根据用户或客户的规模不同,企业的营销组合方案也应有所不同。比如,对于大客户,宜于直接联系、直接供应,在价格、信用等方面给予更多优惠;而对众多的小客户,则宜于使产品进入商业渠道,由批发商或零售商去组织销售。

4.购买者追求的利益

它也是细分生产者市场的重要标准。市场购买者在购买商品时,所追求的利益往往是不同的,也就是说,购买者各自有不同的利益追求。有的强调价格低廉,有的强调售后服务,有的强调产品质量,有的强调款式,有的同时强调几个方面。因此,厂家可以按购买者追求的利益不同来细分市场。

第二节　目标市场战略

一、目标市场

目标市场就是企业决定要进入的市场。企业在对整体市场进行细分之后,要对各细分市场进行评估,然后根据细分市场的市场潜力、竞争状况、本企业资源条件等多种因素决定把哪一个或哪几个细分市场作为目标市场。

【案例】在中国现有的饮料市场上,娃哈哈已经成为一个著名的品牌。它于1987年由个人靠14万元起家,经过多年的拼搏,从一个默默无闻的弄堂小厂,跻身于全国最大规模500强和最大利税总额500强,销售规模从1996年的10个亿，发展到2003年的100多个亿，被视为业界传奇。

早在1989年，宗庆后细心研究当时的市场后发现，国内营养液的品牌虽多(当时国内做营养液的企业有38个)，但都是属于老少皆宜的全能型产品，还没有一种是针对儿童这一目标消费群体的。“我们与其生产第39种这样的营养液，还不如生产第一种儿童专用的营养液”，他于是抓住这个细分市场，开发了给小孩子开胃的儿童营养液，把它起名为娃哈哈，并挖掘出“吃饭香”这一卖点。它没有采用深奥的理性诉求，而是采用“喝了娃哈哈，吃饭就是香”这样的感性诉求，同时引发大人和儿童的互动。结果娃哈哈在儿童营养液上大获成功。

目前娃哈哈集团旗下拥有了瓶装水、碳酸饮料、果汁饮料、乳制品、八宝粥等五大类几十个品种的产品，其中瓶装水、乳酸奶和八宝粥多年来的销量一直位居全国第一。66亿的总资产、100亿的销售规模使之成为中国最大的食品饮料企业。娃哈哈之所以能够成功，就是因为宗庆后采取市场细分的方法，寻找到营养液市场的空白点。

二、目标市场选择标准

一般而言，企业考虑进入的目标市场，应符合以下的标准或条件。

(一)有一定的规模和发展潜力

企业进入某一市场是期望能够有利可图，如果市场规模狭小或者趋于萎缩状态，企业进入后难以获得发展，此时，应审慎考虑，不宜轻易进入。当然，企业也不宜以市场吸引力作为唯一取舍，特别是应力求避免“多数谬误”，即与竞争企业遵循同一思维逻辑，将规模最大、吸引力最大的市场作为目标市场。大家共同争夺同一个顾客群的结果是，造成过度竞争和社会资源的无端浪费，同时使消费者的一些本应得到满足的需求遭受冷落和忽视。现在国内很多企业动辄将城市尤其是大中城市作为其首选市场，而对小城镇和农村市场不屑一顾，很可能就步入了“多数谬误”的误区，如果转换一下思维，一些目前经营尚不理想的企业说不定会出现“柳暗花明”的局面。

(二)细分市场结构的吸引力

细分市场可能具备理想的规模和发展特征,然而从赢利的观点来看,它未必有吸引力。战略专家波特认为有5种力量决定整个市场或其中任何一个细分市场的长期的内在吸引力。这5个群体是:同行业竞争者、潜在的竞争者、替代产品、购买者和供应商。他们具有如下5种威胁性。

1.现有公司之间的竞争

现有公司之间的竞争就是现存的一些竞争者直接参与所产生的竞争。像中国银行、工商银行、农业银行、建设银行等几家银行之间的竞争。

如果某个细分市场已经有了众多的、强大的或者竞争意识强烈的竞争者,那么该细分市场就会失去吸引力。如果该细分市场处于成熟期或者衰退期,竞争者投资很大,固定成本过多,撤出市场的壁垒过高,那么情况就会更糟。这些情况常常会导致价格战、广告争夺战等,公司要参与竞争就必须付出高昂的代价。

2.潜在加入者的威胁

潜在的加入者是将来可能还要进来的人或公司。如中国银行之间的竞争,叫做现有公司之间的竞争。随着中国加入WTO,还会有更多的外国银行要加入进来进行竞争,这叫做潜在加入者的竞争。又如中国移动、中国联通、中国网通、中国电信,他们之间的竞争是现有公司之间的竞争,将来还有很多其他像日本的NTT,美国的ATT,想进来跟他们一起吃电信运营这块大饼,这些都是潜在的加入者。

如果某个细分市场可能吸引会增加新的生产能力并争夺市场份额的新的竞争者,那么该细分市场就没有吸引力。问题的关键是新的竞争者能否轻易地进入这个细分市场。如果新的竞争者进入这个细分市场时遇到森严的壁垒,并且遭受到细分市场内原来的公司的强烈报复,他们便很难进入。而进入细分市场的壁垒越低,原来占领细分市场的公司的报复心理越弱,这个细分市场就越缺乏吸引力。

根据行业利润的观点,最有吸引力的细分市场应该是进入的壁垒高、退出的壁垒低。在这样的细分市场里,新的公司很难打入,但经营不善的公司可以安然撤退。如果细分市场进入和退出的壁垒都高，那里的利润潜量就大，但也往往伴随较大的风险，因为经营不善的公司难以撤退，必须坚持到底。如果细分市场进入和退出的壁垒都低，公司便可以进退自如，然而获得的报酬虽然稳定，但不高。最坏的情况是进入细分市场的壁垒较低，而退出的壁垒却很高。于是在经济良好时，大家蜂拥而入，但在经济萧条时，却很难退出。其结果是大家都生产能力过剩，收入下降。

3.替代产品的威胁

如果某个细分市场存在着替代产品或者有潜在替代产品，那么该细分市场就失去吸引力。替代产品会限制细分市场内价格和利润的增长。公司应密切注意替代产品的价格趋向。如果在这些替代产品行业中技术有所发展，或者竞争日趋激烈，这个细分市场的价格和利润就可能会下降。

一个产品出现后，慢慢地就开始有替代品，像手机就是一个典型的例子。每家公司都在不断地创新，像诺基亚、摩托罗拉、爱立信、西门子、韩国三星，都在不断地推陈出新，每年都有新款出来，因为替代品太快了。在电子界里，可以说每一两年就要替换，这种替代极为迅速。《电子学》的课本几乎每年都要重改，每年都有新的资料，如果三年不看新资料，《电子学》就几乎教不下去，由此可以想像电子界推陈出新的速度是多么迅速。

4.购买者的讨价还价能力

如果某个细分市场中购买者的讨价还价能力很强或正在加强，该细分市场就没有吸引力。购买者便会设法压低价格，对产品质量和服务提出更高的要求，并且使竞争者互相斗争，所有这些都会使企业的利润受到损失。如果购买者比较集中或者有组织，或者产品无法实行差别化，或者顾客的转换成本较低，或者由于购买者对价格敏感，购买者的讨价还价能力就会加强。企业为了保护自己，可选择议价能力最弱或者转换能力最弱的购买者。较好的防卫方法是提供顾客无法拒绝的优质产品。

5.供应商的讨价还价能力

除了面对现存竞争者以外，还要看看原料供应商。例如石化公司，最上游的是炼油厂，中间的是石化的原料，底下是石化的产品，形成一条上中下游的供应链，每一环都会造成竞争。上面的原料供应不上，石化原料做不出来，底下的石化产品就没有石化原料可用，这中间形成一种供应之间的竞争，称为供应商竞争。为什么生产者到最后，总要开发它的上游，生怕上游捏在别人的手上？这其实是供应商对自己的竞争。企业运作时就该想想，自己有多少原料、半成品或者零组件掌握在别人的手上。

(三)符合企业目标和能力

某些细分市场虽然有较大吸引力，但不能推动企业实现发展目标，甚至分散企业的精力，使之无法完成其主要目标，这样的细分市场应考虑放弃。另一方面，还应考虑企业的资源条件是否适合在某一细分市场经营。只有选择那些企业有条件进入、能充分发挥其资源优势的市场作为目标市场，企业才会立于不败之地。

三、目标市场模式选择

公司在对不同细分市场评估后，就必须对进入哪些市场和为多少个细分市场服务作出决策。公司可考虑下面五种可能的目标市场模式。

(一)密集单一市场

最简单的方式是公司选择一个细分市场集中营销，如夏利公司集中经营小汽车市场。公司通过密集营销，更加了解本细分市场的需要，并树立了特别的声誉，因此便可在该细分市场建立巩固的市场地位。另外，公司通过生产、销售和促销的专业化分工，也获得了许多经济效益。如果细分市场补缺得当，公司的投资便可获得高报酬。

(二)有选择的专门化

采用此法选择若干个细分市场，其中每个细分市场在客观上都有吸引力，并且符合公司的目标和资源。但在各细分市场之间很少有或者根本没有任何联系，然而每个细分市场都有可能赢利。这种多细分市场目标优于单细分市场目标,因为这样可以分散公司的风险,即使某个细分市场失去吸引力,公司仍可继续在其他细分市场获取利润。

(三)产品专门化

用此法集中生产一种产品并向各类顾客销售这种产品。例如显微镜生产商向大学实验室、政府实验室和工商企业实验室销售显微镜。公司准备向不同的顾客群体销售不同种类的显微镜,而不去生产实验室可能需要的其他仪器。公司通过这种战略,在某个产品方面树立起很高的声誉。

(四)市场专门化

它是指专门为满足某个顾客群体的各种需要而服务。例如公司可为大学实验室提供一系列产品,包括显微镜、示波器、本生灯、化学烧瓶等。公司专门为这个顾客群体服务,而获得良好的声誉,并成为这个顾客群体所需各种新产品的销售代理商。

(五)完全市场覆盖

它是指公司想用各种产品满足各种顾客群体的需求。只有大公司才能采用完全市场覆盖战略,例如像国际商用机器公司(计算机市场)、通用汽车公司(汽车市场)和可口可乐公司(饮料市场)。

第三节　市场定位战略

一、市场定位的含义

所谓市场定位就是企业根据目标市场上同类产品竞争状况,针对顾客对该类产品某些特征或属性的重视程度,为本企业产品塑造强有力的、与众不同的鲜明个性,并将其形象生动地传递给顾客,求得顾客的认同。市场定位的实质是使本企业与其他企业严格区分开来,使顾客明显感觉和认识到这种差别,从而在顾客心目中占有特殊的位置。

简单地说,所谓定位就是在客户心目中所占的地位。例如,当你开着一辆天津夏利轿车出去时,你会说这是尊贵吗?不会。你会说这车很经济。北京的切诺基有帝王之相吗?没有,但它耐用、结实,即使不小心撞到岩石你也不会惊叫。这就是定位的概念。

不管如何做广告，夏利、切诺基在消费者心目中的定位是跑不掉的。每种汽车都早已被别人定好位了。号称为世界上第一大汽车公司的通用汽车公司就很清楚地知道，千万不能被别人搞成一种定位。美国通用汽车公司从最豪华的凯迪拉克，到最经济的道奇，中间还有旁提克等，高、中、低有好几种定位，客户可以分别根据自己的经济条件来选择自己所喜欢的车型。

【案例】万宝路的香烟广告永远是一群牛仔，身上挂着枪、胯下骑着马，表示抽万宝路代表成熟、稳重、粗犷、豪迈、有魄力。如果香烟厂家打着谁都可以抽的广告——从乞丐到帝王——这种香烟就没有人买了。要卖给帝王就不能再卖给乞丐，要卖给成熟的就不要卖给幼稚的，这就是定位的问题。

不要以为什么人都可以卖，那就变成什么人都不买。自己的最合适的定位一定要搞清楚。定位不是对产品做什么，而是对潜在消费者的心做什么。定位不是说要如何去搞产品，而是要如何去掌握消费者的心，让他的心来认定产品，这就叫做定位。

【案例】提起表，人们会想出一大堆表的名字，但有一种表人们绝对不会想到——波尔表。1891年，波尔先生被委任为美国铁路首席检阅官，负责调教全美国铁路的时间。美国有75%的铁路标准时间采用波尔时间，所以在美国来说，波尔就代表准时，这是全美国的铁路兄弟们都知道的一种共同语言。美国全国17.5万英里的铁路统统用波尔表记时。波尔表的核心就是准时，波尔表代表着美国这个表界里最被铁路兄弟认定的一种时间。

其实波尔只是个名字，但是它把美国波尔先生，当初当美国铁路首席检阅官时的那种资格，和他的名字紧密地结合在一起了。全世界卖表的这么多，为什么唯独美国波尔特别重视提起这件事情，就是怕消费者没办法去定位。有人说："论雍容华贵它比不过浪琴，论高级也比不过劳力士"。所以波尔表一定要说出准时，他们正是用这个方法来定位的。这就证明即使卖只手表也要搞清楚你在消费者的心目中是什么地位。

阿基米德说:“只要给我一个支点,我就可以撬起地球。”在营销中,如果你能找到一个支点,你就能撬动市场。而这个支点就是定位。

二、市场定位的目的

在市场化程度日渐提高的今天,消费者的需求已经呈现出越来越离散化的状态。昨天一个产品还能满足几个邻近需求群体的需求,今天却感到有些有心无力了。譬如,当年一瓶单一品种的酱油就能够满足所有消费者的需求,因为大家心目中认为只要是酱油就行了。但是现在呢?花样就多了,有的人喜欢生抽,有的人中意老抽,有的人喜欢吃辣椒酱油,还有些人只买草菇酱油,等等。

为什么呢?随着消费者基本需求的满足,他们开始对个性化的需求产生了渴求。譬如彩电曾经是长期看黑白电视机的人们的迫切需求。曾记得,为了模拟彩电的效果,居然有一段时间流行罩在电视机屏幕上的彩色贴膜。但是当彩电开始普及后,人们的需求就出现了离散化、个性化的特点,而且越来越明显。于是,平面直角电视、环保健康电视、背投电视、数字等离子电视便应运而生,并各自占据一个分众市场,满足不同需求层次的消费者的需求。

市场定位的概念提出来以后,受到企业界的广泛重视。市场定位的主要任务就是在市场上,让你的企业和产品与竞争者的有所不同。具体地说,市场定位有以下三个目的。

(一)确立产品的特色

市场定位的出发点和根本要素就是要确定产品的特色。你首先要了解市场上竞争者的定位如何,他们要提供的产品或服务有什么特点。其次要了解顾客对某类产品各属性的重视程度。显然,费大力气去宣传那些与顾客关系并不密切的产品是多余的。最后,你还得考虑企业自身的条件。有些产品属性,虽然是顾客比较重视的,但如果企业力所不及,也不能成为你市场定位的目标。

【案例】我国南方某电子仪器厂经过调查发现,各地的中小学及幼儿园教师迫切需要一种音色优于风琴、功能较多、便于携带和维修的教学电子琴取代原有的老式风琴,因此该厂决定进入这个市场。但是,在这个市场上已经有几家企业生产电子琴了，竞争相当激烈。那么，怎样才能使自己的产品更具特色，更有吸引力呢？

该厂通过进一步调查分析，中小学和幼儿园的音乐教师在购买电子琴时，除了关心其音色及质量外，由于单位财务条件的约束，更为关心的是乐器的价格。当时市场上已存在的厂家，虽然其产品在功能、音色方面都不错，但是普遍价格昂贵，因而销路不是十分好。根据这些信息，这家企业决定在价格上作文章，做出了“价格较低廉、结构较简单”的决策。要求产品在质量和性能上达到优于风琴的水平；功能简单，但至少有一个风琴音色和一个欣赏音色，弹奏方面要与风琴一样，以适应教师的弹奏习惯。在达到这几个条件的基础上，力求降低成本，保证商品零售价不超过200元。当时，市面上一台风琴的价格也是200元左右。所以，中小学校和幼儿园在将原来的老式风琴更新换代时就会遇到两种选择：风琴和电子琴。而电子琴在质量和性能上都超过了风琴，所以电子琴的优势一下子就凸显出来了。

（二）树立市场形象

企业所确定的产品特色，是企业有效参与市场竞争的优势，但这些优势不会自动地在市场上显示出来。有效的市场定位并不取决于企业是怎么想的，关键在于顾客是怎么看的。市场定位成功的最直接的反映就是顾客对企业及其产品所持的态度和看法。

【案例】麦当劳的创办人罗克认为，麦当劳不是典型的消费事业，也不是一般所谓的餐厅，它独特的快速服务使得麦当劳兼具娱乐价值。他经常提醒他的加盟者以及经理：“麦当劳不是餐饮业，我们是娱乐业。”

负责麦当劳广告的伊登广告公司进行广告策划时，针对不同的市场——儿童、青少年、青年及中年，提出不同的销售主张，但在任何一项销售主张中，都以欢乐、温暖和亲切为广告设计的主题。

“麦当劳叔叔”是一个非常商业化的小丑：帽子是一顶放着汉堡包、奶昔和薯条的托盘，鞋子像两块大面包，鼻子上装着一只麦当劳杯子。麦当劳叔叔虽然是大人，却只做小孩子喜欢做的事情：溜冰、打球、游泳，他是和儿童站在一起，而非父亲型的人物。麦当劳花费巨资用各种广告媒介塑造麦当劳叔叔的形象,使它成为麦当劳连锁的代言人。结果这一形象深受儿童欢迎,“麦当劳叔叔”的声势不仅在同行中无与伦比,就算在食品业以外,大概也只有圣诞老人可以与它竞争在儿童心目中的位置了。而打动了儿童的心,就可以让他们带动他们的父母进麦当劳了。

麦当劳为了进一步突出“演出”的效果,还不断想出各种花招来吸引儿童,如在餐厅里设置儿童乐园。在周末,麦当劳为100位在这天过生日的“幸运儿童”举办生日聚会,给他们免费提供食物,有大姐姐专门带着他们做游戏,餐厅里专门为他们点歌……麦当劳就通过这些手法为进餐者提供情趣和舞台,标榜自己是娱乐业,为自己塑造了一个“欢乐”的形象。

(三)巩固市场形象

顾客对企业的认识不是一成不变的。由于竞争者的干扰或沟通不畅,会导致市场形象模糊,顾客对企业的理解会出现偏差,态度会发生转变。所以建立市场形象后,企业还应不断向顾客提供新的论据和观点,及时矫正与市场定位不一致的行为,从而巩固市场形象,维持和强化顾客对企业的看法与认识。

【案例】天津“狗不理”包子闻名全国,至今已有100多年的历史。现如今,人们的口味不断提高,各种名家菜系不断涌现,而“狗不理”作为一种最普通的大众化食品,牌子非但不倒,反而生意越来越红火。“狗不理”享誉全国、长盛不衰的秘诀何在呢?

“狗不理”包子的经营者懂得,若想使包子这样一种大众化商品经营成功、出人头地,必须要在质量上下狠工夫。“狗不理”包子100多年来脚踏实地巩固其特有的市场形象:先质后量,以质求量,用质竞争,并不断地获得成功。

首先,“狗不理”包子的面皮与众不同。它不是采用一般的发酵面,而是使用半发酵面。这样做出的包子皮薄,有咬劲,不会像一般包子那样软绵绵的。用这种包子皮制作,不但包子馅多,而且使包子制成后不会塌陷、跑油、掉底和露馅,并保留一定的汤汁。

其次,包子里面的馅,更是讲究精选原料和精心制作了。它使用的猪肉一定要新鲜,肥瘦的比例因季节而调整变化。这种做法是根据人们在不同季节的胃口测试而定的。例如,夏季人们因天气炎热,口味偏好素净、清淡,馅使用的猪肉肥瘦比例为三比七;冬季天气寒冷,人体内需要较多热量,馅内的猪肉肥瘦的比例为五比五。这样可使包子一年四季常吃不腻,胃口常开。像这样考究的制作,非但他人没有,而且鲜为人知,难怪中外宾客百吃不厌。

第三,"狗不理"包子还有一绝,它的馅是用骨头汤拌成。一斤肉要多少新鲜骨头汤,多少调料等,都有严格的计量和调配方式。

最后,"狗不理"对质量精益求精还在包子皮上体现出来。每个包子皮要有 18 个折,不能多也不能少,每个折疏密适当,看上去柔滑、美观。再加上一股与众不同的清香,自然会引起人们的食欲。

另外,我国众多的百年老字号无不有其质量上的独得之秘,"全聚德"的烤鸭,在饭店吃会有一个师傅专门为你"片鸭",等到一只整鸭被"片"得只有骨架时,你会发现,不多不少,正好 108 刀。还有"张小泉"、"同仁堂"……这些成功的企业都给了我们以质定位的榜样。

三、市场定位的原则

各个企业经营的产品不同,面对的顾客也不同,所处的竞争环境也不同,因而市场定位所依据的原则也不同。总的来讲,市场定位所依据的原则有以下六点。

(一)质量定位

在开发、生产一个产品时,产品的质量控制在一个什么样的档次上,这就是产品的质量定位。按一般的观点,认为产品质量越高越好,其实这观点并不一定正确。质高的产品并不一定在市场上受欢迎,因为质高则价高。有许多消费者,他们希望购买质量稍次但价格便宜的产品。日本电器质量高,但许多国人还是买中国电器,虽然国产电器质量低于日本电器,可它便宜。

【案例】台湾伞在进军美国市场时,备受冷落。他们认为美国是一个有钱社会,一定是因为自己的伞档次太低,于是下大力气,提高自己产品的质量,但结果在美国市场仍不受欢迎。台湾制伞业大惑不解。

这时，有位营销专家建议应该把质量定位在最低层次上，成为一次性产品，肯定能打开市场。制伞厂老板如法炮制，果然一举奏效。现在，台湾低档伞在美国占据了主导地位。

当然，定位于质量优良的产品也比比皆是，劳斯莱斯车就是一例。国内有一个汽车厂家的试车场仅有足球厂大小，车辆象征性地跑两圈儿就完了。这跟劳斯莱斯车比起来可就小巫见大巫了。每辆劳斯莱斯车出厂前均经过5000公里的试车，哪怕有一点儿小毛病，也不准出厂。

(二)功能定位

产品的定位是单一功能，还是多功能？这也是值得厂家仔细考虑的问题。定位于单一功能，则造价低，成本少，但不能适应消费者多方面的需要；定位于多功能，则成本会相应地提高，然而能够满足顾客很多方面的需要。

【案例】我们知道，世界上有三大手表生产国(地区)：香港、瑞士、日本，而香港是一个以金融为中心的地区，它所生产的表无论是质量还是技术、工艺等都无法与瑞士的“劳力士”、“雷达”，日本的“西铁城”、“双狮”表相比。香港的手表商经过仔细研究手表市场，发现瑞士、日本的手表虽好，功能却比较单一。香港表若想打入市场，与瑞士、日本分庭抗礼，非得独辟蹊径不可。针对瑞士、日本手表的单一功能定位，香港推出了多功能定位的手表。他们设计制作了时装表、运动表、笔表、链坠表、情侣表、儿童表、计算表、打火表、时差表、报警表、里程表等。香港表以其多功能畅销全世界，获得了空前成功。从1978年起，香港手表制成品的出口量已雄居世界之首。

【案例】袖珍弹簧秤靠单一功能定位获得成功

多功能定位在市场走俏，单一功能定位若使用得好也能畅销市场。几年前，在市面上有一种多功能的弹簧秤。这种秤不但能称重量，还可以显示天气温度，计算价格，加之其外观大方，造型精巧，是当时弹簧秤市场上的主导产品。重庆某弹簧秤厂也准备上弹簧秤项目。他们仔细研究了当时的市场情况后，决定不步人后尘，而是开发单一功能的弹簧秤。他们的理由有二：第一，购买弹簧秤主要用途就是上街买菜时不吃亏，所以功能太多了也不实用。第二，把功能减到最少可以降低产品的成本,从而降低产品的价格。另外,功能少了,体积就小。为了方便携带,他们将弹簧秤体积尽量缩小,小到可以挂在钥匙链上。基于以上分析,他们开发了目前市场上最小的仅有一种功能的弹簧秤,由于目标市场恰到好处,结果一炮打响。目前四川地区的城镇妇女几乎是人手一只弹簧秤。

(三)体积定位

产品的体积大小问题也是产品定位时的热门问题。比如手表,男士表宜大,女士表宜小,老太太表宜中。大有大的好处,小有小的可爱。企业采用大或小的体积定位要视具体情形而定。

【案例】过去,棺材行业是一个很大的市场,但随着火葬的推行,又大又笨又占地的老式棺材日渐淘汰,一个庞大的市场正在消失,取而代之的是火柴盒似的骨灰盒。但几千年来的文化积淀,使人们对骨灰盒在潜意识里很反感,把逝去的亲人装进那样的一个小方盒子里似有不恭之虞。于是,广西柳州的一家公司,抓住人们的这种心理,推出了微型工艺棺材,雕龙刻凤,既保留了传统棺材的特征,又增加了富丽堂皇性。消费者购之,可以以此寄托对死者的哀思。结果微型工艺棺材上市后,一炮走红,在东南亚一带尤为畅销,公司藉此迅速发展,据说产值已超过亿元。

(四)造型定位

产品采取什么样的造型或款式,这是产品定位的关键内容之一。一个恰到好处的造型定位,可导致市场营销的一举成功;而一个蹩脚的造型定位,也会使营销工作一败涂地。因此,除了那些不具有形状(如饮料、酒)和形状无实际意义的产品(如大米、钢锭)外,其他的产品都必须进行造型定位。

在需要进行造型定位的产品中,有的造型是起辅销作用的,有的是起主销作用的。起辅销作用者造型定位不当,会影响产品卖相,但它靠其优良的质量和独特的功能尚能维持。如果起主销作用的造型定位不当就可能完全销不出去。比如,对于一支圆珠笔,其造型仅起辅销作用,所以,圆珠笔只要能写字,款式稍差,仍有人买,只是销售比较困难。可对于一件衣服,其款式就起了主销作用,如果款式定位不当,根本就不会有人买。

【案例】在日本有一家餐馆，专卖各种品味的蛋类、菜类，生意也还不错。但老板并不以此为满足，他突发奇想，将鸡蛋敲在一个方形盒子里，加调料蒸煮，制成了一种风味怪异的方形蛋，并申报了专利。该蛋以其奇特的形状定位，而引来了八方宾客，连外国旅游者也络绎不绝，要一睹怪味方蛋的风采。怪味方蛋的营销获得了巨大的成功。

无独有偶，美国有一农户，将西瓜放在方形盒子里生长，结果长出的西瓜全是方形的。这绝无仅有的方形西瓜，成为各大市场和高级宾馆、饭店的抢手货。西瓜以高出普通西瓜20倍的价格出售，仍供不应求。此农户顿时摇身一变成了富翁。

(五)利益定位

产品提供给顾客的利益是顾客最能切实体验到的，也可以用做定位的依据。如世界上各大汽车巨头的定位各有特色，劳斯莱斯车豪华气派，丰田车物美价廉，沃尔沃则结实耐用。

【案例】宁夏红的“健康酒”

“宁夏红”定义了“健康酒”，它既不是普通白酒，也不是传统补酒，而是全新的健康酒。“宁夏红”是怎样把自己区分出来的？市面上流行三种相关的酒品——白酒、补酒、葡萄酒，这三种酒各占领一个细分市场。“宁夏红”用枸杞酿造而成，从原料上讲，枸杞属于保健产品，属于补酒的概念；但其酒色为红色，又与红酒靠边。那么“宁夏红”应该定位于哪边呢？

“非补酒”、“非红酒”还是其他？

补酒之“补”的终极目的是健康，但补酒未能清晰诉求“健康”的概念，红酒不具备“补”(健康)的效果。“宁夏红”很聪明，一个清晰的概念浮现出来——红酒享受的“健康酒”。既从产品的外观上占有了红酒的联想，又从原料诉求上占据了“健康”的联想。从而一举在消费者心目中成为“健康酒”领域的领军品牌之一。

(六)使用者类型定位

企业常常试图将其产品指向某一类特定的使用者，以便根据这些顾客的看法塑造恰当的形象。

【案例】美国米勒啤酒公司曾将其原来唯一的品牌“高生”啤酒定位于“啤酒中的香槟”，吸引了许多不常饮用啤酒的高收入妇女。后来发现，占30%的狂饮者大约消费了啤酒销量的80%，于是，该公司在广告中展示石油工人钻井成功后狂欢的镜头，还有年轻人在沙滩上冲刺后开怀畅饮的镜头，塑造了一个“精力充沛的形象”。在广告中提出“有空就喝米勒”，从而成功占领啤酒狂饮者市场达10年之久。

四、市场定位的类型

市场定位是一种竞争性定位，它反映市场竞争各方面的关系，是为企业有效参与市场竞争服务的。

(一)避强定位

这是一种避开强有力的竞争对手进行市场定位的模式。企业不与对手直接对抗，将自己定位于某个市场“空隙”，发展目前市场上没有的特色产品，开拓新的市场领域。这种定位的优点是：能够迅速地在市场上站稳脚跟，并在消费者心目中尽快树立起一定形象。由于这种定位方式市场风险较小，成功率较高，常常为多数企业所采用。例如，IBM公司的竞争对手就是选择一些被IBM公司忽视的中小城市建立强大的分支机构，从而获得了顺利的发展。再如，德国和日本的汽车生产厂商就是通过发掘一个尚未被美国汽车生产厂商重视的细分市场，即对节油的小型汽车的需要，而获得极大了发展。

【案例】娃哈哈进军碳酸饮料市场时，国内一片嘘声：“可口可乐、百事可乐已经垄断了市场，你娃哈哈凭什么敢上？”结果怎样呢？看现在的市场局势就可以明了，尽管可口可乐、百事可乐在城市市场大行其道，可是在更大的乡镇市场，见的更多的却是“非常可乐”。这就是娃哈哈避强定位的成功体现。娃哈哈避开了在城市市场与可口可乐、百事可乐的正面对垒，把焦点锁定在广大乡村市场，发动了自己遍布乡镇的销售网络，终于成功地把“非常可乐”做成了中国农村消费者的喜庆饮料，把可口可乐、百事可乐远远地甩在了身后！

(二)迎头定位

这是一种与在市场上居支配地位的竞争对手“对着干”的定位方

式，即企业选择与竞争对手重合的市场位置，争取同样的目标顾客，彼此在产品、价格、分销、促销等方面基本上没有太大的差别。

在世界饮料市场上，做为后起的“百事可乐”进入市场时，就采用过这种方式，“你是可乐，我也是可乐”，与可口可乐展开面对面的较量。

实行迎头定位，企业必须做到知己知彼，了解市场上是否可以容纳两个或两个以上的竞争者？自己是否拥有比竞争者更多的资源和能力？是不是可以比竞争对手做得更好？否则，迎头定位可能会成为一种非常危险的战术，会不知不觉地将企业引入歧途。

（三）重新定位

重新定位通常是指对那些销路少、市场反应差的产品进行二次定位。初次定位后，随着时间的推移，新的竞争者进入市场，选择与本企业相近的市场位置，致使本企业原来的市场占有率下降；或者，由于顾客需求偏好发生转移，原来喜欢本企业产品的人转而喜欢其他企业的产品，因而市场对本企业产品的需求减少。在这些情况下，企业就需要对其产品进行重新定位。所以，一般来讲，重新定位是企业为了摆脱经营困境，寻求重新获得竞争力和增长的手段。不过，重新定位也可作为一种战术策略，并不一定是因为陷入了困境。相反，可能是由于发现新的产品市场引起的。例如，某些专门为青年人设计的产品在中老年人中也开始流行后，这种产品就需要重新定位。

五、市场定位的误区

现代营销的定位思想应当说已被人们广泛地接受，人们主观上已经意识到定位的重要性，可是定位往往并不成功。究其原因，是在定位的理解上存在着偏差，在认识上存在着误区，其中常见的现象有以下几种。

（一）缺乏定位意识

定位会使所针对的消费群产生深刻的认识，把产品的特殊效能与其个性化的需求联系起来，从而赢得消费者的忠诚。相反，想用一种产品去满足所有人的需要，结果可能所有人都不屑一顾。电视中经常出现一个广告称：“好迪真好，大家好才是真的好！”请问“姑娘认为好，小伙子也会认为好吗？普通工人认为好，号称白领、金领的高级职员也会认为好吗？”由于缺乏定位意识，所付出的广告费用与应当在销售上得到的回报很不相称。

实现定位不一定把注意力都放在产品性能上，只要你能使消费者获得一种特殊的感受，并在其头脑中占据一定的位置就是成功的。问题是你必须提出独特的理由，表达出全新的概念，能够第一个打入预期顾客的头脑中，那就是定位的成功。“农夫山泉有点甜”、“白加黑”感冒片、“喝了娃哈哈，吃饭就是香”、妙士饮料告诉你可以感受到“初恋的味道”都是这类成功的典型实例。

(二)寻找市场空白

所谓市场空白，就是指存在着消费者的某种现实明确的需求而又没有商家去满足这种需求，而寻找的方向又主要停留在物质需求领域。要知道，我国短缺经济的时代已经过去了，现在面临的是生产过剩，寻找这样的市场空白可谓是枉费心机。营销者必须用一种新的思维激发消费者的潜在需求，才能使某种消费者群产生购买欲望。

在特定的情况下，现成的市场空白有时也能发现，可是很快就会引来一批竞争者，这个市场最终也不一定属于你。比如，VCD是万燕最先制造出来的，可最后万燕并没有占领这一市场，因为许多实力更强的企业马上跟进来，并很快将这一市场夺走了。

(三)对象空泛

定位所针对的对象不能理解为自然群体，而应当是需求群体。例如简单地定位为老年人或青年人，或者定位高消费阶层，这对于某种产品或服务而言，只不过是一种假设群体，而并非是现实群体。这虽然比起“用一种产品去满足所有人的需求”的做法缩小了范围，但仍然不够具体，因而定位不可能会成功。

定位应当以客观存在的需求差异为依据。比如都是老年人，如果在某一点上存在着共同需求，就是同一消费群体，而在需求上有差异就不是同一消费群体。以买房子为例，同属于高消费层，就可以分为有权、有钱、有闲的不同特征，在销售策略上就不能同等对待。同是有钱，还会有劳动所得和暴发户之分，袁隆平靠科学研究为人类做出突出贡献获得重奖与有人买彩票得了重奖,也许在某些心态上是一样的,但如果想买房子他们一定不愿意住在一起。

(四)一厢情愿

定位应是与消费者沟通的成果,应当是理解消费者的产物。定位理论在于倡导自下而上的营销,如果仅凭主观愿望进行定位,就违背了定位理论的宗旨。而许多企业的定位恰恰在这一根本问题上出现了偏差,他们假设消费者都是缺乏头脑的人,只要他们告诉消费者应消费什么和怎样消费,消费者就会遵从他们的意愿采取购买行动。最典型的例子就是"今天流行第五季"的广告。从电视画面上看,是一些穿着古怪、动作夸张的青年,大概是被称为"新新人类"的青年人,那就是厂家定位的对象。而这类人恰恰是社会的叛逆者,你告诉他们什么流行他们就会认同吗?可想而知这种定位是不会得到有效回应的。

(五)对象错误

【案例】"海王金樽"作为一种护肝解酒的保健品最初于1996年由海王药业研制成功,但由于种种原因在当时并没有上市。六年后,随着海王集团的重新浮出水面,"海王金樽"终于面世了。海王金樽的上市,在当时是一个具有"脑白金"般气势的大策划。由著名策划人操刀策划,央视等各大媒体巨额投入,销售渠道轰轰烈烈的配合,实实在在的"大手笔"。但半年过去了、一年过去了、两年过去了,投资者所期待的"大回报"却迟迟没有出现。

定位对象不当是其中的主要原因之一。难道解酒药不该卖给喝酒的人?问题不在这里,问题在于"市场不够大"。

"海王金樽"所定位的对象是成功人士(专家、学者、白领、企业家等),从创意的初衷来说是为了对接其较高的价格定位。这是一个简单的三段论:为了企业较大投资回报的预期,需要制定高的价格策略;成功人士有足够的支付能力且更加注重健康;所以,以成功人士做为目标市场,而其他阶层将跟随成功人士的消费习惯(即理想消费)形成一个庞大的潜在消费趋势。但这是一个异想天开的假设。

爱喝酒的人,享受醉酒,不需要解酒,就算有个万一带在身边也不方便;不常喝酒的人更觉得带着麻烦;还有就是不得不喝酒的,也就是成功人士的“应酬”，但随着中国酒文化的变革，营养健康的酒产品正逐渐成为消费主流，以往吆五喝六的情景在成功人士的酒局上已经越来越少见了，用得上的机会也就没有以前多了。

同时，“海王金樽”的广告将其诠释为一种灵丹妙“药”。但经过简单的消费心理分析就可以得出一个结论：人类需要“药”，但对“药”又天生的抗拒，因为“药”是和“病”联系在一起的。“脑白金”的聪明之处就在于它被定位于“礼”而不是“药”。“礼”体现的是价值，而“药”体现的是一种补救结果、短期利益。

六、市场定位的艺术——借力

当你还是小品牌，并和成千上万的小品牌一起被淹没在品牌堆里的时候，你怎么办？虽然脱颖而出是每一个品牌的期望，但是做起来都感到非常之难。那么怎样才能使你的品牌脱颖而出呢？

笑星潘长江在一个小品中这样说：“别看我个子矮，历史上很多大人物都不高嘛，你看希特勒、拿破仑、潘长江……”虽然是一句笑话，但是却揭示了一个道理，那就是——有时候借力的作用也是不小的。

【案例】艾维斯出租车公司从1952年成立至1962年10年间一直亏损，到1962年底亏损已达125万美元。而行业里最厉害的，瓜分了全部市场份额1/4的是Hertz(赫兹)出租车公司。艾维斯公司经过周密调查，反复研究，提炼出自己的新定位：We Are No.2(我们是第二)。艾维斯的新定位极大地吸引了广大消费者，艾维斯广告宣传中诚恳、自谦的精神赢得了消费者的信任和赞扬。同时，公司内部全体员工的思想和行动也得到了空前的统一，每一个人的工作都更加努力。于是，艾维斯自称“第二”，结果却出现了努力拼搏争第一的局面。

【案例】众所周知的美国七喜汽水，就是通过借力强势品牌，而一跃成为与可口可乐、百事可乐两大全球软饮料品牌齐名的品牌。七喜品牌刚诞生的时候，只不过是一种普通的汽水而已，和众多的汽水一起被淹没在品牌的海洋中。

试想，如果七喜汽水依照传统的营销策略运作的话，虽然也可能成为一个销势不错的品牌，但是要想成为与两乐齐名的知名品牌，简直就是“不可能完成的任务”。因为,两乐在美国软饮料市场上占据了不可动摇的霸主地位,在当时美国消费者的脑海中,可口可乐和百事可乐已经成为理所当然的软饮料的代名词。它们的品牌形象和产品卖点,已经在消费者的脑海中构成了坚固的不可抗拒的壁垒。

如果七喜采用传统的品牌建立和提升策略的话,就算是耗资巨大也于事无补,依旧难以与两乐抗衡。七喜没有轻言放弃,因为它知道,作为一家碳酸饮料企业,如果不能在同行业里干到前三名的话,那么今后的日子将是非常可怕的。

为了成就强势品牌梦想,七喜高层联合世界著名咨询公司的强劲外脑,对品牌的推广和提升策略进行了无数次的研讨。经过对消费者大面积的调查和研究之后,七喜想到了借力两乐搭建好的梯子往上爬的策略。

七喜汽水决心采用区隔认知策略,将碳酸市场分为两大块,尝试成为可乐以外的碳酸饮料的第一品牌。从发起总攻的那一天开始,消费者的视觉、听觉、触觉和感知都同时收到了一个简单清晰的信息:七喜是非可乐饮料。七喜汽水实行非可乐战略,让消费者一下子就认知到了非可乐碳酸饮料市场的存在。你不是可乐吗?消费者不是也认为我们是可乐的追随者吗?那么好,我既不是可乐,也不和你争抢碳酸饮料的排名。我是非可乐的时尚汽水总可以吧!

首先,消费者会认为我们是有别于可口可乐、百事可乐的饮料,那么我就占领第三的地位了。在非可乐饮料领域呢,对不起,在这块儿,我说了算!消费者会认为我们是第一。

同时,通过非可乐的定位又与两乐区隔开来,更凸显出七喜另类的品牌个性。在人们的脑海中,七喜成为了仅仅名列在可口可乐和百事可乐之后的第三大软饮料品牌。而七喜的非可乐定位透射出的另类的个性化情感色彩,又超然于两乐之上,独具一格,成为广大消费者脑海中一个全新的饮品概念的第一位。七喜成功了,自从1968年采用借力策略之后,七喜的销售业绩可以说是有了突飞猛进的增长,当年的销售额增长率就达到200%以上。

【案例】在“商务通”还没有诞生的时候,手机和呼机经过几年的市场普及，最终成为了在人们生活中必不可少的商务生活工具。

但是，1998年“商务通”诞生时，它只是一个不为人知的“冷百货”。怎样迅速地把商务通推广给消费者，并让他们顺理成章地接受这一新生事物，就成了一个大难题。其中最大的难点就是定位问题：掌上电脑到底是什么？它能给消费者带来的最大利益是什么？这个问题必须说清楚，否则便很难给消费者一个消费的理由。

经过一番冥思苦想后，作为恒基伟业创立者和重要决策人的孙陶然与他的伙伴们，终于构思出了一个前所未有的创意——借力手机和呼机进行定位。于是，恒基伟业提出的“科技让你更轻松”的理念和“呼机、手机、商务通，一个都不能少”的口号便家喻户晓了。由此，竟然把一个“无中生有”的东西变成了一个叫做PDA的行业，在中国市场上书写了一个神话。

原因很简单，它通过借力定位策略，为消费者构思了一个延续和提升现代商务生活方式的链条：呼机找到你—手机与你沟通—商务通让你的商务生活更轻松。成功地把自己的商务通与手机、呼机等人们必不可少的通信工具联系在一起，使人们将商务通与手机看成是一个等级的产品，成功地为“商务通”找到了品牌落地的位置。

第七章 产品策略

产品策略是市场营销4P组合的核心，是价格策略、分销策略和促销策略的基础。从社会经济的发展看，企业生产与社会需要的统一是通过产品来实现的，企业与市场的关系也主要是通过产品或服务来联系的。从企业内部而言，产品是企业生产活动的中心。因此，产品策略是企业市场营销活动的支柱和基石。

第一节 产品基本知识

一、产品的概念

企业的一切生产经营活动都是围绕着产品进行的，即通过及时、有效地提供给消费者所需要的产品而实现企业的发展目标。企业生产什么产品？为谁生产产品？生产多少产品？这一似乎是经济学命题的问题，其实是企业产品策略必须回答的问题。企业如何开发满足消费者需求的产品，并将产品迅速、有效地传送到消费者手中，构成了企业营销活动的主体。产品是什么？这是一个不是问题的问题，因为企业时时刻刻都在开发、生产、销售产品，消费者时时刻刻都在使用、消费和享受产品。但随着科学技术的快速发展，社会的不断进步，消费者需求特征的日趋个性化，市场竞争程度的加深加广，导致了产品的内涵和外延也在不断地扩大。

以现代观念对产品进行界定，产品是指为留意、获取、使用或消费以满足某种欲望和需要而提供给市场的一切东西（菲利普·科特勒，1997亚洲版）。电视机、化妆品、家具等有形物品已不能涵盖现代观念的产品，产品的内涵已从有形物品扩大到服务（美容、咨询）、人员（体育、影视明星等）、地点（桂林、维也纳）、组织（保护消费者协会）和观念（环保、公德意识）等；产品的外延也从其核心产品（基本功能）向有形产品(产品的基本形式)和附加产品(附加利益和服务)拓展,即从核心产品发展到产品的三个层次。

二、产品的层次

产品一般分为核心产品、有形产品和附加产品三个层次。核心产品即顾客的最终需求。有时客户买东西,嘴里说的往往只是一个产品的名称,但他的需求可能不是这样。比如客户到DHL(快递公司),要求尽快把他的信送出去。表面上他们所谈的是快递,其实他真正要求的是速度,让对方尽快收到他的信息。至于这个工作收多少费用,怎么送出去,都是次要的问题。同样,顾客买奔驰车时,奔驰的外型如何?里面的装潢怎么样?有没有红外线遥控?是不是真皮椅等各方面的情况理应都是顾客所关心的,但顾客最关注的只有一个,那就是尊贵。

(一)核心产品

核心产品是顾客购买某种产品时所追求的基本利益,即顾客所要购买的实质性的东西。现实中,顾客购买某种产品,并不是为了拥有这种产品的实体,而是为了透过产品的消费满足自己的核心需求或欲望。例如,人们购买化妆品要满足的核心需求是护肤和美容,即对美的渴望和追求。有鉴于此,营销人员的任务,就是要发现隐藏在产品背后的真正需求,把顾客所需要的核心利益和服务有效地提供给顾客。

【案例】上海有一家香港人开的“烧鹅仔”餐厅。这名字一听就知道是卖鹅肉的,据店主——一个香港老板说,世界上有两种动物是不得癌的,一个是海里游的鲨鱼,一个是陆地上跑的鹅。老板说出了鹅的核心利益,客人热衷于吃鹅肉正是冲着它的不得癌。鹅肉是不带癌的,中医药研究的结果也证实是如此。

(二)有形产品

有形产品是可以看得见、摸得着的,是指产品满足顾客对核心产品需求的载体。我们去买东西,销售员讲的都是有形产品,即东西是什么规格和样式?功能如何?品牌叫什么?外包装是否漂亮?这些都是有形的。有形产品不是客人真正需要的东西。如买照相机时,照相机和胶卷都是有形产品,而它的核心是回忆,是人生的一个记忆。胶卷冲出来的是否非常清晰、漂亮，照相机是否能真实而完美地捕捉他的瞬间，而且留下一个很好的光影，这才是他真正想要的回忆。如果忘了这一点，光是滔滔不绝地说照相机多便宜，胶卷多好，能冲洗出多少张等，是不会有太好效果的。

（三）附加产品

附加产品是指顾客通过购买产品可以得到的附加服务或利益，主要包括提供信贷、免费送货、安装、保养、退换以及其他售后服务，等等。这是产品的第三层，是附带的。

【案例】有时候，客户消费的目的不是产品本身，而是它代表的象征意义。中国有多少家白酒厂？很少有人知道，21000 家。这么多人喝白酒，真的是为了那个白色的液体吗？不全是，喝酒要有一种文化，即酒文化。

“庐州老窖 1573”现在是一种品牌，但庐州老窖把这个品牌打出来时，没有多少人知道它代表的真实意义。也许他们宣传的不够，反正很多人没注意。实际上，1573 年恰好是明朝万历皇帝登基的日子，那一年正好天下开始造酒，所以庐州老窖就开了它的窖室。这就意味着这个酒已有 400 多年的历史了。因为一个窖室不能空 3 个月，空 3 个月以后这个窖室就失效了。这也证明了从明朝万历皇帝以来，到满清入关，到清初三盛（康熙、雍正、乾隆），到嘉庆和道光，一直到光绪和宣统，到民国初年的北伐和抗日战争，一直到今天，庐州老窖的那口酒窖，从来就没有停过 3 个月，这种酒难道不值得一喝吗？

水井坊，从元朝、明朝、清朝到现在的古窖群，号称中国白酒第一坊，比庐州老窖的历史还悠久。四川宜宾的五粮液也说它有 100 年的历史。虽然这些都是商业炒作，但也说明了人们喝酒，喝下的是酒文化，而不仅仅是一种白色的液体。

其实每一种酒都有它的文化，山东的琅邪台、孔府家，贵州的茅台，山西的汾酒，等等，或多或少地也都各自有它的酒文化，大家都在做酒文化，其实就是在衬托它的核心。只要说的是文化，就会觉得喝下去的是一种文化。

不同的产品，其三个层次的分布是不一样的。如果你的产品核心产品占的比重小，那么有形产品和附加产品占的比重就会大。比如可口可乐更多的不是卖核心产品，而是卖有形产品和附加产品。

一般来说，核心产品较量技术，有形产品较量服务，附加产品较量体验。附加产品包括人员的素质、店面的设计、品牌的形象，等等。这就是为什么跨国公司花那么大的力气，培养他们的职业经理人，培养他们的业务人员，因为他们希望公司员工站在用户面前的时候，有一种专业的形象。只有这样，它才能赢得客户的信任。现在很多做保险的，之所以很难打动客户，其实不是保险条款的问题，而是业务人员的素质问题。你能够明显感觉到他们是急功近利为了完成任务而来，不是为客户创造价值而来，这是人员的素质决定了产品整个价值的不高。

房地产也是一样，一般卖房子的业务员要求有一定学历，为什么？因为房子是非常重要的投资，价值也比较高。如果这个业务人员我觉得不可信，我不会将几十万上百万的钱给这家公司。所以说对于不同的产品，人员素质在里面占的比重不一样。可口可乐不会在人员上下多少工夫，但是许多产品跟人有关系，比如传销之所以能够成功就是因为人，但到一定程度出问题也是因为人。

【案例】现在越来越多的行业开始进入体验经济，星巴克、麦当劳、肯德基等都是。迪斯尼也是典型的体验经济，花钱买体验。好在哪里呢？你也说不出来，只是觉得开心，在这里玩一天过瘾。将来会有越来越多的行业进入体验经济。如果你是一个商场，你的大环境、空调温度、道路的宽窄等，人的体验都是不一样的。当然穷人体验更多的是产品便宜，不管多么脏多么乱；但富人不一样，富人说我买东西是享受。北京有一个燕莎，口号是“购物是享受，享受在燕莎”，将购物当做是一个享受。既然是享受，就得多掏钱。你去公园得掏钱，去游乐场所、娱乐场所都要花钱，在这个场所花钱买贵的东西就变得理所当然了。同样的东西，到燕莎买多少价格，到其他地方买多少价格，你会发现为什么燕莎的日子过的那么好。有人觉得到燕莎购物是傻，其实等你有了这么多钱，就不觉得了。

三、产品的卖点

当你走投无路时问这样一个问题,一个最基本的问题:这个产品究竟卖什么?有人说了冰淇淋卖的不就是清爽和解渴吗?大家想想卖饮料的厂家有没有做过这样的广告,说可以使你从渴到不渴?有没有汽车厂家做广告这样说我的汽车好,能够将你从广州拉到深圳?

宝马卖什么?宝马卖的是速度和感觉。它的广告语是"听,风声"。后来我想坐拖拉机也有风声啊,但是他一说出来,就变得与众不同了,这样一说就卖掉了。奔驰卖什么?奔驰只能卖后座位,所以有一句话,宝马卖给开的人,奔驰卖给坐的人。沃尔沃卖什么?它发现有5%的有钱人特别珍惜生命,于是他卖安全。有一次笔者坐在沃尔沃车上,司机开的非常快,我说你开慢点吧!他说没有事,这车安全。他就是将这种感觉买出来了。

有的人跟笔者说喝可口可乐是因为经饿,怎么会这样?他们说:"我们这些人上班都很紧张,一不注意就过了吃饭的点,喝了可口可乐马上就不饿了,能够撑45分钟。"我问一个大夫,大夫说:"很简单啊!饿了就低血糖,可口可乐里有很多糖分,而且有很多二氧化碳,可以将胃撑起。同时可口可乐里还有咖啡,可以刺激你,这样还真的可以撑45分钟。"

有一次笔者坐飞机,旁边一个老太太特别紧张,担心飞机掉下去。为什么呢?她说连坐垫都搞不好怎么可能将发动机搞好。后来我跟乘务员说,回去之后抓紧时间将坐垫洗干净。人类其实是感性的动物。人类不理性,为什么国家需要法律?法律是将感性引导到理性层面。我分析过世界上著名的大事件都是没有道理的,比如说一次大战、二次大战,都没有道理。日本人打中国人,有没有道理?也没有道理,就是因为看着不爽。

(一)产品的三个卖点

那么,产品都有什么卖点呢?我们认为有三个:卖产品、卖服务、卖思想。

1. 卖产品

卖产品最好理解，一手交钱一手交货，但下次还会不会买你的？不一定。我们来看一个卖产品卖得比较好的案例。

【案例】出奇制胜，鳌头独占——精工打败欧米茄纪实

瑞士的欧米茄是享誉世界的老牌钟表，曾创下17次独占奥运会计时权的记录，奥运会上从大的时钟到裁判员手里的秒表，无一不是出自欧米茄。20世纪60年代初，当国际奥委会宣布1964年奥运会在日本东京举办时，日本精工集团决心借机显示实力，向瑞士名牌“欧米茄”挑战。为了摸清对手，精工集团秘密组成了一支干练的考察队伍奔赴当年的罗马奥运会。经过仔细调查，他们发现，所有欧米茄的计时装置，几乎都是机械表，而石英钟才几架，而当时精工集团已成功地开发出能赶上瑞士的超常精确度机械表，并且受到国际好评。所以考察队的技术人员便不再有畏惧心理。

为在东京奥运会上取代欧米茄，精工集团调来几十名技术精英组成了计时装置开发组。开发组的宗旨是“制造比罗马奥运会更先进的计时装置”，然后在3个公司之间做出具体分工。3家公司必须拿出各自的优秀技术在有限的时间里完成高技术的产品。

精工集团果然不负众望，成功研制出一架世纪级的最新产品——石英表951二型。它重量为3公斤，平均日差0.2秒，裁判可以用一只手轻松地携带，而且可以凭借两只干电池运转1年时间，同以前一部小型卡车大小的石英表相比，技术上确实向前迈进了一大步。国际奥委会了解了951二型表的性能后，同意精工集团为东京奥运会提供计时设备。精工集团由此战胜了欧米茄。在1964年的东京奥运会上，精工表大展风采，赢得了各方赞誉，成为日本产品的典范。然而，东京奥运会上的失利并没有使瑞士钟表承认自己的失败，直到纽约蒂尔天文台的再次失利，瑞士人才深刻领教了精工的厉害，在事实面前不得不俯首称臣。

而精工集团并没有满足于现状。此后，它开始研究开发石英电子钟表。1969年，精工将世界首创的石英电子表投放世界市场，随即又推出显示式电子表。尔后，又推出了多功能手表、电池式晶体管钟、长

时间运行的钟表等。由于计时准确、价格便宜,加上新产品层出不穷,石英电子表开始成为普及品。在海外市场上,精工表竞争力大增,市场占有率不断提高,瑞士手表处于被动地位。

以此为基点,精工开始了新的战略攻势,推行密集型发展策略,多品种、小批量生产,以适应顾客的不同需要。从低级到高级,拥有包括机械式、数字式、带摆式等,共800多种款式的钟表。到1981年精工公司在其成立100周年之前已经成为全球第一大手表制造商。1985年,精工共卖出6000万只手表,占全球市场的15%。精工手表销量跃居世界第一。

精工集团吸引最新的技术成果,向钟表生产的自动化方向发展。20世纪80年代,精工公司已拥有一条由47部机器人组成的生产线,每月生产10万只高档手表,这些机器人都是由精工公司自己制造的。机器人的工作处在中央电脑的严密监督之下,保证不出丝毫差错,这种技术在当时的钟表制造业中独占鳌头。

我们中国的很多企业、很多营销人员,其实都是在卖产品。当然,卖产品本身也没有什么错,关键的是你有没有自己的核心竞争力?有没有比竞争对手更好的卖点?

2. 卖服务

卖服务就是卖产品的同时承诺什么样的服务,保证在产品的生命周期里更好的使用。在美国卖汽车的利润率连1%都不到,基本上卖车是不赚钱的,但是卖车之后的服务是赚钱的。但是中国现在是卖车赚的钱多,所以很多人去卖车了。过不了几年,竞争一激烈,就会发现卖车不赚钱了,投了巨资去卖车的人可能会发现赚不回钱了。

【案例】IBM,即国际商业机器公司,1914年创立于美国,是全球最大的信息技术和业务解决方案公司。IBM是全球IT第一巨头,人称“蓝色巨人”。长久以来,IBM就是计算机的代名词。IBM无论在美国国内,还是在世界上,都取得了极大的成功,有着极其深远的影响。

IBM成功的经验之一就是对用户的服务精神。IBM有一条著名的广告是“IBM就是服务”。他们始终坚持这样的原则:公司销售的不仅仅是机器,还有最佳服务。这种服务不仅体现在良好的售前服务,而且体现在完美的售后服务。他们认为，把产品包装好销售出去，仅是服务的开始。在这以后，公司要实时同用户保持联系，提供用户需要的各种维修和服务。

为此，IBM 建立了一整套有效的通信系统，以保证在 24 小时内解决用户提出的一切问题。有一次，美国亚特兰大的兰尼尔公司所用的 IBM 主机发生故障，IBM 公司在几小时之内请来了 8 位专家，其中有 4 位来自欧洲，一位来自加拿大，一位从拉丁美洲赶来，及时为用户排除故障。

为了让顾客感觉自己是多么重要，无论客户有什么问题，一定要在 24 小时之内解决，如果不能立即解决，也会给予一个圆满的答复。如果顾客打电话要求服务，通常会在一个小时之内派人去服务。

有这样一个服务小故事：一位在菲尼克斯工作的女服务代表，驾车前往某地为顾客送一个小零件。谁知本来 25 分钟的路程却变成了 4 个小时的“爬行”。原来，瓢泼大雨使小河成了横冲直撞的急流，通往目的地的 16 座桥梁只剩两座可以通车。这个代表担心误了顾客的工作，于是找到一双旱冰鞋，抛下汽车，一路滑行，为顾客雪中送炭。

IBM 总是把为顾客解决难题，特别是为顾客解决那些具有挑战性的难题，作为 IBM 生存活动的一部分。

“IBM 就是服务”成为一句响彻全球的口号，是 IBM 企业文化精髓之所在。IBM 的服务体现于诚、信、情、礼中，形成了一套 IBM 的企业文化，它已向人们清楚地证明：服务是企业最佳管理的一把利刃，是企业信誉的关键因素。

3. 卖思想

卖思想就是告诉消费者什么是最重要的。大家说，在房地产行业公认的选择房子的最重要的要素是什么？位置。所有的房地产开发商都在喊买房子要看位置，这是大家的常识。而卖思想就是要改变人们的思想。

【案例】北京有一家房地产公司是中等房地产公司，位置也是马马虎虎。那么怎么去卖呢？于是想到卖思想，想到了健康环保。他们首先进行调查，得到了两组数据：中国因为装修污染和家具污染一年死多少人？十万人。因为这两个原因，导致小孩患白血病的一年有多少人？一百万人。所以每年中国因为新房的入住，买了新家具，制造了一百万白血病的患者，都是小孩。因为国家没有标准，到现在很多房地产开发商，其实推出的房子都是不合格的。

于是他们找到北京市环保检测中心将这个楼的楼上楼下每套房子都检测一遍，结果全部合格。然后他们开始宣传，告诉客户比位置更重要的就是健康环保。一个房子再漂亮，看起来再好，如果里面充满了危险，你觉得这是你的理想选择吗？他们承诺客户，入住的时候给一份环保检测合格证。并且将两组数据放在显著的位置，让大家知道中国一年因为装修、家具污染死了多少人，有多少小孩得了白血病。

大多数的家长一看问题这么严重，每时每刻都在死人啊！这时候消费者的注意力就转移了。每当有客户来看房子，他们就说："入住的时候我们给你一份环保检测合格证，北京市环保检测中心盖的章，买不买我们的房子不重要，但是买谁的房子都要这样一个证，可以保障家人的健康。"

好了，这些人看完房子到其他楼盘去了，但是没有一家给这个证的。所以他们就得出一个结论，其他的房地产开发商都没有良心，只顾卖房子不顾业主的死活，所以又回来找他们。本来他们计划到12月底卖完房子，但是不到10月所有的房子都已经卖完了，为什么？就是因为用户认同了他们的优点，知道了环保的重要性。周围的房子可能又便宜又大又朝阳，但是没有一个人答应出这个证的。用户一旦知道了环保健康的重要性，环保健康的概念就会在他的脑子里放大，知道这个东西是最重要的。既然是最重要的，你的东西就会增值。

做营销的最高境界就是卖思想，当然卖思想的前提是你的产品有创新，有与众不同的地方。如果他们没有这张合格证，就卖不了思想。你不能忽悠，瞎说房子是环保绿色的。没有用的，一定要有证据，要有证明，这个时候才有说服力，大家才会接受这样的诉求。

另外卖思想，就是要为部分人服务。你不可能打动所有的人，有的人可能还是要漂亮、气派，污染放一放可能自己就过去了，"虽然死了这么多人，但是可能不会摊到我的头上"。所以说卖思想并不难，关键是你要先知道什么是卖思想、怎么卖思想?

(二)卖点的探求

卖点是一种营销的创意,是营销智慧的闪光点。卖点作为一种创造性的成果,就不能按固定的模式去思考,而应当充分发挥人的想象力。但是卖点的获得也可以总结出一些规律来,遵照规律容易发现卖点。

1.突出某种产品性能可以产生卖点

有的时候并非产品的功能越多越好,功能过多很可能淹没了产品的个性,使其失去了独特的吸引力。重新整理一下,将某一消费者最感兴趣的功能突出出来,就会是一个卖点。日本任天堂公司原本只是一个生产扑克牌的小厂,他们发现日本正在兴起电子游戏机热,可市场上所卖的都是多功能的。有些人就想玩游戏,并不需要其他的功能。于是,任天堂就研制出了能用于家庭、操作简单而价格便宜的游戏机。打出的广告语是:“我们的游戏机只有一个功能,就是玩游戏。”就凭这一点,任天堂成为世界上知名的大公司。

虽然很多人对脑白金的销售做法一直存在着争议,但有一点是肯定的,那就是它的销售非常好。因为别的保健品都在强调保健品的功能,有的则只是一般性地强调送礼,而脑白金则突出了被别人忽视的一点,那就是送给父母。任何保健品都不会立时见效,惟有送给父母立时见效,因为父母对儿女所送来的东西总是有一种别样的心理感受。

2.针对竞争者的缺陷可以产生卖点

卖点从本质上是迎合消费者的需求,而实际操作过程则是要占据消费者头脑中的位置。要实现这一过程需要有个参照体,那就是竞争对手,从竞争对手存在的缺陷中产生自己的卖点。伊莱克斯冰箱之所以能成功地打入中国市场,就是在于它针对中国国产冰箱制冷效果不错但噪音较大的缺陷,提出静音冰箱概念,并宣传产生的声音就像撕一张纸的声音。

竞争者为了突出他的卖点,就要在传播中强调他的卖点,这实际上也就提示了人们,他在另外一面存在着缺陷。当香烟厂家强调所生产的香烟过滤掉了尼古丁,可能就会使抽烟的人有烟味不足的感觉;当厂家强调价格便宜时，消费者可能会得出档次不高的结论；当纯净水的生产厂家强调纯的时候，乐百氏的广告甚至告诉你过滤了27层，于是就露出了严重的缺陷，太纯会连矿物质一起过滤掉，那么抓住这一点就有了强调自己是天然水的“农夫山泉有点甜”，这无疑是一个成功的卖点。

3.为消费者提供情感利益会产生卖点

人们不单单存在着物质利益，还存在着情感利益，能为消费者提供情感利益，那么就有了卖点。在故宫前面所搞的“三高”演唱会，最贵的一张票达到要4000美元，最便宜的也要4000元人民币。有人进行了统计，大多数的人根本听不懂，但人们在这里获得了一种特殊的心理体验，在生活中获得了一种特殊的经历，人们会认为这钱花得“值”。如果你在销售上所做的一切拨动了消费者情感的心弦，那么你就有了一个卖点。

（三）卖点的强化

1.提高传播频率

卖点在提出之后，就要想法通过各种手段反复出现，以使其在消费者心目中留下深刻的印象。据权威部门进行调查统计，电视广告中评价最差的广告是脑白金，可记得最清楚的也是脑白金。我们并不一定同意脑白金的传播手法，但有一点是肯定的，提高传播的频率能加深人们的印象。

2.将卖点简单化和形象化

明确的卖点才会产生强大的冲击，将卖点简单化便于传播，也便于消费者记忆。只要看过雀巢咖啡的广告，就一定能记住“味道好极了！”这句话。意可贴的广告“治疗口腔溃疡，一贴OK”，卖点同样简单形象。能使卖点表述简单的人并不简单，因为任何科学都是用复杂的思维创造简单，使卖点简单化是一项销售成果。

3.卖点的强化需要煽情

人们为什么讨厌空泛的说教？因为其中缺乏真情，人们为真情所感动才会产生深刻印象。在这一点上纳爱斯雕牌是成功的。当下岗女工找不到工作，拖着疲倦的身躯、带着失望的神情回到家里时，只见女儿扑过来，告诉妈妈“我会洗衣服了，只用了一点点雕牌洗衣粉就洗干净了”。女儿的举动给妈妈带来了一丝快乐、一丝安慰、一丝希望，而“只买对的，不买贵的”的卖点给人的印象也变得更加深刻。

4. 卖点的强化还可以适当地将差异夸张

经过夸张会使卖点变得很形象。这种夸张是一种强调，而不是夸大事实，也不是一种欺骗。在没有看到海飞丝的广告之前，人们并没有意识到去头皮屑有多么重要。而螨虫香皂则把原本看不见的螨虫在显微镜下的形象呈现给消费者，使人顿时觉得自己脸上紧张起来。而伊莱克斯电冰箱则是告诉你“冰箱的噪音你要忍受的不是一天、两天，而是10年、15年”，这会让你意识到买他的静音冰箱是多么的重要。

(四)卖点失败的原因

任何卖点的提出都有其要实现的目的，但这种目的不过是一种主观愿望，由于种种原因卖点的目的并不能实现。将这些原因分析出来，使人从主观上意识到在提出卖点时应注意什么，就可以避免失败。

1. 力图改变消费者固有的观念

人的固有观念是经过长期的生活体验而形成的，绝不会轻易改变，如果你想直接去碰撞，只能遭到顽强的抵抗，卖点是不会被接受的。一家经营西服的公司，竟然提出“谁说不能穿着西服打篮球！”广大消费者认为西服是在庄重场合的服饰，而穿西服打篮球也不舒服。因而这样的卖点就无法实现预想的目的。

当然，消费者也是可以说服的，但一定要利用其头脑中已经形成的观念给予启发，让其自己意识到新观念的正确，如此才能获得成功。

2. 重复别人的卖点

第一个提出某个卖点的人是天才，跟着后面模仿的人则是庸才。可是在商业上存在着认同的风气，所谓“傻子过年看街坊”，表达出来的东西就显得平庸而可笑。“白加黑”感冒片无疑是成功的佳作，可另一家药厂生产的感冒片叫“蓝加黄”，使人感到的是一种无聊。卖点是创造的产物，其魅力也在于此。重复别人的卖点没有任何创意，因而效果也会适得其反。

3. 卖点漂移

卖点是聚焦的产物，是集中一点产生的效应。如果从这一点上漂移开,原有的效力就会消失。"小糊涂仙"是一项成功的营销策划。因为它抓住了一个很好的卖点,那就是"难得糊涂"。可在销售成功之后,厂家又推出了"小糊涂神"、"小酒仙"等一大堆糊涂产品,那么难得糊涂就会变成一塌糊涂,假糊涂则变成了真糊涂。这就告诉我们,经营者要对自己的成功产生理性认识,否则一时的成功对企业的持续发展并没有意义。

4. 卖点固化

任何卖点都是在特定的环境下提出来的,随着形势的变化卖点就需要进行调整,如果跟不上变化,卖点就不再有效。"大宝"护肤品原来的营销策划是成功的,定位为工薪阶层,提出"大宝天天见",使产品迅速打开了销路。可是厂家没有意识到它所定位的销售群体随着时间变化而慢慢地分化了:现在中小学教师、公务员、公司职员这些"工薪阶层"的收入已有了相当幅度的提高;而有些不景气的国有企业,大量工人下岗,在岗的收入也很微薄。因而提高了收入的人对护肤品的消费有了更高的要求,而收入减少的人可能不再消费护肤品。

卖点应是经营者超越自我的产物,一旦固步自封,失去了创造的激情,那么卖点也会随之消失。

5. 卖点缺乏支撑

这里所说的支撑就是信誉。卖点表达产品和服务的特征,同时也是企业对消费者的承诺,失去了信誉,那么卖点中就隐藏着欺骗的动机。有一种洗衣粉在电视上做广告:小孩吃炸鸡满手是油,用油手拥抱妈妈,在妈妈裙子后面留下了两个大油手印,用这种洗衣粉一洗手印全消失了,卖点在于这种洗衣粉可以洗掉油污。有个孩子看了电视广告,真用油手去抱妈妈,可当妈妈用这种洗衣粉在洗油手印的时候,怎么洗也洗不掉。当电视播出这一情景后,原来的卖点成了笑料。

6. 诉求点错位

仅从主观上提出卖点是不够的,这个卖点还要被消费者所认同,还应是消费者的诉求点。

【案例】景德镇有一家有名的瓷器厂,可生意做得不好,总经理对佛山等地生产的瓷器很不服气,他说:"我们的瓷器可以烧到200度,然后再放到凉水里都没事!”请问有谁买了瓷器烧热了再放到凉水里,消费者有这样的需求吗?这确实是一种产品特色,但它不是卖点。

【案例】西门子冰箱表明冰箱温度可以精密控制,控制的误差可在正负0.1℃以内。虽然这也是中国冰箱不具备的功能,但消费者对这种功能并没迫切需求,由于没有形成卖点,因而在市场上的销售效果并不好。

【案例】春都集团曾生产一种保健品叫“养命宝”,他们的广告词是:“人老心不老,请服养命宝。”结果在市场上遭到了冷遇,一调查才知道,消费者得出的反应是老不正经的意思。这就告诉我们,虽然卖点体现在企业的产品和营销策略中,但它绝不能是凭主观想象产生的,而应当是与消费者沟通的产物。

第二节 产品策略的应用

一、重视产品质量

市场竞争的焦点是赢得顾客,而顾客最关心的、能激发其购买动机的敏感点,就是以产品为中心的质量问题。中国社会调查事务所进行的一次社会调查显示,当问到:“你认为什么是名牌?”90%的人回答:“产品质量好!”这说明了消费者最关心的是产品质量。质量体现着产品价值,而要了解质量的价值,就要加深理解在市场竞争中质量的内涵。

(一)质量是一种标准

质量不是个抽象的概念,组成它的是各项可以量化的指标,它需要通过明确的标准和规范表明它的价值。这里来不得半点含糊。以生产便宜箱包而闻名的河北省白沟提出要创名牌,可对于省技术监督局提出的三个问题:“第一,同行业质量达到了什么水平?你排第几?第二,你与国际水平的差距在哪儿?第三,名牌的控制数据是多少?如密码锁开关多少次保证不坏?应承重多少?”他们全都答不上来。没有明确的质量标准怎能创名牌。

(二)质量是一种承诺

企业的市场魅力和社会影响力在于它的社会信誉,而信誉就是通过承诺获得社会的信任。这种信任不是来自企业的自我表白,而是广大消费者在与厂家接触和沟通中的体验,而获得这种体验的媒介则是产品质量。当然,产生这种社会信任需要很长的历史过程,因而需要企业为实现自己的承诺作出长期的努力。同仁堂之所以在社会上有着很高的信誉,就因为能一直坚持三百年的古训:“品味虽贵必不敢减物力,炮制虽烦必不敢省人工”。如紫金丹古传处方规定:煎煮药料要用金锅、银铲,用 100 两金条放在锅内与各种药料共煮。煎煮工作常常是在经理亲自监督下进行操作,不敢有半点差错,从而确保了产品质量。

(三)质量是一种形象

质量作为企业的竞争要素,之所以能在顾客心目中占据特有的位置,在于能体现出一种个性风格,而这种风格能在消费者心目中造成深刻印象,这就是质量形象。消费者形成某种品牌质量的印象来自多种渠道,因而产品质量形象要通过多方面的努力才能塑造起来。把一种质量好的产品导入到市场上与怎样在市场上树立良好的质量形象完全是两件事。消费者认定某种质量上乘的产品,是对多方面的感受而形成的概念。因而要想树立产品质量形象,企业需要从多方面做出努力。

基于产品质量是一种形象的理解,产品质量应是全面的概念,它包括内在质量、外在质量、包装质量和服务质量。就以包装质量来讲,无论是外包装还是内包装都会对企业的质量形象产生重大影响。有一家洗衣机厂生产的洗衣机造型美观、性能优良,可外包装不牢固,经过远程铁路运输,许多部位出现磕碰现象。当出现在柜台上时,整个质量形象就受到了损害。

内包装对产品质量形象的影响就更加明显,因为消费者正是从包装上获得了产品的第一印象。当年我们销往美国的紫砂茶壶,十个一组装在大纸箱中,里面再塞上纸屑和稻草。结果,运到美国后,人家一看箱子里有好多稻草,根本就不让往百货公司柜台上摆。没办法,只得到地摊上去卖。为什么?包装不行。如果是一等产品,二等包装,三等价值,那么再好的产品也会失去质量形象,而产品内在质量也就无法得到消费者的认同。

【案例】在柯达的专洗店里，员工会穿着标准统一的、黄颜色的制服。IBM是全球内对员工的服装要求最为严格的一家公司，它要求他的销售人员会见客户时，必须要穿西服，西服的颜色必须是深色，衬衫要穿白色的，领带要深色的，皮鞋只能是黑色的，而且必须要有鞋带。这样给别人的是一种很沉稳、干练、传统的感觉。

（四）质量是一种实效

质量最终是以某种实际效果体现出来的。要想提高产品质量从而提高企业的竞争力，需要解决两个问题：第一，了解消费者的诉求点。就是指消费者对产品质量最关心的内容是什么。如果某种质量对消费者并无实际意义，或者是一种多余功能，那么强调质量如何好便无意义。当年面对长虹电视机的价格攻势，有一些厂家片面强调自己质量好，不降价，结果在竞争中败下阵来。因为他们所强调的质量好并不能提供给普通消费者实际需要享用的效能，无法抵消低价的诱惑，当然也就失去了对消费者的吸引力。第二，关心消费者的利益。企业向消费者所销售的不应理解为只是某种产品，而应当理解为一种利益和功能。产品质量的实质内容是让消费者在付出同样价值的情况下更多地受益，产品质量应是消费者需要的质量。山东有一种十分受农民欢迎的农用汽车，这种汽车十分结实，载重量大，可速度比较慢。由于是在乡间的土路上搞运输，并不需要开得快，因此车速就不是农民关心的质量问题，因此卖得很好。

【案例】美国有一家公司生产"帅牌"挂锁，在电视监视下公开试验，请来著名射手杰姆·贝尔对准40把帅牌挂锁用杀伤力极强的狙击步枪射击，向每把锁中心开两枪，结果只有一把锁跳开。于是他们进行宣传说："在帅牌挂锁面前警察也无能为力！"这惹恼了田纳西州的警察，他们安排了一个新的试验，收集来各种挂锁与帅牌挂锁并列在一起，用枪逐个向锁心射击。结果，别的挂锁全跳开了，只有帅牌挂锁下面打烂了也没有跳。帅牌挂锁具有这样独到的特色，无可争议的就是名牌。

（五）质量是一种信仰

经营者绝不能以投机的心理对待产品质量，不好卖的时候很重视产品质量,好卖的时候就粗制滥造。如果这样做,可能不会影响一时的销量,但损害的却是企业的形象。从长远看,必然失去所拥有的市场,而失去市场的企业便失去了生存的条件。

优秀的经营者能从自己的体验中,将产品质量与企业的生命力产生联想,并作为一种潜意识存在于头脑中。因此,质量就成为经营者的信仰,主导着企业的一切经营行为。

【案例】有一家中日合资生产旅行包的企业,产品质量出了一些问题,中方提出按二等品、三等品处理,而日本经理坚持全部烧掉,因为他认为:“名牌产品没有二等品!”这种对待质量的态度,可以称之为不是宗教的宗教。当企业的经营者将这样的理念渗透给它的员工,就形成了一种企业文化,赋予了企业一种灵魂,对内形成了凝聚力,对外则形成了竞争力。

(六)质量是一种系统

作为企业强大竞争力的产品质量,在于超乎于同类产品之上,而且保持着极高的稳定性。造就这样的质量需要从多方面做出努力,是整合的成果,是系统的成果。

【案例】在一次广交会上,某公司的展台基本上没有什么人光顾。到了最后一天,有一位德国商人穿着该公司生产的衬衫从展台前经过,营销人员告诉他这是该公司生产的。德国商人讲这是150马克一件从香港进口的,在德国销路很好。于是就与该厂营销人员到该厂库房去看货。可进入库房,却看到有位工人正在布堆里睡大觉。德国商人讲:“这是为什么?货期如何保证?”于是,就转身离开了这家公司。企业提高质量的目的在于获得社会的信誉,人们不信任你的员工,也不会信任你的产品质量。因为,质量是一种系统。

【案例】有一句话,叫做你可以从厨师工作服的洁白程度,看出一家酒店的星级标准。在五星级酒店里提供早餐的厨师的衣服是雪白雪白的,四星级酒店厨师的衣服就会稍微有一点点颜色,三星级酒店厨师的衣服就开始发灰,两星级酒店厨师的衣服就发黑,没星级的酒店厨师的衣服那就有可能基本上跟食堂那位大师傅穿的衣服是一样脏了。

二、重视开发产品的用途

发现产品的用途会使企业经营实现新的突破。“露露”作为一种饮料，原来的销路一般。后来厂家宣传可以加温热着喝，结果成为冬季热销的一种饮料，春节期间在市场上居然出现了断档现象。新的喝法新的效果，对消费者就有了新的用途。

【案例】有一个医生开错了药，患者吃了药之后，头发、胡子、眉毛都脱光了。他非常恼火，于是去找医生，并和医生吵了起来。当时在旁边有一位兽医，忽然联想到，人吃了这种药脱光了头发当然不好，要是把这种药给长毛兔吃了，用手轻轻一推毛全落下不是很好吗？于是，他用药做了试验，果然长毛兔吃药后毛全部脱落，而且毛还可以接着长。于是这位兽医将此药申请了专利，经营此药赚了不少钱。药并不是这位兽医发明的，但是他发现了药的新用途。

企业经营的基本准则，就是一切从消费者的需要考虑问题。新用途的发现，意味着满足了消费者新的需求，给消费者带来了新的利益，因而就会使产品有了新的销路。埋头于产品性能的研究而忽视了产品用途的研究，是一种本末倒置的行为。

【案例】某科研所的科技人员研制了一种彩虹玻璃，当太阳照在玻璃上，透过来的光，赤、橙、黄、绿、青、蓝、紫十分漂亮。科技人员将这项成果以36万元转让给了一家企业。科技人员十分负责，帮助企业从各道工序把关，生产质量完全稳定后才撤离。可生产出来才发现不知有什么用途。到宾馆去推销，人家觉得进来的花色光显得小气；到学校去推销，学校认为会影响学生集中精力听课，也没人要。结果，产品没用途，也就没有什么市场。

关于产品用途，也不仅是指实用性的效果，还包括观念性的效果。

【案例】美国一家生产电熨斗的企业，给电熨斗上面装了一排指示灯，随着温度变化，指示灯可以显示出温度来。本来并没有什么实际用途，因为电熨斗是自动调温的，可有了指示灯之后销路就特别好。因为都是家庭妇女来买，他们互相串门，相互比较谁家的电熨斗高级。而多了一排指示灯就让她们感觉很好。这也是一种用途，是观念用途。

三、给产品加点快乐

为什么许多功能相近的产品价格可以相差几十甚至上百倍？为什么同是普通的汽水，有的无人问津，有的却能风靡世界？因为对于消费者来讲，购买某些产品，他们注重的是产品的附加值，也就是在产品原有价值基础上产生的新的价值。高附加值的产品不仅是一种物质成果，而且还是一种精神成果，是文化积淀的产物。

【案例】把盘子挂到墙上

从根本上讲，是由于产品消费过程的异化现象而产生了附加值，就是说产生了与产品使用价值无关的价值。比如一个盘子，只要是还用来盛菜，无论其做得多么精致，就是都上金边也值不了几个钱。但如果将某个艺术家的作品烧制在盘子上，用来挂在墙上当装饰品，这时盘子已经不再当盘子用了，价钱就可以高多了。如果谁手里有一张“全国山河一片红”的邮票，并且将这张邮票贴在信封上，那么它的价值还是8分。但将这张邮票拿到集邮市场上去卖，据说可以卖到数万元。由于这张邮票已经不用来发挥它原有的使用价值了，因而就产生了高附加值，这就是产品异化产生附加值的过程。

（一）消费产品，也消费快乐

产品为什么会在原有价值之外产生出新的价值？因为它满足了人的精神需要。人的精神需要包括十分丰富的内容，如爱和归属的需要；尊重的需要和自我实现的需要等。

无论哪一种精神需要，从表现形式上讲都是使人获得了一种愉悦和快乐。人为了满足精神需要，怎样使自己快乐就成为生活中的基本追求。人们总会觉得日常的生活太平淡，希望使自己的消费过程中多增添一些快乐，因而能给人以快乐的产品就产生了附加值。

【案例】可口可乐本来是一种极普通的饮料，如果仅从物质功能上讲，比起其他饮料并没有什么过人之处。它之所以能成为经久不衰的产品，就在于它给消费者带来了快乐。从可口可乐的名称，到它所做的各种广告，到它所开展的各项传播活动等，给消费者以欢乐一直是可口可乐的营销主题。

在上海举办的2000年港台歌星可口可乐激情演唱会上，观众凭票可以领取一瓶600毫升的可口可乐。喝着可口可乐，听着流行歌曲，可以全方位地体会可口可乐带给人的欢乐。因此，在怎样提高产品附加值的问题上，怎样能给人带来快乐就成为重点研究的课题。

（二）使消费过程产生趣味

当今的营销不应当仅仅是一种冷冰冰的金钱交易，经营者绝不能单纯地注重产品本身的核心功能，而要在保证产品质量的前提下，把更多的精力放在增强产品及营销过程的情趣、意境方面，在营销模式上从“功能营销”转向“情趣营销”。

只具有物质功能的产品不过是一种物品，而当渗透进某种情趣时，也就为产品注入了活的灵魂，与原来的产品相比就发生了质的变化，使消费者获得的完全是一种全新的感受。

【案例】饴糖原本是很一般的产品，但有人将其设计成“象棋子”，并附上一张棋盘纸，产品一下子就畅销起来。买的都是一些单位，组织职工旅游时，休息时两人发一袋，下棋吃子真放到嘴里，吃掉对方的棋子，假戏真唱，使人感到情趣大增。并非是饴糖的味道，而是从中能享受到的快乐吸引了消费者。

（三）赋于产品象征意义

在社会生活中，人们总是会存在着一种愿望，希望得到周围人的尊重以至于羡慕，而这种心理愿望有时候要通过一定的消费过程来满足。比如，书象征着知识和文化，作为一种陈设可以提高家庭文化气氛，也能向客人表达自己所具备的文化修养，因而就出现了看书的人多是买平装书，而不看书的人买书则一定是买精装书，这是因为看书的人买的是书本身的价值，而不看书的人买的是书的附加值，可附加值要比书本身的价值贵得多。再如人们购买名牌产品更多地就是出自于身份象征的考虑。人们愿意为购买名牌支付更多的金钱，就是因为名牌产品价值中包含着品牌的信心和承诺，人们从名牌中享受到的主要不是产品的使用价值，而是从中提升出的某种象征给人带来的自尊与荣誉。

（四）满足人的心理需要

这里所说的心理需要主要指的是虚荣心的满足。人不能虚荣心太强,但有点虚荣心才会快乐。为了得到这种心理体验就要付出相应的代价,而能使人们获得这种满足的商品便能产生附加值。

【案例】西方有一个故事典型地说明了人这样的一种心理特征。在一次宴会上,某贵妇人问坐在她身边的一位老太太:“我常用葡萄酒洗红玉,用白兰地酒洗翡翠,用鲜奶洗蓝宝石,请问太太您呢?”对方回答:“哦,我根本不洗,只要有了灰尘,我就扔了它。”看起来她们所做的都是一些无意义的事情,但都是为了使自己获得一种得意的心理体验。

(五)给消费者一个喜欢的理由

从营销上分析,消费者不管需要什么,首先需要一个概念,靠这个概念唤醒处于潜在状态的需求。概念和理由在于使消费者想得到的与产品所体现的融合在一起。

概念和理由赋予了产品以感人的内涵,它不仅满足了人们的物质需求,同时还满足了人们的精神需要。概念和理由在人们的心目中产生了生动形象,使产品有了灵魂,活了起来。“金利来——男人的世界”,它使顾客感到所购买的不仅是一条领带,还是成熟男人的标志。妙士饮料告诉购买者它具有“初恋的味道”,从而使消费者从中体验出一种特殊的心理感受。

找到一种销售理由就是发现一种新的商机。当产品被赋予了一种理由,消费者感受到了全新的概念,便可以产生点石成金的效果。

【案例】山东招金集团公司在广交会期间拉去三块大型金矿石展览,引起了参观者的极大兴趣。后来,他们突发奇想,干脆来一个现场拍卖。在拍卖会上总经理向大家介绍:“这三块奇特的矿石采自中国金都招远,那里家家都把一块金石放置屋前,意味着可以招财进宝,镇魔压邪。这三块金石是从几十米深的矿井中所采的矿石中精选出来的,本想拉回招远,现在我们决定留给广东,祝广东的企业兴旺发达。”

在热烈的拍卖会中三块金石均拍出了数万元的高价,远远高于金矿石的实际价值。由于营销者赋予了金矿石以新的含义,激发了人的潜在需求,于是使金矿石产生了新的价值。

第三节 产品包装决策

一、包装的含义

当清晨洗漱时,牙膏帽突然掉到地板上,甚至掉进下水道的沟槽里;当你按照说明试图打开午餐肉罐头的盖子,往往是半途而废;当你打开一些袋装食品时,却发现由于密封不好,食品已变质;当你为将最后一滴香波用完而不得不将瓶子倒置几分钟时,是否意识到这些平时碰到的琐碎小事都是由于不适当的包装造成的?

大部分进入市场的产品都需要包装。包装既可以起到较小的作用(如对不昂贵的五金商品),又可以起到重要的作用(如对化妆品)。许多营销人员把包装(Package)称为第五个P,前面四个P分别为价格(Price)、产品(Product)、地点(Place)和促销(Promotion)。

我们将包装定义为:包装是指设计并生产容器或包扎物的一系列活动。这种容器或包扎物被称为包装。包装可以包括三个层次的材料。第一层次的包装是指最接近产品的容器。例如,装有“洗面液”的瓶子是最接近产品的包装。第二层次的包装是指保护第一层次包装的材料,当产品使用时,它即被丢弃。用来包装瓶装的“洗面液”的硬纸盒就属于第二层次的包装,它为产品提供了进一步的保护和促销机会。第三个层次的包装是运输包装。运输包装是指产品储存、辨认和运输时所必需的包装。此外,标签亦是包装的一个组成部分,它是由表明该产品的印制好的信息所构成,出现在包装物上面或和包装物合为一体。

二、包装的意义

目前,包装已成为强有力的营销手段。设计良好的包装能为消费者创造方便价值,为生产者创造促销价值。多种多样的因素会促进包装作为一种营销手段在应用方面的进一步发展。由于越来越多的产品在超级市场上和折扣商店里以自助的形式出售,因此包装必须执行许多推销任务。具体来说,包装具有多方面的意义。

(一)保护商品,便于储运

产品包装最基本的功能便是保护商品,便于储运。有效的产品包装可以起到防潮、防热、防冷、防挥发、防污染、保鲜、防易碎、防变形等保护产品的作用。因此,在产品包装时,要注意对产品包装材料的选择以及包装的技术控制。

(二)吸引注意力

消费者愿意为良好包装带来的方便、可靠性和声望多付些钱。很多公司已经意识到包装的巨大作用,它有助于消费者迅速辨认出哪家公司或哪一个品牌。

据调查,我国超级市场中62.6%的顾客是在没有购买计划的情况下购物的,而全国有这种购买习惯的人又占54.9%。因此,在这种情况下包装促销功能将大有作为。根据杜邦公司的"杜邦定律",63%的消费者是凭商品的包装作出购买决策的。美国一家著名的包装设计公司有这样一段座右铭:消费者一般都分不出产品与包装。对多数产品来说,产品即包装,包装即产品。包装是商品的影子,在缺乏参考信息或者是质量、价格大致相同的情况下,独特的包装可以吸引消费者的视线和兴趣,进入消费者的选择范围

笔者研究过消费者的购买行为,一般看包装只有十五秒的时间。首先消费者伸出头来看一下,然后用手翻一下,然后就拿一支出来。最后他拿的那支,跟第一眼看的有没有关系?分析后发现,60%的人最后拿的那支,往往是第一眼看到的。为什么消费者还要翻一下呢?就是因为他们要比较一下,证明自己的选择是对的。所以一定要在包装上给消费者以视觉冲击力。

【案例】1915年的巴拿马国际博览会上,我国名酒——茅台酒,因为包装粗糙,造型不雅,使外国人瞧不起,没能进入预选行列。在这"紧要"关头,我国一位参展人员急中生智,"不慎"将一瓶茅台酒打烂在地,顿时香气四溢,吸引了在场的很多人,征服了评审官的心,才使茅台酒"金榜题名"、"笑傲国际市场"。这则故事说明,当时的"茅台人"缺乏商品的整体概念,只重视了商品的内在质量,而忽略了商品的外在质量。它告诉我们,在现代市场营销中,要内在质量和外在质量一起抓,做到

“好马要配金鞍”，好商品一定要有好包装。

(三)提供创新机会

美国有一家食品公司新推出了一种巧克力，由于与其他公司生产的巧克力没有什么两样，即使物美价廉也无人问津。后来，该公司改变了营销策略，为巧克力设计了便携式华丽包装，突出其礼品糖果的特性，将售价提高了好几倍，结果非常好。

改革开放之初，香港商人把四川的坛装榨菜大批买入，然后打破大坛，换成塑料袋分装，转手卖给其他国家，不仅售价翻了一番，而且更受青睐。

东西还是原来的东西，只因包装有所改变，销售效果就大不相同。类似这样的例子，在实际的经济生活中不胜枚举，由此足见包装的魔力。包装能够创造需求，能够使产品畅销，这已是不争的事实。

三、包装的误区

优美、精致的包装可以为商品增色添辉，为商品的销售鸣锣开道，但在实施包装策略的过程中，又要注意避免两个误区。

(一)光讲究包装，忽视产品质量

时下商战激烈，很多企业不仅重视包装问题，而且通过发掘“包装功能”，取得了显著的经济效益，商品包装五花八门，让人眼花缭乱，外观很是精美。但一些企业不适当地运用包装策略，片面追求商品的“包装效果”，以此误导消费者，而忽视产品本身的问题，使一些伪劣商品得以在精美的包装外衣下大行其道，极大地侵害了消费者的利益。

在市场竞争中，商品本体仍是第一位的，包装只是辅助手段。不断提高质量，开发新产品，紧密联系市场的需求，始终是企业关注的头等大事。我们在这里强调包装的作用，但不能本末倒置，走向另一个极端。优质商品加上成功的包装，才是市场竞争中永远的强者。如果商品质量欠佳而包装精美，消费者购买上当后，第二次就不会再购买，而且在消费者中的口碑就会变坏，从而最终失去市场。所以，商家在实施包装策略时，一定要摆正包装与商品的关系，切忌“金玉其外，败絮其中”的欺骗性包装。

(二)包装过度

这种情况是指商品包装超过了所需的程度,形成了不必要的包装保护,其表现形式是耗用材料过多、分量过重、内部容积过多、体积过大、用料过档、装潢过华、成本过高等,大大超过了保护、美化商品的要求,给消费者产生一种名不副实的感觉。

不少精明的商家已经发现包装是关系企业产品有无竞争力的大事,因而十分注重包装。许多商品本身较小,而包装左一层、右一层,消费者层层剥开,才识“庐山真面目”,这种过度包装不仅没有起到应有的美化、促销作用,相反却给消费者以累赘的感觉,产生了逆反心理。而且过度包装会增加一些不必要的费用,抬高包装成本。

充分利用包装的魅力来促销,是正当、合法、无可厚非的,但只有在包装适度的前提下,才能起到促销增值的作用。一些经营者企图通过过度包装,获取更大的经济效益,然而在许多情况下却适得其反,给自己带来经济损失,这种发挥“包装功能”过头的做法是要不得的。

四、产品包装策略

俗语说:佛要金装,人要衣装。同样,商品也需要包装。商品再好,也可能因其包装不适合而卖不出好价钱。据统计,产品竞争力的30%来自包装。随着人们生活水平的提高,精神享受的要求也越来越高,在商品竞争中,包装对商品销售的影响越来越明显。包装是商品的“无声推销员”,除了保护商品之外,还必须致力于美化、宣传、诱发消费者的购买欲望,增强商品在市场上的销售竞争力。所以,包装里面大有学问,包装如何会直接影响顾客的消费心理,从而产生购买或拒绝购买的欲望。商家若能在商品包装上做些文章,使商品包装设计迎合消费者的购买心理,将大大有利于商品的销售。

(一)类似包装策略

企业对其生产的产品采用相同的图案、近似的色彩、相同的包装材料和相同的造型进行包装,以便于顾客识别出本企业的产品。对于忠实于本企业的顾客,类似包装具有促销作用,企业还可因此而节省包装的设计、制作费用。但类似包装策略只能适宜于质量相同的产品,对于品种差异大、质量水平悬殊的产品则不宜采用。

(二)配套包装策略

企业把多种有关联的产品,或不同规格和花色的同品种产品配套放置在同一容器中,如化妆品、护肤用品、茶具、饮具、玩具等的成套包装。这种配套包装可方便消费者购买和使用,有利于带动多种产品的销售,且提高了商品档次,也为消费者提供了一种消费模式,培养新的消费习惯。上海锦华工艺玩具厂将原先滞销的塑料包装玩具改为图案新颖、装潢美观的组合玩具,将狗、熊、兔、猫四种长毛绒动物玩具巧妙搭配、配套包装成组装盒,侧面是明亮的玻璃纸,四个栩栩如生、活泼可爱的小动物清晰可见。改变包装后的玩具十分美观,极为畅销。

(三)复用包装策略

复用是指包装再利用的价值,它根据目的和用途基本上可以分为两大类:一类是从回收再利用的角度来讲,如产品运储周转箱、啤酒瓶、饮料瓶等,复用可以大幅降低包装成本,便于商品周转,有利于减少环境污染。另一类是从消费者角度来讲,商品使用后,其包装还可以作为其他用途,以达到变废为宝的目的,而且包装上的企业标识还可以起到继续宣传的效果。这就要求在包装设计时,考虑到再利用的特点,以保证再利用的可能性和方便性。如瓷制的花瓶作为酒瓶来用,酒饮完后还可以做花瓶。再如用手枪、熊猫、小猴等造型的塑料容器来包装糖果,糖果吃完后,其包装还可以作玩具。

(四)附赠包装策略

在包装内装赠品,以激发消费者的购买欲望。赠品的形式是多种多样的,可以是奖券,也可以是相关商品(例如在洗涤液包装上配赠洗涤用具等),还可以是与商品内容无关但足以吸引消费者的赠品。如商家在儿童食品中附赠游戏类的玩具和卡通画片,这种做法已经很普遍,很多儿童并不是因为食品本身而是由于赠品的原因而购买商品。如康师傅方便面在包装内附小虎队旋风卡,每包方便面中都放有一张不同的旋风卡,如宝贝虎、机灵虎、冲天虎、旋风虎、勇士虎、霹雳虎等。孩子们爱不释手,渴望拥有整套旋风卡,只得经常购买附有这种卡片的方便面。一时间,味道各异的康师傅方便面,随着各种五彩缤纷的旋风卡,走进了千家万户。

(五)改变包装策略

即改变和放弃原有的产品包装,改用新的包装。由于包装技术、包装材料的不断更新,消费者的偏好不断变化,企业可以采用新的包装以弥补原包装的不足。另外,企业在改变包装的同时必须配合好宣传工作,以消除消费者以为产品质量下降或其他的误解。

以干果为例,过去红枣、黑枣、核桃、桂圆等干果,顾客选购用做馈赠亲友,用一种粗纸包扎后,上面放一张店名招牌红纸。以后干果包装用牛皮纸袋包装,用聚丙烯塑料绳捆扎,这种粗包装不适应人们馈赠亲友的需求。近年来,则出现了精美盒装,如500克一盒的桂圆经乔装打扮后,成为了人们时尚的绿色食品,使人们产生返璞归真、回归大自然的田园感觉,具有亲切,古朴,大方的特点。

第四节 品牌策略

一、品牌的概念

简单地说,所谓品牌就是所有跟企业有利益关系的人对这个牌子的产品的一种认同。就如卖电脑,在国外,只要一提到IBM或戴尔,买的人大概就接受了一半。在国内,一提到联想,生意大概就成功了一半。卖饮料的,一提到可口可乐和百事可乐,对方就几乎快掏钱了。想吃快餐,见到麦当劳的标志,就认定进去准没错,这种观念就叫品牌。

二、品牌的意义

(一)品牌对消费者的意义

1.有利于消费者权益的保护

我国于1993年第八届全国人民代表大会常务委员会第四次会议通过的《中华人民共和国消费者权益保护法》规定:“保护消费者的合法权益是全社会的共同责任”,“消费者因购买、使用商品或者接受服务受到人身、财产损害的,享有依法获得赔偿的权利。”“经营者应当标明其真实名称和标记。”

2. 有助于消费者避免购买风险

消费者避免购买风险的方法主要有两种：一是从众，一是品牌忠诚。由于消费者经过学习形成的经验对品牌积累了一定的知识，他们很容易辨别哪类品牌适合自己。对品牌的了解也可以减少搜索购买信息的成本。品牌是一个整体概念，它代表着产品的品质、特色、服务，在消费者心中成为产品的标志，这就缩短了消费者识别产品的过程和购买的时间。在这个信息爆炸的今天，对于生活节奏日益加快的人们来说无疑可减少他们的时间压力，降低为购买商品所付出的精力，从而有利于消费者选购商品。

【案例】当你想冲洗胶卷时，看到那个黄色底红色字的招牌，你会知道那里是柯达，尽管你从来没有到那里去洗过胶卷，但你还是会去那儿冲洗的，因为你知道那儿的质量有保障。当你要维修汽车时，看到里面挂着一块广州本田特约维修站的牌子，尽管你从来没有在那里修过车，但是你会想到：在这里准不会得到假的零配件，在这种想法支配下，你就会放心地把自己的汽车交给他们修理。当你想给汽车加油时，远远看到那个红底白字的中国石化四个字，你会知道在这里面加的油，应该能够得到货真价实的保障。因为品牌给客户带来的信誉度是非常高的。

3. 有利于消费者形成品牌偏好

消费者一旦形成品牌偏好，可减少消费的失调感，从而获得一种满足，再继续购买该品牌时，就会认为他们购买了同类较好的商品。另外，他们已经了解了购买该品牌所能带来的好处或利益，他们也乐意继续购买，而且认为购买是值得的。另外，品牌是有个性的，当这种个性与消费者个性相对一致时，消费者就会购买该品牌，并且认为该品牌成为他们生动形象的一种象征性标志。

（二）品牌对生产者的意义

1. 有助于产品的销售和占领市场

品牌一旦形成一定的知名度和美誉度后，企业就可以利用品牌优势扩大市场，促成消费者的品牌忠诚。品牌忠诚使销售者在竞争中得到某些保护，并使他们在制定市场营销方案时具有较大的控制能力。

知名品牌代表一定的质量和其他性能，这比较容易吸引新的消费者，从而降低营销费用，所以有人提出品牌具有“磁场效应”和“时尚效应”。

2.有助于稳定产品的价格，减少未来的经营风险

由于品牌具有排它专用性，在市场激烈竞争的条件下，一个强有力的知名品牌可以像灯塔一样为不知所措的消费者在信息海洋中指明“避风港湾”，消费者乐意为此多付出代价，这能保证厂家不用参与价格大战而就能保证一定的销售量。而且，品牌具有不可替代性，是产品差异化的重要因素，减少价格对需求的影响程度。比如可口可乐价格均由公司统一制定，价格弹性非常小。

3.有助于市场细分和定位

品牌有自己的独特风格，除了有助于销售外，还有利于企业进行细分市场。企业可以在不同的细分市场推出不同品牌以适合消费者的个性差异。很多公司都采用多品牌战略，给每项或每种产品分别命名，根据产品的特性、品质、功能等多种因素，使每个品牌在消费者心里占据一个独特的、适当的位置。例如宝洁公司的洗发水就有四种品牌，而且每种品牌都满足特定的需求：海飞丝定位在“去头屑”，潘婷定位在“维他命B5，拥有健康，当然亮泽”，飘柔定位在“柔顺”，沙宣定位在“保湿”上。

4.有助于新产品开发，节约新产品投入市场成本

一个新产品进入市场，风险是相当大的，而且投入成本也相当大，但是企业可以成功地进行品牌延伸，借助现有的知名品牌，利用其一定的知名度和美誉度，推出新产品。采用品牌延伸，可节省新产品广告费，而在正常情况下使消费者熟悉一个新品牌名称花费是相当大的。据国际研究认为，现创造一个名牌，一年至少需要2亿美元的广告投入，且成功率不足10%。目前我国一些知名企业大都采用品牌延伸策略，“娃哈哈”这一品牌就延伸到该公司的许多产品系列上，如该公司的八宝粥、果奶、纯净水等。

5.有助于企业抵御竞争者的功击，保持竞争优势

新产品一推向市场，如果畅销，很容易被竞争者模仿。但品牌是企业特有的一种资产，品牌忠诚是竞争者通过模仿无法达到的，它可通过注册得到法律保护。当市场趋向成熟，市场份额相对稳定时，品牌忠诚

是抵御同行竞争者攻击的最有力的武器。所以,从某种程度上说,品牌可以看成是企业保持竞争优势的一种强有力的工具。

【案例】“青岛啤酒”在中国啤酒行业中算得上是一个知名品牌。“青岛啤酒”在彭成峰接手之前,其实是一个已经在走下坡路的企业。因为当时“青岛啤酒”的市场定位于中高档市场,定位于海外市场,定位于国宴用酒,而忽视了普通老百姓这一消费市场。所以,“青岛啤酒”统统外销,在青岛市的销售很少,青岛市民想喝“青岛啤酒”,只有等逢年过节凭票购买。当然,这是以前的事情了。由于“青岛啤酒”放弃了山东这块市场,因此山东就逐渐出现了像“崂山啤酒”等几十家啤酒厂。几十家啤酒厂开始经营一两块钱一瓶的低档啤酒,这些低档啤酒受到消费者的欢迎。以前高档啤酒只有“青岛啤酒”一家,没有一家啤酒厂能跟“青岛啤酒”相比。后来,国外的“嘉士伯”进来了,“百威”也进来了,价格与“青岛啤酒”差不多,加上有些中国人总觉得德国啤酒肯定好喝,美国啤酒肯定比中国啤酒好,“青岛啤酒”自己定位的那个市场逐渐出现了竞争,受到了巨大的冲击。

受到冲击以后,“青岛啤酒”的策略有了调整,决定回缩山东市场。结果在短短几年的时间里,就收购了山东省十几家啤酒厂。所谓兼并只是把商标换成是“青岛啤酒”而已,然后把管理方法、流程和工艺交给兼并的厂家,流水线还是原来的。最终“青岛啤酒”并购“崂山啤酒”。与“崂山啤酒”的并购最艰难,因为在“青岛啤酒”没有参与竞争的情况下,“崂山啤酒”已经发展成一家很大的啤酒企业。“青岛啤酒”瞄准山东后,马上在青岛市推出了一款一块钱一瓶的啤酒,和“崂山啤酒”的价格一样。“崂山啤酒”因此受到巨大冲击。这说明一个什么问题?品牌的问题。因为“青岛啤酒”有品牌,所以在回缩山东市场之后,它不需要做什么,就能够击垮很多竞争对手。而那些品牌不知名的企业在这个领域的竞争就会被淘汰出局。

三、品牌定位与品牌策划

(一)品牌定位

今天企业所面临的市场越来越细分化,这是因为消费者的消费越来越具个性化特征。因此,任何企业都必须选择特定的消费者群作为自己的基本市场,这就提出了定位问题。未来的市场格局,是由品牌来分割的,企业的定位目标需要通过品牌所体现的价值与消费者的购买动机相吻合来确定。企业需要通过品牌向目标消费群表达他们愿意了解的内容,使品牌的价值特征和宣传点与顾客的关键购买动机保持一致。

品牌定位要想成功,首先要解决品牌诉求问题。其诉求点要能带给消费者一种明确的象征意义,使消费者能从中表明自己的身份地位和生活追求。正是从“金利来,男人的世界”的品牌诉求中,消费者感受到作为一名男人特有的气质。奔驰的高品位诉求,使得不进口别国轿车的日本,必须进口奔驰汽车接待外宾,因为只有奔驰才能充分显示出尊贵的象征。

品牌定位要想成功,不在于企业主观对传播内容的理解,而在于实际会产生什么样的效果。汾湟可乐花了几千万广告费,宣传的内容也是精心设计,可广告中拍了渔民劳动的场面,请问渔民是汾湟的主要消费群吗?相反,百事可乐在中央电视台体育频道所做的广告,是著名足球裁判将赛球挑边所用的硬币都买百事可乐喝了。球迷看了这幅广告十分开心,随之百事可乐的形象也就在这一特定消费者中得到了升华。

通过品牌定位给消费者的不仅是产品的质量与性能,同时也在传播着某种精神与风格。可口可乐百分之九十以上的成分是水,这是人人皆知的事实。但它给人带来一种生活的欢乐和特有的经营信念也是事实。在可口可乐公司,正品可口可乐员工可以喝,而次品则任何人不准动(所谓次品不过是多装或少装了一些,那是要全部倒掉的)。

品牌定位体现着某种传统,沉淀着大量动人的故事,使人产生激情。茅台作为国酒,恐怕并不只在于它的味道,还有围绕茅台所发生的故事。据说,在中国人民志愿军回国的庆功会上,周总理喝了 38 杯茅台没醉。尼克松访问中国,在宴会上周总理将茅台点燃后递给尼克松,表达中国人民火一样的热情。听了这样的故事,茅台在人们的心目中就升腾到十分崇高的地位。创名牌的过程,实际上就是在某种经营理念的支配下不断积累故事的过程。

【案例】1959年党中央庐山会议期间，曾与毛泽东患难与共的贺子珍在庐山与毛泽东会面了。战友相见，毛泽东分外高兴。晚饭时，毛泽东自己斟了一盅山西杏花村的老白汾酒，微笑着对贺子珍说："我还是这个习惯，酒是要喝的，但不多喝。我喝过不少好酒，最终还是觉得汾酒纯正。"乘着酒兴，毛泽东挥毫写下了杜牧的《清明》诗："清明时节雨纷纷，路上行人欲断魂。借问酒家何处有，牧童遥指杏花村。"

晚饭后，毛泽东与贺子珍外出散步，面对庐山初秋时节的良辰美景，毛泽东诗兴涌起。随口吟道："人有悲欢离合，月有阴晴圆缺，此事古难全。但愿人长久，千里共婵娟。"听了这样的故事，没喝酒人就醉了。人们从汾酒品牌中获得了无穷的遐想，在头脑中就产生出动人的汾酒形象。

品牌定位的过程也是展现企业经营理念的过程。有些企业，人家叫"飘柔"，他叫"飘丝"；人家叫"石林"，他叫"五林"。有人称这是"品牌性骚扰"，按这样的思路永远创不出名牌。

最后，品牌定位还要解决品牌沟通问题。就是要通过各种方式向消费者表达美好的愿望，争取消费者对自己的了解，从而传播品牌价值。某年春节期间，可口可乐由南向北开展贺岁拜年活动，一路向农民和市民发放印刷精美的春联。有一副上联：新春新意新鲜新趣；下联：可喜可贺可口可乐。另一副上联：春节家家包饺子，下联：年年户户燃爆竹；横批：可口可乐。可口可乐向农民祝贺新春佳节，而农民感受到的是可口可乐深深的情意，品牌文化产生了打动人心的效果。

（二）品牌策划

品牌策划是集中体现理念的活动，是塑造品牌形象的重要一环，是企业通过巧妙的设计，制定出一定策略，实现企业经营目标的过程。策划的首要目的是赢得顾客，进而战胜竞争者，把企业推向更高层次。

品牌策划的主要手法是利用某个社会事件通过策划各种活动，提升品牌在消费者心目中的形象。波司登羽绒服所开展的活动可以说是十分成功的品牌策划。他们首先赞助中国与斯洛伐克登山队联合攀登珠峰，将"波司登雄踞中国第一"的红旗高举在山峰上。跟着又随着南极考察团和北极探险队到达南北极点，完成了向最远最寒冷的极限挑战。最后在千禧年到来之际，又组织几千名大学生穿着波司登羽绒服登上泰山之顶观日出，从而完成了“最高、最远、最辉煌”的品牌策划。通过这样的策划确立了中国羽绒服第一品牌的社会形象。

四、品牌名称设计的艺术

品牌名称设计得好，容易在消费者心目中留下深刻的印象，也就容易打开市场销路，增强品牌的市场竞争能力；品牌名称设计得不好，会使消费者看到品牌就产生反感，降低购买欲望。正如孔圣人所说：“名不正则言不顺，言不顺则事不成。”如有的品牌名称实在是品味低下，有一种酒取名为“二房”，小食品则叫“泡妞”，雪糕称之为“傍大款”。这种做法可能迎合了一些人的低级趣味，可以产生哗众取宠的效果，但绝对创不出名牌来。具体来说，在品牌名称设计过程中，一般应遵循以下几个原则。

(一)体现特征

品牌名称要从不同角度体现品牌商品的特征，如，“女儿红”绍兴酒、北京“二锅头”，突出了制造工艺的特征；张小泉剪刀、王老吉凉茶，突出了传统工艺的特征；老城隍庙五香豆，突出了特定产品的特征；欧洲联合飞机制造公司的“空中客车”，突出了其内在形体和用途的特征；“脱苦海”膏药是日本一种用于医治伤痛病的膏药名称，突出了治病解脱痛苦的效能特征。消费者根据品牌商品名称显露出的特征信息，就有可能引起购买欲望。

(二)简洁明了

简洁、美观、易于记忆、易于识别，是对品牌名称的基本要求，品牌名牌应充分显示出企业的个性来。如“雀巢”，雏鸟在巢中待哺，那种母子之情呼之欲出。如“红豆”，利用古代诗篇的含义传递着爱和真诚。可惜这样的品牌名称并不很多，而趋同现象却很严重，真可谓“凤凰”满天飞，“牡丹”遍地开，小到铅笔大到家用电器，注册“长城”商标的就有 130 多种。

(三)文化认同

要想为自己的品牌取个有个性的名称，应充分利用历史、风俗、文化、喻意、谐音等资源多方面进行探讨。如浙江余杭红星五金厂生产的抽油烟机，原来取名“红星牌”，销路不好。后有人提议改为“老板牌”，使产品成为我国的名牌产品，而且畅销东南亚。人们到绍兴出差旅游，总是要买点茴香豆带回去。绍兴市生产、销售茴香豆的店家很多，一般每月的销量也就二三百斤，而销售“孔乙已牌”茴香豆的土产商行，每月的销量是三千斤，有时还供不应求。再如，上海某厂家生产一种出口的对虫咬蚊叮有一定疗效的药膏，取名为“必舒膏”，“名”下之意，用了这种涂膏，必定舒适，药到痛除。但是，该产品出口到香港却大为滞销。原因是香港市民不少爱好搓麻将，他们想赢不想输。而“必舒”的谐音是“必输”，极不吉利，谁还想要“必舒膏”呢？显然，即使产品质量再好，商标名称选择不好，也很难打开市场销路。

（四）正面联想

成功的品牌总得有一定的象征意义，产生有价值的联想。“康师傅”让人联想到高级厨师制造出来的有益于健康的食品，“金雀”让人联想到这种电子表的精确。山东曲阜酒厂生产的酒原叫“曲阜老酒”，只是在当地有一定销量。后改名为“孔府家酒”，给人以古朴、典雅的感受，使人联想到其悠久的文化传统，一下子销路大开，成为全国畅销的一种名酒，而且还远销海外。

相反，有些品牌忽视了可能会产生的不利联想。冀东油田开展多种经营生产一种洗洁精，取名为“黑脸牌”，他们认为表明了石油工人的健康色。可给消费者的联想脸都洗不干净，还能洗什么呢？还有一种酒取名“十三陵牌”，这会使人联想到坟墓。有一家大型出租汽车公司取名为“安乐”，恐怕也不会使人产生好的联想。

五、如何塑造品牌竞争力

品牌竞争力是指企业品牌拥有区别或领先于其他竞争对手的独特能力。关于品牌竞争力，日本前首相中曾根曾经这样说，“在国际交往中，索尼是我的左脸，松下是我的右脸”。洛克菲勒也说过这样一句话：“即使有一天，把我扒光衣服扔在沙漠上，但是只要有一个商队经过，我就可以重新变为亿万富翁”，意思是说只要我报上自己的名字，我是洛克菲勒,我可以带你去西部找石油。美国有一个小伙子看到这段话非常兴奋,连大学也不上了,马上退学,认为个人的品牌竞争力很重要,所以要去创造财富。经过二十年的发展,终于超过了洛克菲勒,他就是比尔·盖茨。那么,如何塑造品牌竞争力呢?品牌竞争力来源于下面五种力量。

(一)品牌竞争力来源于服务

以前当家里买一个大件商品,求爷爷告奶奶,人家给你送过来就不错了。突然之间海尔告诉你买它的冰箱、洗衣机,保证送到你家,保证不收运输费,而且不喝你家水、不抽你家烟。紧接着海尔还告诉你,甚至不踩你们家地面,安装人员带一个鞋套或者带一个地毯去。在你家里将洗衣机的水龙头接好,然后第二天又有电话过来说:"大姐,你的洗衣机用的好吗?还有什么需要服务的吗?"让人感动的不得了。

为什么中国人这么容易被感动呢?因为跟中国老百姓几千年的生存状况有关系。中国老百姓在漫漫几千年中是不被人尊重的。世界上曾经繁荣过的国家都欺负过我们,日本、美国、英国、葡萄牙、德国等等,中国的老百姓一直没有被人当做人看。而海尔的承诺,客观上唤起了中华民族做人应该被人尊重的民族情结。人只要活着,就需要被人尊重,这就是海尔背后文化的支撑。中国消费者认为你服务好我踏实,因为中国老百姓几千年来没有使用过没有品质问题的东西。我认为,整个中国家电行业里,只有海尔的品牌是有内涵的。笔者曾经试过在凌晨1点给一些国内外著名的大公司打电话,结果只有海尔一家在铃响三声时有人接电话,其他都是电脑声,让我按几几,最后也按糊涂了。

(二)品牌竞争力来源于优点

比如说"农夫山泉有点甜",真的会甜吗?你渴的时候喝什么都是甜的,但是他说出来好像水就不一样了,有点甜了,这是创造感觉上的一种甜。可口可乐快乐,说喝了可口可乐就有激情,实际上人渴了什么激情也没有了,只要有喝的东西就有激情了。感觉是主人,事实是奴仆,人类是相信感觉的。比如说找对象,你们怎么找?笔者就研究过北京人和上海人找对象的不同。上海女孩对男孩说你有多少钱有没有房子说出来听一下,男孩说我就是这么多钱。于是双方达成协议,男孩说那我就是这样了，结婚之后你不要让我怎样怎样了。而北京男孩子会说我爱你，我会给你创造梦想，我会三年内考GRE出国，我会给你买大汽车大房子接你走。女孩子说没有关系，你再一穷二白我都跟你走。那结婚后，这个男孩想不努力都不行，女孩子在最倒霉的时候嫁给你，你现在就要不断地努力，所以北京的男人很累，上海的男人很潇洒。

（三）品牌竞争力来源于规则

这个社会有很多我们没有办法违背的规则，但是心里又渴望，怎么办？创造一个消费者购买你产品的通道。笔者有一次跟一个老板聊天，他们做大蒜油产品，一瓶20多块钱，卖不了多少钱。我说你要做成礼品，不是送给爹妈的，而是送给高级干部的，用最好的马口铁，做成圆的包装，将价格抬高，32块钱抬高成2000多块钱。一定要让收礼、送礼阳光化，只要在包装上写上一句话，“为党为人民为家庭再工作三十年，用这个产品”。送礼的人很开心，这不是为了个人私利，而是为党为国家为人民，收礼的人也有了一个台阶下了。

（四）品牌竞争力来源于身份和自我表现

男孩子喜欢看金庸小说，女孩子喜欢看琼瑶小说。为什么？实际上是将小说里的人物当成自己了。英雄很少，我们都有渴望成为英雄的情结，但是我们又不能成为英雄，所以就在小说里跟英雄一起经受磨难。武打小说里的英雄一定是这样的：第一，英雄的出生往往是不正常的，英雄一出生就受人鄙视。第二，英雄在成长的过程中，总是受到很多委屈，或者被人追杀，或者父债子还，英雄一定是很倒霉的。第三，英雄在最倒霉的时候，遇到一些稀奇古怪的事，练就了一番绝世武功。而言情小说的女主角往往出身都比较低贱，但又长着漂亮的脸蛋，又有着聪明的智慧。来了一位白马王子，结果男方的家庭不同意，于是分手团圆再分手再团圆最后终于走到了一起，大圆满结局。

笔者在温州看到很多老板总是架着胳膊走路，后来才发现原来他们戴着大戒指。有一次有一家生产手机的外企经理对我说：“搞不清楚为什么中国人手机上镶嵌宝石居然可以卖的很好？”我就告诉他温州的例子，他说：“哦，原来有钱需要被人知道。”

(五)品牌竞争力来源于情感和爱

比如说钻石一颗永留传,比如说玫瑰代表爱,比如说“我们是老二,但是我们更努力”,这都是用了人们的同情心。

【案例】中国最成功的产品经理是谁?史玉柱,他开发了脑黄金和脑白金。广东的报纸曾经讲过,脑白金是针对大脑的补充物质。科学发展到21世纪的今天,人们最大的问题是对人脑不了解,大脑对人类来说一直是一个黑箱,人们对大脑是如何运行的并不知道。全球的医学科学家都研究不出来大脑是由什么组成的,现在唯一的科学成果是大脑的松果体里存在一个物质叫褪黑素。医学科学家发现一个人成长的过程,就是褪黑素不断减少的过程。褪黑素是用来干什么的?是使一个人很快的进入甜蜜梦乡的物质。

每一个婴儿生下来之后,褪黑素都是非常充分的。随着人逐渐的长大,大脑的褪黑素就逐渐的减少,直到有一天褪黑素完全没有了,人就走向了死亡。中国也有一句俗话,“三十年前睡不着,三十年后睡不醒”。麦当劳和肯德基都尝试过推早餐,以免费的早餐吸引更多的年轻人,结果发现大多数是老头老太太去排队。

医学科学家发现褪黑素是可以人工合成的,通过褪黑素来改进人的睡眠,这就是脑白金的原理。我曾经做过一个测试:走进一家药店看到脑白金的堆头,我大声问销售小姐这里有没有长生不老的药,销售小姐非常敏捷非常快地回答说有,然后拿了一盒脑白金给我,她说虽然这个不能长生不老,但是可以使你保持年轻。

脑白金的一些概念,如“促进睡眠年轻态”,“送礼就送脑白金”,最后告诉你用脑白金去孝敬爸妈,所以成为中国寿命最长的保健品是有它的道理的。为什么呢?目前,中国传统的四世同堂或者三世同堂的单元已经破坏掉了,现在基本上都是三人家庭,夫妻加孩子。父母需要的不仅是送钱给他,照顾他的生活,也需要你常回家看看,跟他们吃一顿饭,中国的父母最需要这个。所以脑白金就利用了中国人这样的消费心理,所以它成功自有它成功的道理。

第八章 价格策略

第一节 企业的定价目标和定价方法

【案例】产品定价体现产品的定位。比如新奥迪 A6L 不久前公布的 46.22 万至 64.96 万元的价格,就是要向外界正式传达一个信息:奥迪已经完完全全成为了与奔驰、宝马同类的超豪华品牌。与老 A6 相比,新奥迪 A6L 车身更长(加长了 10 厘米)、排量更大(最高达 4.2 升)、配置更高(移植了奥迪 A8 的 MMI 多媒体交互系统等多项先进配置)。经过重新配备,新奥迪 A6L 已经完全脱胎换骨,其品质完全可以与奔驰、宝马媲美,甚至在某些方面更胜一筹。同时,制定这样的价格,奥迪就将自己曾经的对手皇冠、天籁等抛在身后,同它们划清了界限。可以说,价格策略成为新奥迪营销策略的核心组成成分。

市场营销由四个基本要素组成,即产品、促销、分销和价格。企业通过前三个要素在市场中创造价值,通过定价从创造的价值中获取收益。在营销组合中,价格是唯一能产生收入的因素,其他因素都表现为成本。价格策略是企业营销组合的重要因素之一,它直接决定着企业市场份额的大小和盈利率的高低。随着营销环境的日益复杂,制定价格策略的难度越来越大,因为不仅要考虑成本补偿问题,还要考虑消费者的接受能力和市场竞争的状况。

一、影响产品定价的因素

影响产品定价的因素很多,有企业内部因素,也有企业外部因素;有主观的因素,也有客观的因素。概括起来,大体上可以有产品成本、市场需求、竞争因素和其他因素四个方面。

(一)产品成本

企业产品定价以成本为最低界限,产品价格只有高于成本,企业才能补偿生产上的耗费，从而获得一定的盈利。但这并不排斥在特定的时期，某些产品的价格低于成本，如换季产品、样品、促销品等。

企业定价时，不应将成本孤立地对待，而应同产量、销量、资金周转等因素综合起来考虑。另外，成本因素还要与影响价格的其他因素结合起来考虑。

(二)市场需求

产品价格除了受成本影响外，还受市场需求的影响，即受商品供给与需求的相互关系的影响。当商品的市场需求大于供给时，价格应高一些；当商品的市场需求小于供给时，价格应低一些。反过来，价格变动也影响市场需求总量，从而影响销售量，进而影响企业目标的实现。因此，企业制定价格就必须了解价格变动对市场需求的影响程度。

【案例】五粮液提价，白酒分档规则如何改写？

从9月19日五粮液全面涨价以来，它的价格便成了白酒业最热门的话题，在市场上52度的批发价已经涨到360元左右，39度的批发价也在270元左右，终端零售价在各地不同，处于420～460元之间，而其在一些大城市的酒店零售价已经达到650元。在现行销售政策和销售结构不变的情况下，高度(52度)五粮液平均上调约20%、低度(39度)五粮液平均上调约25%。

作为白酒行业领袖级的品牌，五粮液的一举一动都备受关注。以其在高档白酒中的地位来说，它的提价对白酒的分档格局必然会产生影响。但究竟会产生怎样的影响？其影响程度如何？正是目前许多业内人士正在关注和探讨的问题。

(三)竞争因素

市场竞争也是影响价格制定的重要因素。根据竞争的程度不同，企业定价策略会有所不同。按照市场竞争程度，可以分为完全竞争、不完全竞争与完全垄断三种情况。

1. 完全竞争

所谓完全竞争也称自由竞争，它是一种理想化了的极端情况。在完全竞争条件下，买者和卖者都大量存在，产品都是同质的，不存在质量与功能上的差异，企业自由地选择产品生产，买卖双方能充分地获得市场情报。在这种情况下，无论是买方还是卖方都不能对产品价格进行影响，只能在市场既定价格下从事生产和交易，如农产品的价格。

2. 不完全竞争

它介于完全竞争与完全垄断之间，它是现实中存在的典型的市场竞争状况。不完全竞争条件下，最少有两个以上买者或卖者，少数买者或卖者对价格和交易数量起着较大的影响作用，买卖各方获得的市场信息是不充分的，它们的活动受到一定的限制，而且它们提供的同类商品有差异。因此，它们之间存在着一定程度的竞争。在不完全竞争情况下，企业的定价策略有比较大的回旋余地，它既要考虑竞争对手的价格策略，也要考虑本企业定价策略对竞争态势的影响。

3. 完全垄断

它是完全竞争的反面，是指一种商品的供应完全由一家控制，形成独占市场。在完全垄断情况下，交易的数量与价格由垄断者单方面决定。完全垄断在现实中比较少见。

（四）其他因素

企业的定价策略除受成本、需求以及竞争状况的影响外，还受到其他多种因素的影响。这些因素包括政府或行业组织的干预、消费者习惯和心理、企业或产品的形象等。

1. 政府或行业组织干预

政府为了维护经济秩序，或为了其他目的，可能通过立法或者其他途径对企业的价格策略进行干预。政府的干预包括规定毛利率，规定最高、最低限价，限制价格的浮动幅度或者规定价格变动的审批手续，实行价格补贴等。例如，美国某些州政府将房租控制在较低的水平上，将牛奶价格控制在较高的水平上；法国政府将宝石的价格控制在低水平，将面包价格控制在高水平；我国某些地方为反暴利对商业毛利率的限制等。另外，一些贸易协会或行业性垄断组织也会对企业的价格策略进行影响。

2. 消费者心理和习惯

价格的制定和变动在消费者心理上的反映也是价格策略必须考虑的因素。在现实生活中，很多消费者存在着“一分价钱一分货”的观念。

面对不太熟悉的商品，消费者常常从价格上判断商品的好坏，从经验上把价格同商品的使用价值挂钩。消费者心理和习惯上的反应是很复杂的，某些情况下会出现完全相反的反应。例如，在一般情况下，涨价会减少购买，但有时涨价会引起抢购，反而会增加购买。因此，在研究消费者心理对定价的影响时，要持谨慎态度，要更仔细地了解消费者心理及其变化规律。

【案例】抢购汽车——非典改变了我们对私家车的态度（中国汽车网，2003-05-14）

在一个月前，"非典会促进车市"还是汽车业内人士饭桌上的笑谈，但如今，火爆的车市使我们不能不把非典与汽车生活联系起来！

最新的销售数字是亚运村汽车交易市场日销售量节节上升，达到近千辆，汽车类股票也成为五一假期之后重新开盘的股市上的领涨板块，而一家网站的网上调查显示也有近25%的准车主有提前购车计划。汽车无意间成为了普通百姓抗击非典的"避风港"。

非典以一种极端方式改变了我们对私家车的态度，让人越来越认识到私家车具有的私密性、安全性和必要性。

在有消费者支持的同时，汽车商家和厂家的举措也为车市添了一把火。电话订车、送车上门、网上选车等，只要能够让消费者减少直接接触的办法都成了商家促销的良方。消费形式、销售模式都变得更具人性化。而这些人性化服务，又恰是我们此前一直呼吁的。

非典还让消费者和商家减少了在价格上的争吵。如今，对于迫切购车的消费者，价格已成为次要问题。非典减缓了汽车降价的步伐。

汽车厂家也在因非典而忙碌，20余款的新车将会按计划推出，尽管这要面临外方技术人员难以来中国现场进行技术支持、安装新生产线等难题。

汽车租赁、内饰清洁消毒等行业也因非典而火爆了一把，尽管可以预计这种爆发性的火爆是短暂的，就像非典是短暂的一样。

3. 企业或产品的形象因素

有时企业根据企业理念和企业形象设计的要求，需要对产品价格作出限制。例如，企业为了树立热心公益事业的形象，会将某些有关公益事业的产品价格定得较低;为了形成高贵的企业形象,将某些产品价格定得较高,等等。

二、企业的定价目标

定价目标是指企业通过制定一定水平的价格,所要达到的预期目的。定价目标一般可分为利润目标、销售额目标、市场占有率目标和稳定价格目标。

(一)利润目标

获取利润是企业生存和发展的必要条件,是企业经营的直接动力和最终目的。因此,利润目标为大多数企业所采用。由于企业的经营哲学及营销总目标的不同,这一目标在实践中有两种形式。

1. 以追求最大利润为目标

最大利润有长期和短期之分,还有单一产品最大利润和企业全部产品综合最大利润之别。一般而言,企业追求的应该是长期的、全部产品的综合最大利润,这样,企业就可以取得较大的市场竞争优势,占领和扩大更多的市场份额,拥有更好的发展前景。当然,对于一些中小型企业、产品生命周期较短的企业、产品在市场上供不应求的企业等,也可以谋求短期最大利润。

最大利润目标并不必然导致高价。价格太高,会导致销量下降,利润总额可能因此而减少。有时,高额利润是通过采用低价策略,待占领市场后再逐步提价来获得的;有时,企业可以采用招徕定价艺术,对部分产品定低价,赔钱销售,以扩大影响,招徕顾客,带动其他产品的销售,进而谋取最大的整体效益。

2. 以获取适度利润为目标

它是指企业在补偿社会平均成本的基础上,适当地加上一定量的利润作为商品价格,以获取正常情况下合理利润的一种定价目标。以最大利润为目标,尽管从理论上讲十分完美,也十分诱人,但实际运用时常常会受到各种限制。所以,很多企业按适度原则确定利润水平,并以此为目标制定价格。以适度利润为目标使产品价格不会显得太高,从而可以阻止激烈的市场竞争。另外,某些企业为了协调投资者和消费者的关系，树立良好的企业形象，也以适度利润为目标。

由于以适度利润为目标确定的价格不仅使企业可以避免不必要的竞争，又能获得长期利润，而且由于价格适中，消费者愿意接受，还符合政府的价格指导方针，因此这是一种兼顾企业利益和社会利益的定价目标。

(二)销售额目标

这种定价目标是在保证一定利润水平的前提下，谋求销售额的最大化。某种产品在一定时期、一定市场状况下的销售额由该产品的销售量和价格共同决定，因此销售额的最大化既不等于销量最大，也不等于价格最高。对于需求价格弹性较大的商品，降低价格而导致的损失可以由销量的增加而得到补偿，因此企业宜采用薄利多销策略，尽量降低价格，促进销售，扩大盈利；反之，若商品的需求价格弹性较小，降价会导致收入减少，而提价则使销售额增加，企业应该采用高价、厚利、限销的策略。

采用销售额目标时，确保企业的利润水平尤为重要。这是因为销售额的增加，并不必然带来利润的增加。有些企业的销售额上升到一定程度，利润就很难上升，甚至销售额越大，亏损越多。因此，销售额和利润必须同时考虑。在两者发生矛盾时，除非是特殊情况(如为了尽量地回收现金)，应以保证最低利润为原则。

(三)市场占有率目标

市场占有率，又称市场份额，是指企业的销售额占整个行业销售额的百分比，或者是指某企业的某产品在某市场上的销量占同类产品在该市场销售总量的比重。市场占有率是企业经营状况和企业产品竞争力的直接反映。

作为定价目标，市场占有率与利润的相关性很强。从长期来看，较高的市场占有率必然带来高利润。美国营销专家指出：当市场占有率在10%以下时，投资收益率大约为8%；当市场占有率在10%～20%之间时，投资收益率在14%以上；当市场占有率在20%～30%之间时，投资收益率约为22%；当市场占有率在30%～40%之间时，投资收益率约为24%；当市场占有率在40%以上时，投资收益率约为29%。因此，以市场占有率为定价目标具有获取长期较好利润的可能性。

在实践中，市场占有率目标被国内外许多企业所采用，其方法是以较长时间的低价策略来保持和扩大市场占有率，增强企业竞争力，最终获得最优利润。但是，这一目标的顺利实现至少应具备三个条件：①企业有雄厚的经济实力，可以承受一段时间的亏损，或者企业本身的生产成本本来就低于竞争对手。②企业对其竞争对手情况有充分了解，有从其手中夺取市场份额的绝对把握。否则，企业不仅不能达到目的，反而很有可能会受到损失。③政府未对市场占有率作出政策和法律的限制。比如美国制定有"反垄断法"，对单个企业的市场占有率进行限制，以防止少数企业垄断市场。在这种情况下，盲目追求高市场占有率，往往会受到政府的干预。

（四）稳定价格目标

稳定的价格通常是大多数企业获得一定目标收益的必要条件，市场价格越稳定，经营风险也就越小。稳定价格目标的实质即是通过本企业产品的定价来左右整个市场价格，避免不必要的价格波动。按这种目标定价，可以使市场价格在一个较长的时期内相对稳定，减少企业之间因价格竞争而发生的损失。

为达到稳定价格的目的，通常情况下是由那些拥有较高的市场占有率、经营实力较强或较具有竞争力和影响力的领导者先制定一个价格，其他企业的价格则与之保持一定的距离或比例关系。对大企业来说，这是一种稳妥的价格保护政策；对中小企业来说，由于大企业不愿意随便改变价格，其利润也可以得到保障。在钢铁、采矿业、石油化工等行业内，稳定价格目标得到最广泛的应用。

将定价目标分为利润目标、销售额目标、市场占有率目标和稳定价格目标，只是一种实践经验的总结，它既没有穷尽所有可能的定价目标，又没有限制每个企业只能选用其中的一种。由于资源的约束，企业规模和管理方法的差异，企业可能从不同的角度选择自己的定价目标。不同行业的企业有不同的定价目标，同一行业的不同企业可能有不同的定价目标，同一企业在不同的时期、不同的市场条件下也可能有不同的定价目标，即使采用同一种定价目标，其价格策略、定价方法和技巧也可能不同。因此,企业应根据自身的性质和特点,具体情况具体分析,权衡各种定价目标的利弊,灵活确定自己的定价目标。

三、定价方法

定价方法,是企业在特定的定价目标指导下,依据对成本、需求及竞争等状况的研究,运用价格决策理论,对产品价格进行计算的具体方法。定价方法主要包括成本导向、竞争导向和顾客导向三种类型。

(一)成本导向定价法

成本导向定价是企业定价首先需要考虑的方法。成本是企业生产经营过程中所发生的实际耗费,客观上要求通过商品的销售而得到补偿,并且要获得大于其支出的收入,超出的部分表现为企业利润。以产品单位成本为基本依据,再加上预期利润来确定价格的成本导向定价法,是中外企业最常用、最基本的定价方法。成本导向定价法又衍生出了总成本加成定价法、目标收益定价法、边际成本定价法、盈亏平衡定价法等几种具体的定价方法。

1.总成本加成定价法

在这种定价方法下,把所有为生产某种产品而发生的耗费均计入成本的范围,计算单位产品的变动成本,合理分摊相应的固定成本,再按一定的目标利润率来决定价格。其计算公式为

单位产品价格=单位产品总成本×(1+目标利润率)

例如,某电视机厂生产2000台彩色电视机,总固定成本600万元,每台彩电的变动成本为1000元,确定目标利润率为25%。则采用总成本加成定价法确定价格的过程如下:

单位产品固定成本:6000000÷2000=3000元

单位产品变动成本:1000元

单位产品总成本:4000元

单位产品价格:4000×(1+25%)=5000元

采用成本加成定价法,确定合理的成本利润率是一个关键问题,而成本利润率的确定,必须考虑市场环境、行业特点等多种因素。某一行业的某一产品在特定市场以相同的价格出售时,成本低的企业能够获

得较高的利润率,并且在进行价格竞争时可以拥有更大的回旋空间。

在用成本加成方式计算价格时,对成本的确定是在假设销售量达到某一水平的基础上进行的。因此,若产品销售出现困难,则预期利润很难实现,甚至成本补偿也变得不现实。但是,这种方法也有一些优点:首先,这种方法简化了定价工作,便于企业开展经济核算。其次,若某个行业的所有企业都使用这种定价方法,他们的价格就会趋于相似,因而价格竞争就会减到最少。再次,在成本加成的基础上制定出来的价格对买方和卖方来说都比较公平,卖方能得到正常的利润,买方也不会觉得受到了额外的剥削。成本加成定价法一般在租赁业、建筑业、服务业、科研项目投资以及批发零售企业中得到广泛的应用。即使不用这种方法定价,许多企业也多把用此法制定的价格作为参考价格。

2. 目标收益定价法

目标收益定价法又称投资收益定价法,是根据企业的投资总额、预期销量和投资回收期等因素来确定价格。假设上面一例中建设电视机厂的总投资额为800万元,投资回收期为5年,则采用目标收益定价法确定价格的基本步骤为:

(1)确定目标收益率:

目标收益率 = 1/投资回收期 × 100% = 1/5 × 100% = 20%

(2)确定单位产品目标利润额:

单位产品目标利润额 = 总投资额 × 目标收益率 ÷ 预期销量

8000000 × 20% ÷ 2000 = 800 元

(3)计算单位产品价格:

单位产品价格 = 企业固定成本 ÷ 预期销量 + 单位变动成本 + 单位产品目标利润额 = 6000000 ÷ 2000 + 1000 + 800 = 4800 元

与成本加成定价法相类似,目标收益定价法也是一种生产者导向的产物,很少考虑到市场竞争和需求的实际情况,只是从保证生产者的利益出发制定价格。另外,先确定产品销量,再计算产品价格的做法完全颠倒了价格与销量的因果关系,把销量看成是价格的决定因素,在实际上很难行得通。尤其是对于那些需求价格弹性较大的产品,用这种方法制定出来的价格,无法保证销量的必然实现,那么,预期的投资回收期、目标收益等也就只能成为一句空话。不过,对于需求比较稳定的大型制造业,供不应求且价格弹性小的商品,市场占有率高、具有垄断性的商品以及大型的公用事业、劳务工程和服务项目等,在科学预测价格、销量、成本和利润四要素的基础上,目标收益法仍不失为一种有效的定价方法。

3.边际成本定价法

边际成本是指每增加或减少单位产品所引起的总成本的变化量。由于边际成本与变动成本比较接近,而变动成本的计算更容易一些,所以在定价实务中多用变动成本代替边际成本,而将边际成本定价法称为变动成本定价法。

采用边际成本定价法时,是以单位产品变动成本作为定价依据和可接受价格的最低界限。在价格高于变动成本的情况下,企业出售产品的收入除完全补偿变动成本外,还可用来补偿一部分固定成本,甚至可能提供利润。

例如,某制鞋厂在一定时期内发生固定成本 80000 元,单位变动成本 0.7 元,预计销量为 100000 双。在当时市场条件下,同类产品的价格为 1 元/双。那么,企业是否应该继续生产呢?其决策过程应该是这样的:

固定成本 = 80000 元

变动成本 = 0.7 × 100000 = 70000 元

销售收入 = 1 × 100000 = 100000 元

企业盈亏 = 100000 − 70000 − 80000 = − 50000 元

按照变动成本定价,企业出现了 50000 元的亏损,但是作为已经发生的固定成本,在不生产的情况下,已支出了 80000 元,这说明按变动成本定价时可减少 30000 元固定成本的损失,并补偿了全部变动成本 70000 元。若低于变动成本定价,如市场价格降为 0.7 元/双以下,则企业应该停产,因为此时的销售收入不仅不能补偿固定成本,连变动成本也不能补偿,生产得越多,亏损便越多,企业的生产活动便变得毫无意义。

边际成本定价法改变了售价低于总成本便拒绝交易的传统做法,

在竞争激烈的市场条件下具有极大的定价灵活性，对于有效地对付竞争者，对于开拓新市场，调节需求的季节差异，形成最优产品组合可以发挥巨大的作用。但是，过低的成本有可能被指控为从事不正当竞争，并招致竞争者的报复，在国际市场则易被进口国认定为“倾销”，产品价格会因“反倾销税”的征收而畸形上升，失去其最初的意义。

4.盈亏平衡定价法

在销量既定的条件下，企业产品的价格必须达到一定的水平才能做到盈亏平衡、收支相抵。既定的销量就称为盈亏平衡点，这种制定价格的方法就称为盈亏平衡定价法。科学地预测销量和已知固定成本、变动成本是盈亏平衡定价的前提。在此方法下，为了确定价格可利用如下公式：

盈亏平衡点价格＝固定总成本÷销量＋单位变动成本

例如，某企业年固定成本为 100000 元，单位产品变动成本为 30 元/件，年产量为 2000 件，则该企业盈亏平衡点价格＝100000÷2000＋30＝80 元。

以盈亏平衡点确定价格只能使企业的生产耗费得以补偿，而不能得到收益。因此，在实际中均将盈亏平衡点价格作为价格的最低限度，通常再加上单位产品目标利润后才作为最终市场价格。有时，为了开展价格竞争或应付供过于求的市场格局，企业采用这种定价方式以取得市场竞争的主动权。

从本质上说，成本导向定价法是一种卖方定价导向。它忽视了市场需求、竞争和价格水平的变化，在有些时候与定价目标相脱节，不能与之很好地配合。此外，运用这一方法制定的价格均是建立在对销量主观预测的基础上，从而降低了价格制定的科学性。因此，在采用成本导向定价法时，还需要充分考虑需求和竞争状况，来确定最终的市场价格水平。

（二）竞争导向定价法

在竞争十分激烈的市场上，企业通过研究竞争对手的生产条件、服务状况、价格水平等因素，依据自身的竞争实力，参考成本和供求状况来确定商品价格。这种定价方法就是通常所说的竞争导向定价法。其特点是:价格与商品成本和需求不发生直接关系;商品成本或市场需求变化了,但竞争者的价格未变,就应维持原价;反之,虽然成本或需求都没有变动,但竞争者的价格变动了,则相应地就要调整其商品价格。当然,为实现企业的定价目标和总体经营战略目标,谋求企业的生存或发展,企业可以在其他营销手段的配合下,将价格定得高于或低于竞争者的价格,并不一定要求和竞争对手的价格完全保持一致。竞争导向定价法主要包括以下三种形式。

1. 随行就市定价法

在垄断竞争和完全竞争的市场结构条件下,任何一家企业都无法凭借自己的实力在市场上取得绝对的优势。为了避免竞争特别是价格竞争带来的损失,大多数企业都采用随行就市定价法,即将本企业某产品价格保持在市场平均价格水平上,利用这样的价格来获得平均报酬。此外,采用随行就市定价法,企业就不必去全面了解消费者对不同价差的反应,从而为营销人员节约了很多时间。

采用随行就市定价法,最重要的就是确定目前的"行市"。在实践中,"行市"的形成有两种途径:第一种途径是在完全竞争的环境里,各个企业都无权决定价格,通过对市场的无数次试探,相互之间取得一种默契而将价格保持在一定的水准上。第二种途径是在垄断竞争的市场条件下,某一部门或行业的少数几个大企业首先定价,其他企业参考定价或追随定价。

2. 产品差别定价法

从根本上来说,随行就市定价法是一种防御性的定价方法,它在避免价格竞争的同时,也抛弃了价格这一竞争的"利器"。产品差别定价法则反其道而行之,它是指企业通过不同的营销努力,使同种同质的产品在消费者心目中树立起不同的产品形象,进而根据自身特点,选取低于或高于竞争者的价格作为本企业的产品价格。因此,产品差别定价法是一种进攻性的定价方法。

产品差别定价法的运用,首先要求企业必须具备一定的实力,在某一行业或某一区域市场占有较大的市场份额,消费者能够将企业产品与企业本身联系起来。其次,在质量大体相同的条件下实行差别定价是有限的，尤其对于定位为“质优价高”形象的企业来说，必须支付较大的广告、包装和售后服务方面的费用。因此，从长远来看，企业只有通过提高产品质量，才能真正赢得消费者的信任，才能在竞争中立于不败之地。

3. 密封投标定价法

在国内外，许多大宗商品、原材料、成套设备和建筑工程项目的买卖和承包，以及征招经营协作单位、出租出售小型企业等，往往采用发包人招标、承包人投标的方式来选择承包者，并确定最终承包价格。一般说来，招标方只有一个，处于相对垄断地位；而投标方有多个，处于相互竞争地位。标的物的价格由参与投标的各个企业在相互独立的条件下来确定。在买方招标的所有投标者中，报价最低的投标者通常中标，它的报价就是承包价格。这样一种竞争性的定价方法就称为密封投标定价法。

(三)顾客导向定价法

现代营销观念要求，企业的一切生产经营活动必须以消费者需求为中心，并在产品、价格、分销和促销等方面予以充分体现。根据市场需求状况和消费者对产品的感觉差异来确定价格的方法叫做顾客导向定价法，又称“市场导向定价法”、“需求导向定价法”。其特点是灵活有效地运用价格差异，对平均成本相同的同一产品，价格随市场需求的变化而变化，不与成本因素发生直接关系。需求导向定价法主要包括理解价值定价法、需求差异定价法和逆向定价法。

1. 需求差异定价法

所谓需求差异定价法，是指产品价格的确定以需求为依据，首先强调适应消费者需求的不同特性，而将成本补偿只放在次要的地位。这种定价方法，对同一商品在同一市场上制定两个或两个以上的价格，或使不同商品价格之间的差额大于其成本之间的差额。其好处是可以使企业定价最大限度地符合市场需求，促进商品销售，获取最佳的经济效益。根据需求特性的不同，需求差异定价法通常有以下几种形式：

(1)以用户为基础的差别定价。它是指针对不同的用户或顾客，对同一产品制定不同的价格。比如，对老客户和新客户、长期客户和短期客户、女性和男性、儿童和成人、残疾人和健康人、工业用户和居民用户等，分别采用不同的价格。

(2)以地点为基础的差别定价。它随着地点的不同而收取不同的价格，比较典型的例子是影剧院、体育场、飞机等，其座位不同，票价也不一样。例如，体育场的前排可能收费较高，旅馆客房因楼层、朝向、方位的不同而收取不同的费用。这样做的目的是调节客户对不同地点的需求和偏好，平衡市场供求。

(3)以时间为基础的差别定价。同一种产品，成本相同，而价格随季节、日期甚至钟点的不同而变化。例如，供电局在用电高峰期和闲暇期制定不同的电费标准；电影院在白天和晚上的票价有别。对于某些时令商品，在销售旺季，人们愿意以稍高的价格购买；而一到淡季，则购买意愿明显减弱，所以这类商品在定价之初就应考虑到淡、旺季的价格差别。

(4)以产品为基础的差别定价。不同外观、花色、型号、规格、用途的产品，也许成本有所不同，但它们在价格上的差异并不完全反映成本之间的差异，而主要区别在于需求的不同。例如，棉纺织品卖给纺织厂和卖给医院的价格不一样，工业用水、灌溉用水和居民用水的收费往往有别。对于同一型号而仅仅是颜色不同的产品，由于消费者偏好的不同，也可以制定不同的价格。

(5)以流转环节为基础的差别定价。企业产品出售给批发商、零售商和用户的价格往往不同，通过经销商、代销商和经纪人销售产品，因责任、义务和风险不同，佣金、折扣及价格等都不一样。

(6)以交易条件为基础的差别定价。交易条件主要指交易量大小、交易方式、购买频率和支付手段等。交易条件不同，企业可能对产品制定不同的价格。比如，交易批量大的价格低，零星购买价格高；现金交易价格可适当降低，支票交易、分期付款、以物易物的价格适当提高；预付定金、连续购买的价格一般低于偶尔购买的价格。

2.理解价值定价法

消费者对商品往往有自身的价值观念，这种价值观念实际上是消费者对商品质量、用途、款式以及服务质量的评估。当一个消费者看到某种商品，它便根据对这个商品的印象，自我评估它的价格，只有这个价格，消费者才愿意购买，市场营销学上把它称之为消费者对价格的理解价值。理解价值定价法是一种先估计和测定商品在顾客心目中的价值水平，再以此为依据制定出商品价格的方法。

这种方法的具体做法是：企业首先通过广告宣传或者其他传播途径，把商品介绍给消费者，使消费者对商品的质量、用途、款式、格调以及原材料等有一个初步的印象。然后通过市场调查，了解掌握消费者对商品价值的理解，以此作为定价标准。如果在这个定价水平下，企业所获得的利润同其经营目标相符合，就可以开发商品；如果在这个价格水平下利润很低，甚至会亏损，企业就应该考虑放弃经营。这种方法的关键是如何分析和测定决定产品的理解价值水平。

3. 逆向定价法

这种定价方法主要不是考虑产品成本，而重点考虑需求状况。依据消费者能够接受的最终销售价格，逆向推算出中间商的批发价和生产企业的出厂价格。逆向定价法的特点是：价格能反映市场需求情况，有利于加强与中间商的良好关系，保证中间商的正常利润，使产品迅速向市场渗透，并可根据市场供求情况及时调整，定价比较灵活。

四、定价形式

(一)高价致胜策略

【案例】二次大战期间，绅宝公司以制造战斗机而闻名。战后绅宝利用自己的技术力量，按照制造飞机的高要求，生产出一种小型、廉价、注重驾驶乐趣的汽车，每年在美国市场上售出一万辆左右。

20世纪70年代末期，汽车业竞争加剧，美国的通用和日本的丰田在生产经济车方面竞争十分激烈。绅宝公司也面临着两种选择：要么生产经济车，要么生产昂贵车。绅宝选择了生产昂贵车。因为，经济车每部车利润小，在与通用、福特等大公司的激烈竞争中，只有每年生产25万辆以上的汽车才有利可图。而生产昂贵车，每车利润高，尽管销售总量少，但绅宝可以利用自己的技术优势，生产起来驾轻就熟。因此，进军昂贵车市场才是绅宝的出路。

绅宝公司预计，到80年代末，跑车市场将急剧扩大，购买这类跑车的顾客年龄在25～44岁之间。这一年龄群增长较快，而且大都是双职工，夫妻都有较好的工作，薪水较高，比较富有。他们需要质量高、性能好、驾驶舒适和服务良好的汽车，而且他们不太在乎价钱，贵也买得起。从1979年起，绅宝汽车公司推出了新的SAA900型涡轮增压型车，价格是每辆2万美元(这个价格在美国已经非常高了，“卡迪拉克”一般也就这个价)。广告强调它是高性能、新款式、独特形象、独一无二的高级车，而且提供消费者想要的各种高级设备。加上适当的促销和销售渠道策略，有钱人对绅宝汽车产生了强烈的购买欲望。这种产品定位政策取得了巨大的成功。绅宝车1983年在美国的销售量超过2.5万辆，市场出现供不应求的局面。有些经销商甚至以拍卖方式将车出售给出价最高的人。这一年，绅宝汽车销售增长率为42%。该公司的高级管理人员曾自豪地说：“通用汽车公司要卖几百个汉堡包，而我们只卖出极少的牛排便可与之竞争。”

【案例】有一家大饭店，曾推出20万美元一晚的总统套房，以及50万美元一桌的“黄金宴”。乍一看，这家饭店的决策者肯定是得了精神病。其实，这正是精明的定价策略所在。这家饭店以几间空着的总统套房换来品质高贵的形象。每个上层社会的人都以进去消费一番为荣。饭店的生意兴隆无比！这就是高价致胜策略的奥妙。

实行产品高价定位策略，产品的优质必须明显，使消费者能实实在在地感觉到，否则消费者就会不买账。台湾顶新集团向内地推出的“顶好清香油”和“康师傅方便面”在内地都是创新产品，并都享有很高的知名度，这两种产品的价格都比内地同类产品贵，但结局大不一样。“顶好清香油”与内地产高级食用油产品差异不大，“康师傅方便面”的产品差异就相当明显，吃下去就体会得到。于是“顶好清香油”费尽九牛二虎之力，销售业绩却平平，而“康师傅方便面”却造成了大陆方便面市场的震撼，不仅为“顶新”赚了大钱，而且使台湾这家中小型制油厂竟能领先于台湾“食品巨人”统一集团，成为内地方便面的领导品牌。

总之，如果有真正优异的产品，高价策略是行得通的。但是，价高的幅度、产品的差异、产品的性质都需要仔细研究。日常消费品如果价高，一般会影响其销路，如"顶好清香油"、"纸尿裤"等。如果产品优质且差异明显，并配以不太大的价格差异，则产品销路会很容易打开，如"康师傅方便面"。

【案例】奇货可居，高价暴利——小小圆珠笔赚取大利润

20世纪60年代，美国有一位名叫米尔顿·雷诺兹的企业家，他在阿根廷谈生意时，偶然发现了圆珠笔。其实，圆珠笔的原始设计早在1888年就已问世，只是没有形成批量生产，不为世人所知罢了。

雷诺兹立即敏锐地认为圆珠笔具有广阔的市场前景，于是他赶回国内，不分昼夜地研究改进，只用了一个多月的时间，就拿出了自己的样品，并巧妙地利用了当时人们原子热的情绪，取名为"原子笔"。之后，他立即拿着仅有的一个样品来到纽约的金贝尔百货公司，向公司主管们展示这种原子时代的奇妙笔的不凡之处："可以在水中写字，也可以在高海拔地区写字。"这些都是雷诺兹根据圆珠笔的特点和美国人追新求异的性格，精心制定的促销策略。公司老板被这种奇妙的笔打动了，拍板订购了2500支，并同意采用雷诺兹的促销口号作为广告。

当时，这种圆珠笔的生产成本仅0.50美元，但雷诺兹认为，这种产品在美国是第一次出现，奇货可居，而且尚无竞争者，就果断地将价格定在了12.50美元，零售商又以每支20多美元的价格卖给消费者。雷诺兹认为，只有这样的价格才能显出这种笔的非凡之处，配得上"原子笔"的名称。尽管价格如此高昂，圆珠笔却在一段时间内以其新颖、奇特和高贵的形象而风靡美国，在市场上十分畅销。金贝尔百货公司第一次销售这种笔时，竟出现了几千人争购"奇妙笔"的壮观场面。订单像雪片般飞向雷诺兹的公司。短短半年，不仅收回了生产圆珠笔所投入的2.6万美元资本，还获得了155万美元的税后利润。

（二）低价渗透策略

人们常有一个误区，即"高价高品位，低价低品位"。大多数消费者对不熟悉的商品，如家电、汽车等常以价格判断其优劣。所以，对这类市场，降价或低价销售常要冒很大的风险。而对大家熟悉的产品，有时低价定位则是一把利剑，如柯达胶卷。

【案例】国产奔驰昨日正式上市，采取低价位策略（2005－12－23，

南方都市报)

在"千呼万唤"之后,北京奔驰–戴姆勒·克莱斯勒汽车有限公司(下称北京奔驰)生产的国产奔驰E级轿车终于从昨日起正式上市。不过,总算未让业界"失望"的是,两款奔驰E级轿车52.5万元到62万元的最终市场售价,将让目前市场上国产奔驰最强劲的两个对手宝马和奥迪"伤透脑筋"。而国产高端豪华轿车的竞争,也将由此走向一个新的阶段。

两款奔驰E级车昨日上市

昨日,北京奔驰宣布,首批国产奔驰E级轿车从即日起正式上市并接受用户订单,这是北京奔驰成立后首次投放国产的奔驰车型。此次投放市场的两款奔驰E级车为全新E280和E200K。北京奔驰宣布,奔驰E280的零售价为人民币62万元,而奔驰E200K的零售价则为人民币52.5万元。

宝马、奥迪遭遇强劲对手

事实上,国产奔驰E级车昨日上市其实已不是最大的新闻,业界更关注的是首款国产E级车的售价。上市之前不少分析人士就认为,奔驰E280的主要竞争对手是宝马530和奥迪新A6L,目前宝马530市场指导价在60万元左右,奥迪新A6L3.0在56万元左右。按惯例,同级别的奔驰定价一般高出宝马15%左右。因此,很多业内人士预测,国产奔驰E280的价格将在65万元左右。但昨日宣布的价格表明,首批上市的国产奔驰采取了低价定位策略。

豪华车市场格局或将重新洗牌

国产奔驰采取的这种低价位策略,将使国内高端豪华轿车市场的竞争进入一个新阶段。今年上半年,奔驰在中国的销量为8000辆,同比增长17%;宝马的销量则为9427辆,同比增长4%。统计数据显示,尽管宝马在中国的销售仍略大于奔驰,但在增长速度方面,已与奔驰存在较大差距。不过,从9月份宝马在中国推出新3系开始,其在中国的销售迅速增长,这让业界对国产奔驰E级车充满了期待。

宝马、奥迪广州经销商接受采访时表示,在低价策略下,目前厂家指导价几乎和国产奔驰无多大差别的宝马和奥迪无疑将遇到国产奔驰的极强挑战。而目前仍由奥迪、宝马暂时领先的国产高档豪华轿车市场格局,也极有可能重新洗牌。

(三)铁价不二策略

铁价不二策略的用意是出其不意、打破常规、逆流而上,从而取得与众不同的效果。

【案例】香港海马公司开始主要是生产、销售海马床褥,后来也兼售家具。在香港,家具店到处都是,竞争异常激烈。正因为如此,海马的总经理邹友正在全行业都以减价和折扣招徕顾客的时候,决定独树一帜,那就是不减价,更没有折扣,顾客买就买,不买就算。而且,他为其家具做的第一个广告就是:"勿讲价,勿折价,明码实价,不折不扣不减价",结果顾客对此做法反映非常好。

海马公司实行铁价不二策略,而其他公司都以减价、折扣吸引顾客,正可谓"万花丛中一点绿"。大家都明白,减价、折扣所带来的缺点也格外明显:顾客买货心里不踏实。顾客走进家具店,第一件事就是与销售员讲价,有时会感到十分麻烦,最后即使以五折价钱买下,心里仍会觉得有吃亏的感觉,因为或许本来可以以四折"低价"买走。买了家具后,顾客还会患得患失,害怕第二天会大减价。比如3000港币买的一套家具过了一个星期后可能会卖1500港币,于是心理失衡,气愤难平。而海马公司的铁价不二法与之比较,则可把顾客的麻烦、担忧统统消除,简化买卖过程。对海马公司而言,此法可以省去员工与顾客讲价花的时间,因而提高了他们的效率,减低了经营成本。而且经理也无须担心店员的"侃价"技巧不到家,因而买卖双方皆大欢喜。事实上,由于其他家具店定价时需要留下顾客"还价"的余地,因而其定价必然高于海马公司的价格,从而显得海马公司的家具相对便宜。

第二节 价格调整策略

企业为某种产品制定出价格以后,并不意味着大功告成。随着市场营销环境的变化,企业必须对现行价格予以适当的调整。

调整价格,可采用减价及提价策略。企业产品价格调整的动力既可能来自于内部,也可能来自于外部。倘若企业利用自身的产品或成本优势,主动地对价格予以调整,将价格作为竞争的利器,这称为主动调整价格。有时,价格的调整出于应付竞争的需要,即竞争对手主动调整价格,而企业也相应地被动调整价格。无论是主动调整,还是被动调整,其形式不外乎是削价和提价两种。

一、削价策略

这是定价者面临的最严峻且具有持续威胁力量的问题。企业削价的原因很多,有企业外部需求及竞争等因素的变化,也有企业内部的战略转变、成本变化等,还有国家政策、法令的制约和干预等。这些原因具体如下:

削价最直截了当的方式是将企业产品的目录价格或标价绝对下降,但企业更多的是采用各种折扣形式来降低价格。如数量折扣、现金折扣、回扣和津贴等形式。此外,变相的削价形式有:赠送样品和优惠券,实行有奖销售;给中间商提取推销奖金;允许顾客分期付款;赊销;免费或优惠送货上门、技术培训、维修咨询;提高产品质量,改进产品性能,增加产品用途。由于这些方式具有较强的灵活性,在市场环境变化的时候,即使取消也不会引起消费者太大的反感,同时又是一种促销策略,因此在现代经营活动中运用越来越广泛。

确定何时削价是调价策略的一个难点,通常要综合考虑企业实力、产品在市场生命周期所处的阶段、销售季节、消费者对产品的态度等。如进入衰退期的产品,由于消费者失去了消费兴趣,需求弹性变大,产品逐渐被市场淘汰,为了吸引对价格比较敏感的购买者和低收入需求者,削价就可能是唯一的选择。由于影响削价的因素较多,企业决策者必须审慎分析和判断,并根据削价的原因选择适当的方式和时机,制定最优的削价策略。

【案例】把握趋势,低价开拓——康柏电脑的成功

个人电脑走向普及之路是和菲弗尔的功劳分不开的。他 1983 年出任康柏公司副总裁,主管除北美以外的国际业务。他不负众望,成功地开拓了国际业务,特别是在欧洲,市场份额高居第二,为康柏赢得了

声誉。美国《商业周刊》形容他是“康柏欧洲动力源泉背后的动力”。

但菲弗尔最让人吃惊的成绩是在1991年，他出任康柏公司总裁后，在短短3年时间里创造的成绩如下：

(1)康柏便携机在1992年的全年销售额只名列全球第四位，1993年成为世界第一，市场占有率升至12%。

(2)1994年，康柏个人电脑在头两季度的销售额跃升为世界第一，市场占有率增至12.4%。

(3)1994年头6个月营业额高达48亿美元。

硬件厂商们不禁为菲弗尔的回天有术而惊诧不已，因为众所周知，在菲弗尔上任之初正逢康柏的多事之秋，不仅出现了历史上第一个亏损季度，而且实施了大规模裁员计划，解雇了1200人(占当时员工总数的14%)。那时，由于康柏电脑以贵族电脑自居，面向大亨富豪，又由于经济不景气，所以购买价格昂贵的康柏电脑的人越来越少。

沧海横流，方显出英雄本色。“一定要重振康柏电脑”，菲弗尔上任之初就下定了决心。菲弗尔从业多年，有着丰富的电脑市场营销经验，对市场更有着敏锐的洞察力，这些都是他信心的来源。他认真地总结了康柏公司存在的问题，提出了新的发展战略，即坚持发展个人电脑，使个人电脑普及化。

他认为企业要有个性，用个性去抢占市场。康柏的个性在于发展个人电脑，因为那时大多数计算机公司对这个市场没有给予足够的重视，个人电脑方兴未艾，正是康柏抢占这个市场的大好时机。况且，康柏已是个人电脑世界中的名牌。

在看到康柏优势的同时，菲弗尔还清楚地认识到康柏公司经营中的问题：它的个人电脑价格太贵，超出一般消费者的购买能力。于是，菲弗尔做出了一个大胆的决定：把康柏电脑的售价降低1/3。按照惯例，康柏都是通过销售渠道向集团推销产品，于是普通消费者很难购买到康柏电脑。针对这种情况，菲弗尔决定在分销渠道中增加零售代理商。

这种自降身价的做法能行吗？市场给了一个响亮的回答：康柏个人电脑销量激增，用户大喜过望，而这一切均在菲弗尔的意料之中。个人电脑首次降价,而且降到令人难以置信的价位。以非名牌机子的价格购买名牌电脑的市场就这样被康柏占领了许多。

为保证赢利并满足消费者日益增长的需求,菲弗尔要求生产的各个环节都要降低成本,并要求工厂24小时连续生产。菲弗尔说,他不是不要利润,而是因为利润与市场占有份额紧密地联系在一起,没有市场,价格定得再高,也实现不了利润。营销的关键问题在于如何打开市场,而要打开市场取决于两个要素:一是品牌形象好,二是便宜。康柏在具备了品牌优势后,要大发展,就要降价。用菲弗尔的话说就是:"对于康柏来说,降价与降低生产成本和进行规模生产是并行的。只有这样,才能既减轻顾客的负担,又使康柏获得理想的利润。"在康柏转入批量生产时,各道工序的成本都尽可能地降低。1993年,当年生产量从150万台提高到300万台时,全部生产成本几乎下降了3.1亿美元。

当其他生产名牌个人电脑的公司领悟到菲弗尔降价之举的道理之后,纷纷效仿。一时间,名牌个人电脑的售价都降了下来。降价并不是放之四海而皆准的灵丹妙药,很多公司实力不够,在与康柏价格大战中败下阵来,而康柏却在降价后大赚其钱,从1992年起成为业界罕有的保持连年盈利纪录的公司。

二、提价策略

提价确实能够增加企业的利润率,但却会引起竞争力下降、消费者不满、经销商抱怨,甚至还会受到政府的干预和同行的指责,从而对企业产生不利影响。虽然如此,在实际中仍然存在着较多的提价现象。其主要原因如下:

(1)应付产品成本增加,减少成本压力。这是所有产品价格上涨的主要原因。成本的增加或者是由于原材料价格上涨,或者是由于生产或管理费用提高而引起的。企业为了保证利润率不致因此而降低,便采取提价策略。

(2)产品供不应求,遏制过度消费。对于某些产品来说,在需求旺盛而生产规模又不能及时扩大而出现供不应求的情况下,可以通过提价来遏制需求,同时又可以取得高额利润,在缓解市场压力、使供求趋于平衡的同时，为扩大生产准备了条件。

(3)利用顾客心理，创造优质效应。作为一种策略，企业可以利用涨价营造名牌形象，使消费者产生价高质优的心理定势，以提高企业知名度和产品声望。对于那些革新产品、贵重商品、生产规模受到限制而难以扩大的产品，这种效应表现得尤为明显。日本凌志车以“一样的性能，一半的价格”作为广告诉求，对奔驰车发动了市场进攻，怎么办？是降价应对吗？奔驰的营销主管反其道而行之，调高了奔驰车的价格，不仅提升了奔驰的品牌形象，也稳定了其最重要的高端顾客，同时也保证了企业的利润。

【案例】有一家仿古瓷厂生产的瓷瓶在一家商店销售，定价500元一个。在商店摆了不少，一个也卖不出去。后来，有人给商店出了个主意，说这种商品主要不应卖给中国人，而应当卖给外国人。于是商家把瓶子全部收起来，店里只放一个，价格则从500元涨到5000元。不久一个外国人看了就想买，可是想要一对。经理讲：“本店就只有一个，不过明天想办法再帮你找一个来。今天你先把这个拉走。”

第二天，这位外国人来到店里，看到给他准备好一个瓶子十分高兴。可这位外国人又带来一位，表示也要一对，经理讲：“今天晚上一定去找，请你明天再来一趟。”由于是费了一番周折买到的，外国人非常高兴。

【案例】天价年夜饭，谁来赴宴？

2005年的春节，中国人又多了一个话题，那就是天价年夜饭。2005年元月，许多媒体都报道了这样一条新闻：广州一家高档酒楼最近推出了历年来最高价的年夜饭，特价后还要88888元。

此事不仅发生在广州。在杭州，一家酒店也推出了标价一桌8万元的天价年夜饭。在重庆，一家菜馆把天价宴席标价推到了18.8万元。厨师表示，仅这桌天价宴席中的一道“长白山百年老人参炖土鸡”就值16万。据说，吃这道菜可以滋阴养颜。在广西南宁，一家酒楼推出了“99999元”一桌的天价年夜饭。在长春，也有一家酒店推出了标价一桌8万元的天价年夜饭。

看来，这天价年夜饭在中国东西南北的各大城市都有。不过我在想,这天价年夜饭,谁来赴宴?来吃天价年夜饭的食客,是一种什么心态?

【案例】定位精确,高质高价——雅马哈摩托的定价策略

雅马哈公司在1982年到1984年的摩托车市场衰退时期遭受了数10亿美元的损失,另外高额关税也使雅马哈的产品竞争力日益减弱。在未来的销售预期和盈利能力的驱动下,日本的第二大摩托车制造商的管理人员决定创造世界上最快、最令人激动的摩托车。如果新的决策失误,公司将有破产的危险。

雅马哈的设计者始终追求的一点就是使自己设计的产品具有王者之气,以让人印象深刻,而暂定名为V-MAX的新产品就完全做到了这一点。V-MAX装有135~140马力的发动机,是市场上马力最大的发动机。新摩托马力足,外观好,名字也动人,现在到了定价的时候了。

雅马哈的美国生产经理清楚地知道,通常消费者的意愿价格都比厂商的成本低25%左右,所以他们只能通过两条途径加以解决:一是降低成本;二是提高顾客购买意愿,让产品更吸引人,更与众不同,让顾客愿意支付额外的钱。

雅马哈的助理生产经理约翰·包特认为,他们所面对的消费者,希望得到速度最快的摩托车,并且也愿意为此付出4000、5000甚至5500美元的高价。如果性能确实卓越,5500美元的价格也是合理的。

影响定价的因素是雅马哈的管理者们考虑最多的问题。除了消费者的预期心理外,他们还不得不考虑竞争产品的价格。如科达、铃木、BMW和哈雷·达维顿公司的产品。产品的制造成本加上从日本运到美国的运输费用,构成了最低价。在美国,经营费用、经销广告费用也是一个影响定价的因素。

定价为5299美元是雅马哈的经营者们综合考虑各种因素后的结论。这在当时虽不是最高,但已接近了市场的最高价。到1987年雅马哈的零售价涨到了5899美元,1988年则达到了6000美元。V-MAX赢得了消费者的普遍喜爱,因为它具有非凡的外表和高超的性能。市场调查表明,大多数购买者对定价也给予肯定,因为物有所值。

虽然来自哈雷·达维顿的竞争十分激烈，但V－MAX的第一年销售额还是势不可当地超过了预期目标。经理约翰·包特说："因为当初的销售势头很高，有5000辆的订单，所以我们在第二天就扩大了生产。"到1988年，该公司决定以更高的价格向市场提供总数有限的新款式V－MAX摩托车1500辆。这种把有限供给和高价相结合的办法，意在进一步提高V－MAX的形象。正如包特所说："V－MAX在市场上赢得了巨大的声誉，看来骑手们承认它确实是一种独特的创新产品。"

为了保证提价策略的顺利实现，提价时机可选择在这样几种情况下：①产品在市场上处于优势地位；②产品进入成长期；③季节性商品达到销售旺季；④竞争对手产品提价。此外，在方式选择上，企业应尽可能多采用间接提价，把提价的不利因素减到最低程度，使提价不影响销量和利润，而且能被潜在消费者普遍接受。同时，企业提价时应采取各种渠道向顾客说明提价的原因，配之以产品策略和促销策略，并帮助顾客寻找节约途径，以减少顾客不满，维护企业形象，提高消费者信心，刺激消费者的需求和购买行为。

【案例】2003年下半年以后，钢材价格持续上涨，导致电热水器行业的成本迅速攀升。A.O. 史密斯面临着两难境地：一种选择是降价或不提价，但为了不做亏本的买卖，可能就不得不以牺牲产品品质为代价，改用廉价原材料；另一种选择是提高价格，以保证和不断提高品质，但要冒丢失市场份额的危险。通过分析，A.O. 史密斯认为其目标顾客是更注重生活品质、更重视产品质量的，于是决定坚守"美国热水器专家"这一长期品牌策略，不搞低价竞争，按"性价比"的原则行事：把提价的基础建立在价值的提升上，价格的提升靠产品技术的升级，同时对提了价的升级产品，又将内胆的保修期延长了一年，加大了产品的价值。根据北京赛诺市场研究公司的监测，2005年2月，A.O. 史密斯将其电热水器价格平均调高了6%，平均价格比1月涨了72元。同时，A.O. 史密斯的电热水器零售量占有率由于价格的上调而下降了1.2个百分点（从1月的11.7%下降到2月的10.5%），损失了部分市场，保住了利润。事实证明，A.O. 史密斯对市场的判断是正确的。比起那些心中狂想、口中嚷嚷可就是不敢涨价的企业，A.O. 史密斯把握市场的能力显然又高出一筹。

第三节　价格策略的应用

一、对打折的思考

近年来，打折风盛行，尤其在大的节假日期间。留意的话，会发现各地方都市报均被当地各大商家的促销打折广告铺满了。以郑州为例，大河报、东方今报、郑州晚报等，在元旦、春节、五一节前几天的广告几乎被省城各主要商家占领了，清一色的商家打折促销广告覆盖了报纸的各个主要版面。满 300 送 60，满 200 送 50，满 100 送 30，甚至满 50 送 15，还有直接打 8 折、打 7 折、打 6 折不等，以及打折和送券相结合、打折与送礼相结合，打折、送券、抽奖、送礼混合在一起的也有。于是乎，人们眼花缭乱，顾客不知何从。似乎不打折，就卖不出东西，不打折商家就不像过节似的，不打折好像就过不去节了。打折风越刮越紧，越刮越强烈，大家竞相打折，跟风打折，疯狂打折，折、折、折，折上折，折上送，连环折，这折何时休？

有人会问，商家为何打折呢？不打不行吗？打折还有钱赚吗？打折不赚钱还打它做什么？岂不是赔本赚吆喝吗？除打折外还有其他方法吗？打折本身有技巧吗？

（一）打折赚什么？

打折虽不赚钱，但赚到了销售额。销售规模上去了，意味着说不清的很多。首先说规模上去了，企业的知名度就有了，市场的地位优势就显现出来了，在年终结算时从供货商那里的返奖比例就有了，而且销售规模越大，返奖比例越高。返奖倒是次要的，最主要的是争夺市场份额。销售规模越大，市场占有率越高，从供货商那里得到的优惠就越多，比如提供最新的机型、最低的进价、最优惠的服务措施和最方便的结算方式。这样，零售商在与同行竞争中就有优势。相反，如果放任销售额萎缩，失去的不仅仅是返奖和供货商的优惠，甚至有可能出现拿现款都提不到货的现象,即使给了货,服务也不一定有保障。因为,供货商首先要保证那些最能卖的零售大户。所以零售商在权衡利弊之后,拼了命也要保住自己的市场份额。利润一时没了,以后还可以挣回来,市场没了,就如同丢了江山,可是性命攸关的大事。如果说市场是江山,利润就如同美人,商家宁可丢美人,但决不可丢江山。打折丢的是利润,是美人,赚到的是销售规模的扩大,是江山不丢。这正是商家为何拼命打折的原因,也是商家面对僧多粥少和激烈的市场竞争作出的无奈选择。

(二)打折的技巧

从现有的商家打折促销广告来看,打折高潮一般集中在元旦、春节、五一、十一等重大节日,平时只是小打小闹。孙子兵法讲:“奇正之变,无穷如天地,不竭如江河。”世间之法无非就两种,即奇和正。如果说不打折正常销售为正的话,那么,打折销售就为奇。为了抢销售额,各商家竞相打折时,都用奇法,岂不是奇奇得正?这就是说,节假日期间商家的打折销售目的是为求奇致胜,但实际是求奇反而得正,正法是不能胜出的。

平常时期,大家都不打折销售,而偶有一商家打折销售,大卖送,狂打折,那就是出奇了,出奇方能致胜。这正是众商家在节假日期间,价格战火狂燃,而不见销售额大增的原因。许多商家都打折销售时,只见狼烟四起,不见哪家销售额上升,尽管打折幅度、打折声势并不逊色。这岂不是以热闹开局,以悲壮收场。广告费花出去了,人力、物力也投了不少,就是销售成绩没有起色,大有“王小二过年一年不如一年”之势,赔了夫人又折兵,江山、美人一起丢。

其实,节假日都打折时,不打折则是奇招。因为,此时,市场是处于强势购买状态,若不打折会给商家带来丰厚的利润,此时不要利润,更待何时,这就是智者。智者,总是超前半步,当人们关注江山时,智者关注的是美人,当平时不经意间,智者却提前抢到了江山。奇正之法用得好,岂不是江山、美人尽收了。

欧美国家的零售店很少像我们这样发疯似的打折,即使折扣店也主要是经营过时的商品,不像我们新品一上市就大打折扣,零售商家动辄全场八折七折的。这些国际的零售商进入我国后所开设的洋店，如沃尔玛、家乐福等，你会发现他们几乎很少搞什么价格大战，但他们却在每天、每时、每刻都运用着价格策略，把价格这个最能触动消费者购买神经的敏感因素，运用得淋漓尽致。其实这些洋店的价格并不比我们低到哪里去，而且调查发现，整体价格是持平的。可为什么洋店的价格给人的感觉是低的呢？这里就有个价格组合问题，如大众常用的知名品牌商品，价格较低，而一般不常用的随机购买的商品价格较高，甚至高于我们本土店的价格。不然，价格怎么会总体持平呢？不同时间内，商品的价格不同，周一到周日每天商品的价格都在变化，一天之内的商品价格也在变化，某一两个小时之内，某一类商品或某一区域的商品或某一种类的商品价格低得诱人，吸引顾客前来购买。如像生鲜食品、副食品、半成品等会在下午某一时间段价格调得非常低，吸引顾客消费，增加销量。而商家就在这灵活的价格杠杆的来回巧变之中，既保证了销量又得到了利润。

二、比低价更有效的策略——关于团购

为赢得团购客户的青睐，众多商家使出低价撒手锏。长期的低价竞争使商家陷入“微利的陷阱”，甚至导致亏损。单纯的低价只能维持短暂的合作关系，客户习惯了低价后又会有“更低价”的情况发生，并且竞争对手可能会推出比你更低的价格！实践证明，用低价吸引客户的策略无法在团购客户心中长期占据优先选择的位置。

如何避免恶性低价竞争？如何培养团购客户的忠诚度？一直运作团购业务的唐明先生在实践中提出从“解决团购客户的需求”入手，用“更好地满足客户的需求”策略占据团购客户的心，让客户把他们放在优先选择的位置，对竞品进行业务拦截。唐明是穗和百货商场的团购经理，每次接到业务后，他总是努力挖掘客户的根本需求，然后予以满足，赢取订单。以下三个案例显示了唐明娴熟的运作市场的方法和技巧。

【案例】贵族学校的桶装水

仁才贵族学校实行封闭式管理，学生和老师在校食宿。为了确保

师生的生活质量，学校通过穗和百货商场统一采购日常用品。一天，仁才贵族学校后勤部的王经理致电唐明，要求购买名牌名厂的桶装水，价格便宜，送货及时，希望能在下周签订协议。唐明放下电话后开始思考：为什么王经理要购买桶装水？他找来负责跟进仁才学校的业务员小董了解情况。原来仁才贵族学校一直使用大型电热烧水器提供饮用水，宿舍楼和教学楼每层安放两台，学生要到宿舍外才能接到热水。很多学生觉得不方便，就在宿舍里用电热烧水器烧水。

客户订购桶装水的目的清楚了。客户尽管美其名曰“改善师生的饮用水状况”，实际上是为了消除学生们对学校供水方式的不满和在宿舍内使用电热烧水器的隐患。另外，小董还告知该校最近在建新办公楼。这样一来，唐明明白“名牌名厂”指的是质量要有保障，而“价格便宜”是出于学校因为建新办公楼，削减了采购经费。本省比较有名的两家桶装水厂每桶批发价接近10元。团购客户对产品价格的要求是苛刻的，唐明尽管没有了解到王经理能够接受的价位，但他相信客户对这两个牌子的价位是不会满意的。这是仁才贵族学校首次采购桶装水，王经理肯定没有经验。换言之，唐明必须承担起挑选、推荐产品的责任。

如何选择更适合的产品呢？唐明意识到必须了解哪些要素决定了桶装水的质量。唐明利用网络搜集相关的信息，从一家大型桶装水企业的网站看到，桶装水的质量主要是围绕水源优质、生产设备现代化展开的。随后，唐明发现国家质量管理部门为了保障消费者的利益，要求桶装水必须通过QS认证，而有一部分桶装水企业已经通过QS认证。在一个论坛里，唐明发现一个帖子特意提到桶装水的包装问题。桶装水的包装比较简单，由桶、封盖及外包塑膜组成。各厂家使用的外包塑膜基本一样，因为桶占了包装费用的相当部分，各企业间使用的桶有较大区别，业内普遍认为中山某企业生产的桶质量过硬，只是价格稍贵。唐明在两个小时内透彻了解了影响桶装水质量的要素。

唐明现在心中有数了：要选择一家水源好、通过QS认证、使用“中山桶”的桶装水。他跑到质量技术监督局查阅通过QS认证的桶装水生产企业名录，抄下了3家企业的名称和联系方式。随后，唐明逐一对

3家企业实地拜访。3家企业的水口感都非常好，唐明喝后没有发现其区别何在，但第一家企业因没有使用“中山桶”被否决了，另外一家企业生产设备数量太少，考虑到其供应能力唐明也把它划掉了，第三家企业完全符合条件。

唐明拿着一桶省内知名的××牌桶装水和一桶他选中企业生产的桶装水来到王经理办公室。两个桶上均没有任何标识。“你看哪桶水质量更好?”王经理分别喝了一杯，但没有区别出来。唐明又建议后勤人员都试试，结果大家得出了相同的结论：“没有区别。”此时，唐明才将他挑选产品的过程娓娓道来，然后把两桶水的价差报给王经理。随后又问仁才贵族学校新办公楼的建设情况，暗示为王经理节省费用的考虑。王经理会心地笑了：“还是你能为我们着想。哈哈……赶紧签协议吧!”

唐明接到业务后，首先考虑的不是王经理需求什么，而是弄明白他为什么会有这种需求。唐明解决的不是客户交给他的问题，而是客户遇到的问题。通过深层挖掘，唐明明白了客户提出的“名厂名牌”的真实含意是什么。在了解客户的真实需求后，唐明找到了自己工作的方向：挑选、推荐能够满足客户需求的产品。

【案例】碧莲公司的微波炉

唐明一直保持着每天早上查看电子邮件的良好工作习惯。一天，他收到了老同学刘同的一份邮件：“我换单位了，现在碧莲化妆品公司任市场部经理。公司通过加盟连锁方式，在众多城市设立了省级代理和办事处，零售点数量接近800家。最近筹划了一个为期3个月的以‘美丽自己，美丽家人’为主题的全国促销活动，凡购买碧莲化妆品达到500元的，就能获赠微波炉1台。微波炉的事情，想请你帮我解决。”看完邮件，唐明美美地回忆起上次与刘同的合作：10000盏台灯，从供应商那里取货后，直接让司机转到刘同企业的成品仓。过程简单，利润丰厚……

刘同此时打来电话，大意是他要到北京出差一段时间，如果唐明认为交易难度不大，他就直接向公司汇报由唐明处理此事。放下电话后，唐明感觉不对，刘同怎么没有告知数量呢？他谨慎地再看了一遍邮件：

全国举行,为期3个月;化妆品的单价这么高,达到500元的消费额就可以获赠,那得需要多少台微波炉?要满足这次促销,碧莲的采购数量是相当巨大的。唐明不想辜负老同学的拜托,也不愿意在和碧莲洽谈时还没有做好准备工作。于是,他根据多年经验对碧莲公司的需求量进行了估计,假设每个零售点每月需求20台微波炉,那碧莲公司的需求量将接近5000台。唐明得先了解清楚是否能在合约期内保证货源的供应。另外的问题是仓储,碧莲是一家制造外包的公司,不一定拥有仓库。唐明必须充分考虑到这一点。

随即,唐明安排业务员提前与熟悉的电器厂家联系,询问货源是否充足、提货需多长时间、一次购买3000台包含运费的价位、一次购买10000台的价位。得到的答复是货源充足,可以随到随提货。另外,厂家最近重点推广电脑控制的微波炉,老式的机械式微波炉价格目前比较低廉。为了避免碧莲公司一旦真的没有仓库存放货物的尴尬问题,唐明必须提前找到备用仓库。一切事宜准备好后,唐明来到碧莲公司,最终确认交易数量是6800台微波炉。碧莲公司自己都没有想到货物存放问题,唐明替客户想到了,并提前准备好了。唐明轻松地得到这笔交易,还因此成了碧莲公司的签约供应商。

团购客户的"大量购买",会引起货源、生产周期、仓储压力等问题。销售人员如果能替客户考虑好这些相关问题,并找到解决方法,业务自然就能手到擒来。

【案例】福利院的食用油

几年前,某民政局为了更好地开展社会养老服务,成立了穗和福利院。福利院为老人们提供优质的食宿、医疗、服务等,受到老人们的喜爱。临近春节,福利院来电话说,希望采购一批价位不太高的食用油。唐明得知消息回到家后,看到电视正在播放记者采访福利院院长的新闻,院长透露将在春节前采购一些物品,赠给区域内没有在福利院住宿的老人。敏感的唐明立即产生了疑问,难道福利院采购这些食用油就是赠予没有在福利院住宿的老人吗?那些住在福利院的老人们呢?唐明断定福利院一定还会有更大的需求。

第二天一早,唐明让业务员去了解情况。业务员回来说,福利院暂时还没有在春节给住宿老人发放物品的计划。唐明首先考虑公司是否拥有一些价格低廉或品种新颖的产品,结果发现进货价和同行相比基本相同,也没有独特的新品种。按照过去的经验,价位低、质量好、性价比高的产品,达成交易会比较顺利。高性价比是赢得交易的一个重要条件。什么是高性价比?同样的产品,客户付出的费用少就是高性价比。当然,客户付出同样的费用,能得到更多利益也是高性价比!唐明为自己的想法感到兴奋。怎样才能让福利院在这次交易中得到额外利益呢?

这时,旁边有人插话问唐明商场开团拜会表演节目的事。团拜会?唐明立刻想到福利院也需要开春节团拜会,能否把商场的团拜晚会移师到福利院举行?对,让商场为福利院承办春节团拜活动!这样,商场既能节省部分场地费用,也能为福利院提供额外利益。于是,唐明迅速与福利院联系,在报价的同时提出“我们愿意承办福利院的团拜活动”。福利院院长非常高兴,同时接受了报价。

然后,唐明立即起草新闻稿,传给各媒体。他希望通过公司与福利院联手举办团拜晚会的活动,让公司在消费者心目中树立起一个良好的社会形象。他知道媒体乐意报道这种具有社会效益的新闻,公司也能趁机与各媒体搞好关系,说不准还能带来媒体单位的团购业务呢!

结果,团拜活动当晚,公司名称和福利院老人们的笑脸同时出现在电视上,次日又被刊登在报纸上,公司的美名传开了。唐明抓住团购客户对高性价比产品的要求,在产品、价位与竞品相比不具有竞争优势的情况下,换个角度思考,通过向客户提供更多附加利益来提高产品的性价比,实现了产品销售。

在这三笔业务中,唐明不是通过低价,而是通过更好地满足团购客户的需要赢得了生意。团购客户有三个基本特征:采购的产品通常并非是自己熟悉、了解的产品;一次购买的数量较大;追求产品的高性价比。因此,业务员应针对客户购买特征开展活动:承担起替客户挑选、推荐产品的责任;替客户解决好货源、仓储等问题;在客户追求高性价比产品的情况下,业务员向客户提供物美价廉的产品是对的,但在竞争激烈的今天,如果能够向客户提供更多的附加利益,则更容易打动客户。

第九章　分销渠道策略

第一节　分销渠道概述

分销渠道策略是市场营销组合的策略之一。它同产品策略、促销策略、定价策略一样，也是企业能否成功地将产品打入市场、扩大销售、实现企业经营目标的重要手段。分销渠道策略主要涉及分销渠道及其结构、分销渠道策略的选择与管理、批发商与零售商及实体分配等内容。

一、分销渠道概念

分销渠道是指某种货物和劳务从生产者向消费者移动时取得这种货物和劳务的所有权或帮助转移其所有权的所有企业与个人。它主要包括商人中间商、代理中间商，以及处于渠道起点和终点的生产者与消费者。在商品经济条件下，产品必须通过交换，发生价值形式的运动，使产品从一个所有者转移到另一个所有者，直至消费者手中，这称为商流。同时，伴随着商流，还有产品实体的空间移动，称之为物流。商流与物流相结合，使产品从生产者到达消费者手中，便是分销渠道或分配途径。

二、分销渠道类型

按流通环节的多少，可将分销渠道划分为直接渠道与间接渠道；间接渠道又分为短渠道与长渠道。

(一)直接渠道与间接渠道

直接渠道与间接渠道的区别在于有无中间商。直接渠道，指生产企业不通过中间商环节，直接将产品销售给消费者。直接渠道是工业品分销的主要类型，例如大型设备、专用工具及技术复杂需要提供专门服务的产品，都采用直接分销，消费品中有部分也采用直接分销，诸如鲜活商品等。

间接渠道，指生产企业通过中间商环节把产品传送到消费者手中。间接分销渠道是消费品分销的主要类型，工业品中有许多产品也采用间接分销。

（二）长渠道和短渠道

分销渠道的长短一般是按通过流通环节的多少来划分的，具体包括以下四层：

(1)零级渠道，即由制造商—消费者。

(2)一级渠道，即由制造商—零售商—消费者。

(3)二级渠道，即由制造商—批发商—零售商—消费者；或者是制造商—代理商—零售商—消费者，多见于消费品分销。

(4)三级渠道，即由制造商—代理商—批发商—零售商—消费者。

（三）宽渠道与窄渠道

渠道宽窄取决于渠道的每个环节中使用同类型中间商数目的多少。企业使用的同类中间商多，产品在市场上的分销面广，称为宽渠道。如一般的日用消费品（毛巾、牙刷、开水瓶等），由多家批发商经销，又转卖给更多的零售商。宽渠道能大量接触消费者，大批量地销售产品。企业使用的同类中间商少，分销渠道窄，称为窄渠道，它一般适用于专业性强的产品，或贵重耐用消费品。它使生产企业容易控制分销，但市场分销面受到限制。

（四）单渠道和多渠道

当企业全部产品都由自己直接所设门市部销售，或全部交给批发商经销，称之为单渠道。多渠道则可能是在本地区采用直接渠道，在外地则采用间接渠道；在有些地区独家经销，在另一些地区多家分销。对消费品市场易用长渠道，对生产资料市场则易采用短渠道。

三、分销渠道的发展

20世纪80年代以来，分销渠道突破了由生产者、批发商、零售商和消费者组成的传统模式和类型，有了新的发展，如垂直渠道系统、水平渠道系统、多渠道系统等。

(一)垂直渠道系统

这是由生产企业、批发商和零售商组成的统一系统。垂直分销渠道的特点是专业化管理、集中计划,销售系统中的各成员为共同的利益目标,都采用不同程度的一体化经营或联合经营。它主要有三种形式:

(1)公司式垂直系统:指一家公司拥有和统一管理若干工厂、批发机构和零售机构,控制分销渠道的若干层次,甚至整个分销渠道,综合经营生产、批发、零售业务。这种渠道系统又分为两类:工商一体化经营和商工一体化经营。工商一体化是指大工业公司拥有、统一管理若干生产单位、商业机构;商工一体化是指由大零售公司拥有和管理若干生产单位。

(2)管理式垂直系统:制造商和零售商共同协商销售管理业务,其业务涉及销售促进、库存管理、定价、商品陈列和购销活动等,如宝洁公司与其零售商共定商品陈列、货架位置、促销、定价等。

(3)契约式垂直系统:指不同层次的独立制造商和经销商为了获得单独经营达不到的经济利益,而以契约为基础实行的联合体。它主要分为三种形式:①特许经营组织。如丰田公司对经销自己产品的代理商、经销商给以买断权和卖断权,即丰田公司与某个经销商签订销售合同后,赋予经销商销售本公司产品的权力而不再与其他经销商签约,同时也规定该经销商只能销售丰田牌子的汽车,实行专卖,避免了经营相同牌子汽车的经销商为抢客户而竞相压价,以致损害公司名誉。再如可口可乐与某些瓶装厂商签订合同,授予在某一地区分装的特许权,以及向零售商发运可口可乐等的特许权。②批发商倡办的连锁店。③零售商合作社。它既从事零售,也从事批发,甚至于生产业务。

(二)水平渠道系统

指由两家以上的公司联合起来的渠道系统。它们可实行暂时或永久的合作。这种系统可发挥群体作用,共担风险,获取最佳效益。

(三)多渠道系统

指对同一或不同的分市场采用多条渠道营销系统。这种系统一般分为两种形式:一种是生产企业通过多种渠道销售同一商标的产品,这种形式易引起不同渠道间激烈的竞争；另一种是生产企业通过多渠道销售不同商标的产品。

四、分销渠道成员——中间商

(一)批发商

批发商是指供转售、进一步加工或变化商业用途而销售商品的各种交易主体。批发商的交易对象是生产企业和零售商，一方面它向生产企业收购商品，另一方面它又向零售商业批销商品，并且是按批发价格经营大宗商品。其业务活动结束后，商品仍处于流通领域中，并不直接服务于最终消费者。批发商可分为四大类：

(1)商人批发商(或商业批发商)。商人批发商是独立企业，对其所经营的商品拥有所有权，也被称做分销商，或者配售商，他们还可以进一步细分为完全服务批发商和有限服务批发商。

(2)经纪人和代理商。它们不拥有商品所有权，主要功能就是促进买卖，获得销售佣金。经纪人的主要作用是为买卖双方牵线搭桥，由委托方付给他们佣金。他们不存货，不卷入财务，不承担风险，多见于食品、不动产、保险和证券经纪人。代理商有几种类型，即制造代理商、销售代理商、采购代理商。

(3)制造商的分部和营业所。很多制造商开设自己的销售分部和营业所。销售分部备有存货，常见于木材、汽车设备和配件等行业；营业所不存货，主要用于织物和小商品行业。

(4)其他批发商。如农产品集货商、散装石油厂和油站、拍卖公司等。

(二)零售商

零售商是指将商品直接销售给最终消费者的中间商，处于商品流通的最终阶段。零售商的基本任务是直接为最终消费者服务，它的职能包括购、销、调、存、加工、拆零、分包、传递信息、提供销售服务等，在地点、时间与服务方面，方便消费者购买。零售商可按不同标准进行分类。

1.按经营商品范围来划分

(1)专业商店。专门经营一类商品或某一类商品中的某种商品,经营特点是品种、规格齐全。

(2)百货商店。是指经营的商品类别多样,每一类别的商品品种齐全,经营部门按商品的大类进行设立,是多个专业店集中在一个屋檐下。经营特点是类别多、品种规格全、服务程度高。

2.按有无店铺来划分

(1)邮购和电话订购零售业。

(2)挨户访问推销零售业。

(3)购买服务。购买服务是一种专门为特定顾客如学校、医院、工会、政府机关等大型机构的雇员提供服务的无店铺零售业。

(4)自动售货。

(5)电子销售,主要指计算机网络销售、电视销售等形式。

3.按是否连锁来划分

连锁商店是指由一家大型商店控制的,许多家经营相同或相似业务的分店共同形成的商业销售网。其主要特征是:总店集中采购,分店联购分销。连锁主要有三种:

(1)正规连锁。同属于某一个总部或总公司,统一经营,也称联号商店、公司连锁、直营连锁。其特点有:所有成员企业必须是单一所有者,归一个公司、一个联合组织或单一个人所有;由总公司或总部集中统一领导,包括集中统一人事、采购、计划、广告、会计等;成员店铺不具备企业资格,其经理是总部或总店委派的雇员而非所有者;成员店标准经营,商店规模、商店外貌、经营品种、商品档次、陈列位置基本一致。

(2)自愿连锁。各店铺保留单个资本所有权的联合经营,多见于中小企业,也称自由连锁、任意连锁。正规连锁是大企业扩张的结果,目的是形成垄断;自愿连锁是小企业的联合,抵制大企业的垄断。自由连锁的最大特点是:成员店铺是独立的,成员店经理是该店所有者。自由连锁总部的职能一般为:确定组织大规模销售计划;共同进货;联合开展广告等促销活动;业务指导、店堂装修、商品陈列;组织物流;教育培训;信息利用;资金融通;开发店铺;财务管理;劳保福利;帮助劳务管理等。

(3)特许连锁。也称合同连锁、契约连锁。它是主导企业把自己开发的商品、服务和营业系统,以营业合同的形式给规定区域的加盟店授予统销权和营业权。加盟店则须交纳一定的营业权使用费,承担规定的义务。特点是:经营商品必须购买特许经营权;经营管理高度统一化、标准化。肯德基连锁店一般要求特许经营店在开业后,每月按销售总额的5%支付特许经营使用费。

第二节　渠道成员的选择——以经销商为例

一、经销商选择的思路

(一)选择经销商就像是选员工,要严进宽出

厂家选择经销商实际上是因为企业在当地没有销售网络,而直营市场成本又太高,所以寻找经销商,利用经销商在当地的人、车、物、网络等资源进入市场、管理市场,从而把经销商的网络纳入企业整体营销网络之中。从这个角度讲,经销商其实就像是企业的员工。

企业招聘员工都有一个"严进宽出"的原则——在招聘阶段要严格把关,做详细的调查取证,一旦聘用要多加培养辅导,用各种激励手段促使员工发挥最大效能。尽量避免招聘时轻率行事,进门后发觉"不合用"又频频解聘的做法(被解聘者的前期培养费用全部浪费、市场工作被延误搁置、员工队伍动荡不安)。

企业选择经销商也是同样的道理,选择新经销商时要慎重行事,全面调查。一旦经销商选定之后,要尽可能地通过销售政策、促销支持、厂方人员的具体工作等方式去激励经销商更好地合作。

不少企业(尤其是知名企业),在产品销路较好的时候"霸气十足",认为"我们的产品好销,我们市场做的细,终端网络都在我们手里"、"经销商只不过是一个拉车送货的司机,不听话我随时可以换他"。在这种思想主导下,企业在经销商的筛选和经销商的更换问题上就很有可能会草率行事,造成以下危害:

(1)企业对经销商霸气太重,在产品好销时,经销商为了个人利益忍气吞声、敢怒不敢言。一旦企业在市场上遇到障碍,就会“墙倒众人推”。

(2)经销商选择轻率,合作一段时间会发现“不合格”要更换,这时往往伴随着市场已经被做乱、冲货砸价已泛滥、超市已开始将产品清场、通路上已经有较多的即期/破损产品……而此时更换经销商重新启动市场要面对诸多遗留问题(即期/过期产品退换、超市换供货商的过户手续、通路价格的理顺拉升、冲货治理等)。你会发现,拯救一个曾经做乱的市场比启动十个新市场都难。

(二)选择经销商考评要全面

选择经销商如同选销售经理,招聘销售经理要考查他的学历、工作经验、敬业精神、以往的业绩、因何从前工作单位离职等各项因素。选经销商同样要全面考查:

(1)实力:经销商的人力、运力、资金、知名度(如同招销售经理考查其学历)。

(2)行销意识:经销商对做终端市场的意识是否强烈,是否是那种坐在家里等生意上门的老式经销商(坐商)(如同招销售经理考查其敬业精神)。

(3)市场能力:是否有足够的网络,他现在代理的品牌做的怎么样(如同招销售经理考查其在原单位业绩表现)。

(4)管理能力:经销商自身经营管理状态如何(如同招销售经理考查其管理下属的能力)。

(5)口碑:同业(其他厂家)、同行(其他批发商)对经销商的评价,是否有带头冲货砸价、截留费用、截留货款等行为(如同招聘销售经理考查他在以往的工作单位中是否有劣迹)。

(6)合作意愿:经销商是否对厂家的产品、品牌有强烈的认同,是否对市场前景有信心?没有合作意愿的经销商不会对这个产品积极投入(如同招销售经理考察企业提供的环境是否可以留得住他、是否可以满足他的基本需求进而激发他的积极性)。

(三)选择经销商要与企业市场发展策略相匹配

营销是谋定而后动的行为。企业在开发一块新市场选择经销商之前,首先应该思考的是:“我现在会在这块市场上卖什么产品?在哪些渠道销售?我两年内会跟进哪些新产品?下一步是否会延伸扩大该经销商的销售区域?”在经销商筛选过程中要考虑以上因素,以便给自己下一步的市场策略做准备。否则,今天选择的合格经销商明天就可能会成为进一步发展的障碍。如:经销商可能卖小包装饮料业绩很好,但对大包装新产品却无能为力,原因是大包装饮料多走超市、酒店渠道,而擅长卖小包装的经销商多走零售店、批发渠道(在超市、酒店无成熟网络)。尤其做超市要求经销商有充足的资金实力(超市压款一般是销售额的三倍)、充足的运力(超市要货是小批量、高频次)和一般纳税人资格(开增值税发票),专做零售店、批发的经销商很难迅速实现渠道转型,担负起大包装饮料市场开拓的任务。

(四)大小权衡,合适的才是最好的

经销商选择要回避大客户导向的错误思路,选择经销商不是越大越好。经销商越大往往越难控制,而且砸价冲货“潜力”也越大。另外,大经销商代理的品牌多,很难对一个品牌专注投入。当然,经销商也不能太小。上面提到的专给零售店供货的经销商很难转型去做超市渠道,主要就是因为实力问题。

从大小权衡的角度去看,经销商选择就像是结婚找对象,财大气粗的不一定好,没有面包的爱情也不现实。选择经销商,合适的才是最好的。那么,什么样的才算是合适的?

企业在开发新市场前,首先应明确区域目标/渠道目标,明确自己要让经销商在多大的区域、在哪些渠道做销售。然后,根据目标市场规模、目标渠道的特殊要求(如网络、资金、运力)考虑经销商必须具备的实力——经销商至少要能够满足给这些目标区域和渠道及时供货、及时服务的要求。在此前提之下,经销商甚至越小越好,因为经销商越大越“不听话”。

二、经销商选择的标准和具体动作分解

(一)行销意识

1.行销意识的重要性

行销意识是指经销商做市场的思路是否符合厂家终端销售的方针。行销意识是否先进,往往决定经销商的发展前途。笔者亲眼看到很多经销商(尤其是那些20世纪80年代就下海的老经销商)现在手里有人、有车、有钱,但这几年生意越来越差!而另一部分新兴的经销商(20世纪90年代末才进入商业领域,年龄在35岁以下,知识结构相对较新),虽然实力上不是非常充足,但经营手段灵活,生意越做越红火。

老式经销商优势占尽却日渐衰落,新型经销商初出茅庐,资源严重不足却节节攀升,差别就在行销意识!

老式经销商为什么当年能迅速崛起?原因主要有两个:①过去厂家都是大代理商制,一个代理商垄断几个省的经销权。②当年,老式经销商和同行小户相比,有车、有钱(下海早,迅速完成原始资本积累),可以大笔现金提货;又有网络(在各县、市有一些固定的下线大户),可以迅速将产品分销出去。厂家纷纷找他们代理产品,给他们特惠政策。因此,在诸多厂家扶持之下老式经销商迅速做大。

现在这些老式经销商为什么又江河日下,渐渐衰退呢?原因有三:①厂家现在多执行密集分销制,经销商已经开到县、乡级,原来老式经销商的下线客户都已经被厂家撬走了,再想靠几个固定下线大户大车倒货已经不可能。②厂家现在都要求终端销售,日益崛起的卖场对传统经销商也带来了极大压力,但大多数老式经销商仍然不能认清形势并及时调整经营思路,还在固守以前的"成功经验"(找好销的产品做代理、降价、等下线客户上门提货),他们不愿给卖场供货(怕卖场压款,手续麻烦),不愿给小店供货(嫌零售店单次要货量太小,送货成本太高)。③市场变化导致厂家需求变化,老式的经销商不能及时跟上这种变化,于是被越来越多的厂家抛弃,而失去厂家政策支持的经销商一定会越做越小。

为什么新型经销商这几年发展迅速?新型经销商入行较晚,没有

当年坐在家里收钱的成功经验的包袱，而且由于年龄、文化层次的关系，接受新事物也比较快。他们非常了解厂家要求经销商走终端、进卖场、送零售店的想法。他们宁愿承担各种风险给卖场供货，因为他们知道，今天不把卖场抓在手里，明天就会被卖场挤垮；他们不会因为小店单次要货量小就不送货，他们知道多一个客户就多一个网络，网络建起来后就可以销售很多种产品，也可以作为跟厂家讨价还价的重要筹码！——新型经销商的经营风格符合市场变化、符合厂家要求，成为厂家新宠，自然越做越大。

2.判断行销意识的具体动作

行销意识是一个相对抽象的概念，虽然我们已经认识到行销意识的重要性，但究竟用哪些动作来判定一个经销商有没有行销意识呢？

(1)问经销商现在代理的各品项的销售情况。

话术：您现在代理的A产品一个月卖多少？B产品一个月卖多少？A产品在超市渠道一个月能卖多少？C产品在超市渠道一个月卖多少？……很多经销商会回答"我这里一天大约能卖3万元，一年大约卖1000万元。去年能净赚六七十万元，今年情况没去年好，可能赚不了这么多。至于具体哪个产品每个月在哪个渠道卖多少？谁有工夫去算那个细账？"这就是典型的老式经销商，虽然店铺大，但他连自己的各产品卖多少都算不清，也算不出一个月自己是赢利还是亏本——这种客户属于"神智不清"型，这种客户坚决不能要。

相反，新型的经销商就会告诉你："我一个月会有多少销量，在各渠道销量占比是多少，哪些产品利润薄销量大，纯粹是拿来带货的；哪些产品销量不大但价格透明度低是赚利润的，哪些产品是正在准备淘汰的……"

(2)问经销商当地市场的基本情况。

话术：(求教者的口气)"张老板，你好！我是外地人，刚来这里，对这个市场不了解，我想请教您一下这个市场有什么特点？"老式经销商就会告诉你："有什么特点！这里穷，穷就只能卖便宜货，你多打点广告再降点价我就能帮你卖。"而新型经销商则会告诉你这里人口有多少，哪里穷哪里富，哪里是三省交界之地适合找大户大车走货，哪里当地企业发达团购潜力大，以及各城市的消费习惯等。我们并不寄希望于一个经销商对当地市场分析的头头是道，但如果他真是一个精明的商人，应该对当地市场基础情况有所了解。

(3)问经销商需要哪些支持。

话术："张老板，假如咱们签协议，我们厂找你做代理，您希望我们给你哪些支持？"

老式经销商就会要求："多打广告、多做特价、买赠、降低价格、提高返利等。"这些要求说明该客户只会靠低价格卖产品，没有丝毫的终端销售意识，而且可能还是一个冲货、砸价的好手。新型经销商就会要求："你们厂出几个人几辆车帮我铺货做市场，给我支持几个导购帮我进超市做专柜……"这种客户要的是终端促销资源，他们懂得真正的销售是在终端市场实现的。

(4)在经销商早上开门或晚上关门时现场观察两个小时。

在经销商开门/关门时现场观察两个小时，是为了了解经销商的业务人员分工状况。

有些经销商的业务人员根本不出去，坐在店里等人上门提货，他帮忙搬货。还有些经销商是等人打电话下订单，然后派人送货。这都是最传统的坐商。

更多的经销商是把员工像放鸽子一样地赶到市场上去卖货拿提成。这种做法稍微好一点，但肯定会造成业务员骗销、压货、销售品项不均衡、产品即期等诸多隐患。

新型的经销商会给每一个员工有清晰的责任分工，每人负责一块区域，每人每天跑固定的路线，固定的周期重复回访——周期性的主动拜访终端客户，上门订货、上门送货、上门做陈列、上门处理客诉……

(二)实力认证

选择经销商如同选员工，了解经销商的行销意识，就像是观察新员工的工作态度与敬业精神，而了解经销商的实力，就如同考查一个新员工的学历。

(1)观察经销商的门店规模：了解经销商的生意是否"太差"。

具体动作：到经销商门店观察一下，看看门店的产品陈列和办公室现场管理情况:业务电话是否频繁拨打?上门提货的客户多不多等?

(2)了解经销商的库房规模和库存资金:推断经销商的生意规模和流动资金。

具体动作:①到经销商库房转一圈,目测一下他的库房面积。假如一个经销商实力不够大,生意不够好,他绝不会花钱租一个较大的库房。②在目测库房面积时,暗中清点一下经销商库存的商品数量,并心算经销商库存商品的价值,由此可大致推断出经销商的流动资金——一般情况经销商的流动资金是库存资金的2～4倍。

(3)了解经销商的运力和网络知名度:衡量经销商的实力中有多少可以对厂家市场开拓真正起到作用。

具体动作:①开发新市场之前先明确自己的渠道目标和区域目标,如计划在市区的学校、卖场、酒店、批发渠道销售产品。②到目标市场各渠道售点去实地拜访和询问:"某某批发部您知道吗?他以前经常给您供货吗?您的货都是谁在送?"

按以上做法,从厂家的目标终端市场实地调查,才能得到经销商真正对厂家的市场开拓有用的运力(分布在厂家目标终端市场的车辆数)和知名度(在厂家目标终端售点中的知名度)。

(4)了解经销商的资金状况:初步判断经销商的还款能力。

具体动作:①与店主"闲聊",挑起"现在超市压款太多"的话题,看经销商是否正在为账款问题发愁,推测他的财务状况。②侧面问一下经销商的员工,工资发放是否及时充足。③问一下别的厂家业务员,该经销商有无恶性欠款历史。④问一下该市和临近县、市的其他批发商,该客户有无恶性欠款历史。

(三)市场能力

考证经销商的市场能力,如同考证新员工的实际工作能力。

1.了解经销商的下线网络和批发阶次

经销商将货分销到终端售点,中间要经过几次通路商的分销中转,这就是所谓的批发阶次。如果经销商有直营终端零售店的能力,则该经销商的批发阶次短。反之经销商的批发阶次长。

批发阶次到底是"长"些好,还是"短"些好?其实各有利弊:批发阶次短(经销商可直营零售店),则公司推新产品比较容易;批发阶次长(经销商在二、三批市场里有固定的下线客户网络),则通过对成熟产品在二、三批通路的促销可以迅速提高销量。经销商如果只有短网络,则代理的区域市场越大越容易丢失销量(经销商直营能力无法覆盖整个市场);相反,经销商如果只有长网络,则只能做成熟产品,无法推新品,而且容易出现二、三批砸价现象。因此,选择较大区域(地级以上城市)的经销商,最好是批发阶次长短结合,既能直营零售店,迅速提升铺货率推新品,又在二、三批市场有较高的威信可以做通路促销促使成熟产品尽快上量。

具体动作:可通过查看经销商的客户名单,跟踪经销商的送货车,向经销商员工询问,以及向批市/终端客户询问等方法了解。

2. 了解经销商现在经销的品牌业绩和市场表现

具体动作:①了解经销商目前正在代理的主要品牌,选定样本品牌。②走访终端,调查该品牌产品的终端铺货率和生动化情况,验证经销商的终端掌控能力。③走访各级批发商,调查该品牌的各阶次价格是否稳定(是否出现价格混乱、恶性砸价现象),验证经销商对下线客户的价格掌控能力。④了解该品牌厂家近期推出的新产品是什么?观察经销商有没有把这个新产品做起来?

3. 查验经销商与当地KA的客情

KA一般指当地市场销量最大、形象最好的售点(如大卖场)。KA一般都有较高的门槛(如卖场费用)。如果新选的经销商和KA一直有密切的生意往来,则厂家就可“借壳上市”,减少成本(快速进超市,少交甚至不交进店费,同时利用经销商客情取得陈列、促销方面的优惠条件)。

具体动作:走访KA店,了解经销商现经营产品是否在KA销售,在KA店中的销量和终端表现以及是否被KA重视等。

(四)管理能力

经销商实际上是企业在当地的销售经理(当地市场的销量实现和市场管理是靠经销商来完成的),调查经销商的管理能力就如同调查新招销售经理的“管理工作经验”。

常见到不少经销商虽然“身价千万”，但其管理能力仍停留在“练摊”的水平：①物流管理没有库存统计，没有分类码放，没有先进先出。②资金管理没有基本账目，没有收支两条线，只管卖货收钱扔进抽屉，日常用度、进货资金都从中开支，甚至老婆、孩子用钱自己去抽屉拿，当月算不出来自己是否盈利。③人员管理没有基本制度。④没有完整的客户资料。

经销商大多数是个体经营，搞得太正规反而会成为成本包袱，但有些基本的管理跟不上，会直接造成损失和危害。如有的经销商每年因为库存管理不当，经常造成货物丢失、破损、过期、断货等。一个经销商如果连自己的“鸡毛小店”都管的一塌糊涂，那他就不可能担负起开发和管理市场的重任。

动作分解：①库房产品分品项码放，便于库存清点。库存数字至少每周盘点一次。②人员有明确分工，有明确的业务人员职责和业绩考核办法。③应收账款有明细登记。④有基本的每日营业流水账，实行收支两条线制度。⑤有相对正规完整的客户明细资料。

(五)口碑

招聘新员工时企业要了解他在原单位的表现，因何从原公司离职；选择经销商时也要了解该经销商在同行(其他批发户)、同业(其他合作厂家)中的口碑，从而了解经销商的商业道德水准。

1.了解同行口碑

去该城市(及附近市、县)的其他批发商处询问，“你们以前跟张老板合作过吗？信誉怎么样？”也许你会听到这样的评论：“这家伙不能共事，这边给我们35元/箱放货，转过身他自己34元/箱砸价，甚至带头经销假冒产品……”

2.了解同业口碑

尤其是当你了解到这个经销商曾经跟某知名厂家合作然后又分手，就一定要下工夫弄清楚他们分手的原因：是因为这个厂家市场精耕将他正常更换了？还是厂家发现他砸价、窜货、市场业绩不佳将他淘汰掉了？还是因为他截留促销资源、拖欠货款导致厂商交恶乃至决裂？……

3. 了解合伙人的口碑

所谓经销商合伙人，就是指对他的店内产品经营、促销、货款结算等问题能发生重大影响的人，而这个人往往就是经销商的老婆。很多时候你跟经销商接触，觉得各方面都不错，但是合作开始后你发现，经销商大多数时间是在外面拓展业务，而进货、送货、收款、促销、市场服务都是和他的合伙人打交道。因此，如果这个合伙人在市场上“恶名远扬”，那么也要慎重考虑该经销商是否可以合作。

（六）合作意愿

让一个硕士生去做直销员肯定做不长，因为他对企业提供的环境根本不感兴趣。同样，经销商要对企业提供的代理权感兴趣才会真心实意地配合厂家的工作。合作意愿不佳的经销商，实力、网络再雄厚也不能为厂家所用。

1. 看经销商对厂家人员是否热情接待

并不是想要吃经销商请的一顿饭，想抽他敬的一支烟（经销商的饭最好少吃，吃两次三次后往往他的非分要求就接踵而来），但是如果在跟经销商几经磋商都准备签协议发货了，经销商依然对厂家的业务代表态度冷冰冰的，说明他根本不把这个代理权放在心上，当然也不会对这个产品的铺货、市场开发投入太多的关注，这样的经销商一定不要选。

2. 看经销商在细节问题上是否讨价还价

挑剔的才是真买主，真正有合作意愿的经销商一方面会对厂方业务人员热情接待，另一方面又会在价格、折扣、返利等问题上反复讨价还价。如果经销商非常豪爽，对厂家开出的条件毫不犹豫的满口答应，则可能有以下几种情况出现：①厂家是赊销制，经销商根本无合作诚意，只想骗一笔货不还货款。②产品是旺销货，经销商想拿你这个产品低价甩货，迅速套现，再去做别的生意。③经销商正在代理你的竞品（而且竞品利润较高），他无条件服从要拿你的代理权，是怕你找别人代理这个产品将来跟他抢市场。他想占着你的经销权然后更加专注地卖竞品，你的产品只能被压在库房最里面。

三、经销商选择的注意事项

(一)经销商选择的六大标准应该如何排序

如果一定要对六大标准做排序的话,建议遵守以下思路。

(1)合作意愿最重要。不管经销商的实力、行销意识等条件多么优秀,如果他表现出对这个品牌不是很有信心和兴趣,那么他就不会对这个品牌的推广投入太多的精力和资源,经销商的一切优势都不能为厂家所用。当然,经销商的合作意愿是可控的,厂方完全可以通过某些方法激发经销商的合作意愿。

(2)对有合作意愿的经销商候选人,要注意调查其口碑,有砸价、冲货、截留货款恶名者不能录用。与其找一个"劣迹斑斑"的经销商合作,然后再对他严加监控、斗智斗勇,不如在选择的时候就不考虑他。不要幻想他在和厂家合作之后,其经营理念和风气会自动完善。

(3)在以上两条标准都能通过的前提下,经销商的行销意识、管理能力、市场能力越强要好。

(4)实力不是越大越好。恰恰相反,在经销商的实力能够覆盖厂家给他规划的渠道、网络和区域市场目标的前提下,经销商的实力越小越好(尤其对中小企业而言)。超出厂家目标市场的实力并不能为厂家所用,相反太大的经销商往往市场反控力强,砸价、冲货"潜力"大,"客大欺厂"的"潜力"大。

(二)注重经销商的选择质量

企业开发市场一定要舍得花时间和精力去选择一个合适的经销商,需知有什么样的经销商就有什么样的市场。在经销商选择问题上草率妥协,会带来无休止的烦恼和惨重的代价。

如果在某个区域市场经过筛选发现找不到合适的经销商(大多数情况是有合作意愿的经销商不能满足要求,而能满足要求的经销商又没有合作意愿),企业千万不可退而求其次。"先找一个经销商临时应急,凑合着用,不行了再换!"如果抱着这种心态,往往到想要更换经销商时却发现市场已经做乱、价格已经穿底、通路上已有大量的即期/不良品积压、部分超市已经开始将该产品清场……而这时候企业会发现:

拯救一个曾经做乱的市场，比启动十个新市场都难。

针对上述情况建议以下两种应对方法：

(1)道不同不相为谋。如果的确找不到各方面都符合企业要求同时合作意愿又很强的经销商，说明时机还不成熟，不妨将这块市场暂时搁置一下。宁可晚一步开发也不能降低标准选择不合适的经销商，以免埋下“祸根”。

(2)倒着做渠道。经销商合作意愿低无非是怀疑厂家的产品能否畅销和有钱赚。如果厂家真的有决心一定要开发这块市场，不妨先派厂车、业务代表在该市场直接做终端，选择重点区域进行零售店铺货、超市促销、家属区宣传活动等。当然做这些动作的目的决不是要做直营，而是造势——让这些准经销商看到“这个厂家挺有市场运作能力”、“这个产品稍做促销销量就可上升”。倒着做渠道可以拉动经销商的合作意愿，变被动为主动。

(三)对新经销商的调整要当机立断，市场不等人

在经销商选择思路中我们讲到，对待经销商要像对待员工，要严进宽出——选择时要慎重，一旦选进门要力争激励扶持，不要轻易“开除”。这个思路也有例外——员工入职一般都有三个月的试用期，试用不合格不再续签合同。对经销商也一样，新经销商刚开始合作对市场影响不是很深入时，一旦发现其在合作意愿、基本实力(资金、网络等)、行销意识等要素上的确不能胜任，要当机立断，考虑马上更换。拖沓、延误、寄希望经销商的自我完善大多不会有好的结果。

(1)当经销商资金实力不够时，大多会说“请给我时间，几个月内我可以融资”，但实际落实的可能性极小。

(2)当经销商的行销意识和企业市场要求格格不入时，企业想教育经销商转变观念，最后会发现，教育一个经销商从根本上转变和改善所付出的成本远比开发新客户要大得多。

(3)经销商目前欠十几万元货款，暂时不敢换，几个月后发现欠款更多。

(四)利用二线客户的欲望

强势竞品的大二批中有不少人不甘心永远做一级经销商的下线客

户，憋足了劲要当经销商。批发商中有些专门卖杂牌产品的客户，虽然赚到了钱，但他们也不甘心老当“杂牌王”，也很希望通过代理产品正规运作提升经营层次。一些职业经理人在企业里打工十几年做销售，然后辞职去当一个经销商。他们有丰富的销售经验，有较强的管理能力和相对先进的营销理念。同时他们做生意的本钱是十几年打工的积蓄，来之不易，因此做生意更有头脑、更努力。

以上三种客户有一个共同的特点就是：一旦他们看中了某个产品就会竭尽全力，不计较短期得失，在合作意愿上可以评120分！善用这些客户的热忱，往往可以创造比正规经销商更好的业绩和厂商合作局面。

（五）诱导资金量充足的其他行业经销商进入新行业

【案例】某汽车经销商不满足于现状，决心进入消费品行业，经业务人员诱导，代理果汁产品，做超市渠道的经销商，厂家投入人力支持弥补其对消费品行业经验短缺的弱点。双方合作非常愉快，业绩也不错。一方面超市渠道压款造成较大的资金占用让很多消费品行业经销商望而却步，但对汽车经销商而言简直是小数目。另一方面恰恰由于他对消费品行业一无所知，又很想进入这个行业，所以对厂家的“策略”言听计从，完全配合，真正做到厂商一条心，共同拓展市场。

大家电（电视、冰箱）经销商的利润越来越薄，而一些精明的小家电企业（炉具、燃气具等）就开始利用小家电行业利润的优势挖大家电经销商。同样道理，对大家电经销商而言，以往给厂家打款都是几百万甚至上千万，现在代理小家电只需投入十几、几十万就可能有十几、二十个点的回报率，何乐而不为？

第三节　经销商的拜访

一、业务人员大多在神志不清地拜访经销商

业务人员与新经销商见面有很多话讲（公司的产品、政策、价格、促销等），但是如果业务人员去拜访一个老经销商呢？经销商对公司的种

种政策比业务人员还清楚，业务人员见了老经销商说什么呢？

业务人员天天出差拜访经销商，除去坐长途车、一天有效的工作时间也就3～4个小时。如果你问他："这三四个小时里你具体应该做什么动作？"答案往往是挂一漏万，甚至一脸茫然，更多的就是把培训教材里的大堆"理念"滔滔不绝地讲演一番！道理谁都懂，但理念不能转化为动作是没有用的。市场是做出来的，不是说出来的。

实际工作中业务人员见了经销商往往只讲三句话：第一句："最近卖得咋样"？第二句："货款啥时候给"？第三句："这次要多少"？

三句话说完，业务人员就开始跟经销商瞎扯淡——唉！听说禽流感又闹起来了，世贸大厦被炸了，拉登好像已经被抓住了……不是我们的业务人员想偷懒，只是他们不知道接下来应该干什么。很多业务员都在日复一日神志不清地拜访经销商，他们觉得三句话说完，他们的工作就已经结束了，剩下的就是和经销商说闲话、套客情。他们认为，关系好销量就好、酒量大销量就大。

二、拜访经销商的总原则：规律联系、定期拜访

天底下最难的事情就是把别人口袋里的钱放到你自己兜里来。如果你只在销量任务完不成的时候去找经销商，见了面就"老三句"。时间一长，经销商就会一见你就怕——他知道你来的目的不是让他进货，就是让他掏钱。下次见面你还没说话呢，他可能已经先说了："对不起，今天没钱，不进货！"

种善因，得善果。如果你以做贸易的心态和经销商打交道，换来的一定是经销商跟你离心离德，心不往一处想，劲不往一处使。

正确的做法是和经销商建立"合作做生意"的关系。那具体应该如何做呢？落实到动作就是：规律联系、定期拜访。你要让经销商感觉到，不管刮风下雨，你每个月大概在10号、25号会各来拜访一次。你来不是逼他进货的，而是常规拜访，你每次来关心的是：经销商库存有没有需要补货，会不会发生断货、积压？需不需要帮忙调换？经销商对下线客户的货款有没有收回来？需不需要你帮他建立账款管理制度？市场上价格是否混乱？如何帮经销商稳定价格？竞品正在当地搞什么

促销？如何反击、帮经销商扩大销量？……

规律联系、定期拜访，把这样一个很简单的动作培养成自己的习惯，你和经销商就会从买卖关系变成合作关系，成为真正意义上的生意伙伴！

三、拜访经销商的具体动作

（一）初步了解市场，整经销商的“黑材料”

情景一（业务员下了长途车，立刻去找经销商，这次业务员的经理和他同行）：

业务员：“张老板，你好，最近生意咋样？我和我们领导一起来看你来了。”

经销商：“哎呀！领导来了，来，请坐请坐！可把领导给盼来了，我一直想到厂里去找你呢？”

业务经理：“找我有什么事吗？我今天不是来了吗？”

经销商（劈头盖脸就是一顿抱怨）：“哎呀，生意难做啊！某某竞品现在又在搞促销啊！你们厂的支持不够啊……

“你看看人家竞品B，厂里又投了多少多少广告，利润又高……

“你们厂怎么搞的？市场管理这么乱。外地的货又冲过来了，现在市场上已经卖到38元一箱了，我38块5平进平出都卖不动……

“我跟你们厂合作时间很长了，已经对这个牌子有感情了，我可以不挣钱，但我不能亏钱呀……”

业务员（心中暗想：这个死老张，在领导面前说这些，他妈的真不是东西！）：“老张，你别着急，这不是领导来了吗！领导就是来解决问题的。”

业务经理（心中暗想：看来这个经销商不好对付。这个业务员够蠢的，经销商一大堆抱怨，他还把球往我这里踢，说我是来解决问题的。哼，不想干了！）：“张老板，你说的问题我都知道了。我回去立刻研究研究，哼哼哈哈嗯嗯哦哦……拜拜，我要走了！”

情景分析：

经销商见到厂家的人（尤其是见到领导），大多会劈头盖脸一顿抱怨，其实这些抱怨大多数不是真心的，而是像小孩子哭闹一样，目的是发发牢骚，引起厂家的注意，希望厂家再多给点支持。他们会在甲厂家面前说："你看人家乙厂家怎样怎样"，然后又会在乙厂家的业务人员面前说："你看人家甲厂家如何"。

但如果业务人员事先没有看市场，面对经销商的种种抱怨就只有听的份。

情景二（业务人员在拜访经销商之前已经做了市场走访，掌握了经销商的失职之处）：

经销商：……（一大堆抱怨）

业务员："张老板，不错，我承认市场竞争是很激烈，我们厂里对经销商的支持还有做的不到的地方。您说得都没错，但是我想告诉你，咱们厂商携手才能共建市场。

"来这里之前我已经看了市场，东一路好几家零售店反映多次打电话向您要货，结果你嫌人家要量少不愿意送，这是谁的责任？当初咱们协议好的要保证零售店配送的。

"宏城超市采购反映上星期因为你没有及时送货，导致苹果汁断货，人家给我们减少了3个排面，这件事你怎么解释？

"另外，好多我们厂掏钱买的端架，你负责送货维护，结果今天我去看，端架让竞品占了一半，这事你怎么解释？

"你埋怨别的地区往你这儿冲货我理解，帮您把冲货打掉我也责无旁贷，但是你是不是也得想想自己的责任在哪里？北郊小食品批发市场一半客户缺货，市场空白这么大，不被冲货才怪。你作为当地经销商能不能先把自己的市场空白补上？你能不能信息灵敏一点，抓住到底是谁在冲货的证据？你能不能主动一点查出来是哪几个批发商在带头砸价，完了咱们一块修理他。冲货的人可耻，被冲货的人是无能，你说有没有道理……"

经销商（满头大汗地：哎呦！这家伙怎么什么都知道！厉害厉害！）："是是是，您说的对，我一定改，你别介意，我是北方人，直！"

情景分析：

到达经销商所在城市下车之后，先花上几十分钟时间大概走访一下市场，找几个关系比较好的批发商、零售商聊一聊，看看这一段时间竞品在做什么促销？市场上有什么动态？最近有没有人在砸价？最重要的是找找经销商的工作失误之处——“整点黑材料”（诸如经销商送货不及时、放任批发砸价、截留促销品等）。

别忘了你跟经销商的关系，你见经销商不是去看兄弟，而是去拜访商业合作伙伴，每次见经销商都是一种商业往来，都是一种谈判。谈判决不是靠口才，而是靠准备！

一旦经销商再抱怨，业务人员就可以有理有据地回答。几个回合下来，经销商就不敢在你面前发一些无谓的牢骚了，也不敢在市场服务上太“放肆”了。也许他有点“恨”你，但他绝对会暗自佩服你的专业功力，绝对不敢小看你！

（二）上传下达，尽好供应商的本份

在初步走访市场之后，接下来业务人员该去登门拜访了！一见面少不了要寒暄几句，拉拉家常。然后你要做的就是上传下达，在自己的职权之内帮经销商解决问题！

所谓上传就是传达公司最新政策；所谓下达就是问问经销商最近有什么意见和建议；所谓在职权之内帮经销商解决问题，就是你尽好产品供应商代表的本分，做好售后服务。供应商应有的常规售后服务职责有：及时处理客诉、及时对账、按协议清算返利和奖励、调换即期品和破损品等。业务人员在解决这些问题时要注意以下两点。

1. 不要做超出自己职权之外的许诺，事事有回音

业务人员有时为了让经销商进货，漫天许诺（如帮您换即期品、帮您退破损品、下次给您带来多少促销品等）。最后许诺不能兑现，经销商就变成了“痴情女”，业务员就变成了“负心汉”——经销商苦苦地等你给他兑现承诺，然后上当受骗永远不再相信你。

如果不在你的职权之内怎么办？就直言相告报请公司批准。如果公司不批准怎么办？很多业务员就会觉得很为难，于是今天推明天，明天推后天。其实这种行为经销商最为反感。正确的做法是尽快给经销商一个明确答复，即使公司不批准，也要尽可能地给经销商解释清楚。装聋作哑、推三阻四、期望经销商能自己“知难而退”的想法都是不对

的。经销商的感觉就是你根本不把他的要求放在心上。

2. 重视经销商的短期利益

业务员帮经销商铺市、烈日炎炎去贴海报……你做了大量的市场工作,但经销商往往并不领情——他会觉得你在为厂家做事,他并不认为你这样做是帮他做市场。但如果他的一箱破损品你尽快换了,也许他会非常感激你,因为这是他的眼前利益。不要认为这个现象不合理,存在的就是合理的。针对经销商这种短视的心理,对破损品兑换、即期品处理、返利兑现等事关经销商眼前利益的问题,业务员要尽职尽责,快马加鞭地帮经销商解决。也许就因为这样一件小事,经销商就会对你感激不尽。

(三)库存管理

在上传下达之后,业务员就要钻进经销商的库房清点库存,填写进销存的报表。库存管理是经销商管理的扫盲动作,没有清点经销商库房之前,业务员是没有资格跟经销商要订单的。库存管理的基本动作包括:

(1)库存清点,警示断货品项和即期品数字,做先进先出(日期陈旧的产品放到库房前面先卖、避免产品即期)管理。

(2)1.5倍安全库存管理。要想经销商在下一个周期内不断货(业务员是周期性拜访),经销商的最小库存量应该不小于上周期的销量。为安全起见,把这个销量放大1.5倍,即周期销量×1.5,就是一个比较安全的库存量。用安全库存数减去现有库存数,经销商此次需要进货多少就可以算得出来。

例:某经销商上次拜访时库存是100箱,上周进货是50箱,本周库存是120箱。业务员是每周拜访该经销商一次,问经销商这一次需要进多少箱货?

则:周期销量=(上存+上进-本存)=30箱

安全库存=周期销量×1.5倍=30×1.5倍=45箱

本次进货量=安全库存-本期库存=-75箱

所以经销商此次不用进货。

所谓“周期销量=上存+上进-本存”不是绝对的,要排除促销、天气变化、淡旺季变化等因素,周期销量是“正常情况下一个周期可能的销量”,或者说是个“经验值”。

所谓1.5倍安全库存系数也不是绝对的,保质期越长系数越大,厂家送货周期越长系数越大。

(四)库存和陈列观念宣导

好的业务人员的订单一定是算出来的而不是要出来的,运用库存管理可以让你对经销商的实际销量、即期、断货情况了如指掌,可以帮经销商减少断货、即期风险,让您的建议订单有理有据。问题是,经销商往往不太相信这一套,你给他念上存、上进、本存、本进,他根本就不听,这时候你怎么办?

经销商的心理大都是:“你一个月赚多少?2000!你知道老子一个月赚多少?5万!你个小业务员才混了几天啊?跑来给我指手画脚,小样儿!”

没关系,不管经销商有多么不屑,你每次清点完库存后,回到经销商的门店里,就开始给他“念经”:“上存、上进、本存、实销、安全库存……”你念一次他的印象就会加深一次。事实很快就会教育他,现实生活中经销商库存管理不善,造成断货、即期、破损、客户投诉几乎天天发生。下次再出现这些问题时,你的话就会回响在他的耳边。他就会想:“哎!这个业务员小张说的话好像蛮有道理的。虽然这小伙子年轻,但做事非常踏实,每次来都钻到我的库房里满头大汗地给我点库存数字,统计即期品,做先进先出,现在想想好像人家说的什么‘上存、上进、本存、本进、实销、1.5倍安全库存法’是有一定作用的!小张每次按照这一套给我下建议订单,结果他的货就是不会断货也不会积压。另一个厂的业务员每次来都给我进货,结果搞的我有的品种积压,有的品种断货。这小伙子虽然年轻,但做事认真,而且好像还真的有两下子!”

经销商大多不会有这份毅力真的按照你教他的库存管理方法把他的所有品项都管起来,但只要你能对他有所触动,就已经达到目的了——经销商承认你的专业,你的形象又高大了一次!

(五)终端市场走访、市场情况沟通

现在业务人员已经完成了初步市场摸底、上传下达、库存管理、建议定单、库存管理理念宣导几个动作。下一步业务人员要进行市场的详细调查。

“张老板,我借您的自行车用一下,我到下面去看看市场,下午六点左右我回来咱们再详细聊。”

在扎扎实实的市场走访之后,业务员回来要与经销商沟通此次市场拜访的信息和想法,当然你所讲的话题应该是经销商非常关心的。那么,经销商都关心什么话题呢?

1. 市场上其他客户对经销商及其业务人员的评价

如:“张老板,你下面那个送货的小刘你要跟他好好谈谈,几个客户都反映他为了拿提成拼命地给客户塞货,甚至骗销(告诉客户某某畅销产品马上要断货或者涨价了,让客户大量进货。客户产品积压了找他调换他又不管)。客户骂的可不是他,而是你张老板!”

2. 竞争品牌的促销动作

如:“我发现某某果汁最近正在发传单要在15号开个批发订货会。旺季马上到了,要是让他们开了订货会,把二批的资金抢走了,咱们就麻烦了!我想跟你商量一下,我回公司申请些支持,咱们赶快动手,赶在他前面开订货会怎么样?”

3. 市场机会分析

如:“张老板,我这次走访发现竞品在超市和批发的促销投入很大,但他们在学校渠道忽略了,你能不能这个月集中打大专院校渠道?你可别小看大学里的销量,那里一个商店的销量甚至比一条普通街道的销量还要大!”

4. 市场风险的预测

如:“张老板,下一批货不能进太多了,零售店普遍反映今年天气比较凉,500毫升的饮料卖的不太好。而且马上8月8号要立秋了,咱们是不是要把铺货重点放在大包装牛奶上?”(注:天气转凉,小包装碳酸饮料淡季将至,牛奶旺季将至)。

5. 市场秩序信息

如:“我发现最近西门批发市场上又来了一批冲货,批发商反映可能是南阳丁老板冲过来的,你要派人查一下,找到证据,让我修理他。另外两批李四带头砸价,你马上给他停货。”

大家想一下,业务员如果做到了上面几点,经销商的感觉是什么?“这个业务员工作真的很踏实,每次来我这里说不了两句话就去看市场,回来给我分析问题,提出解决方法。人家是真心实意帮我做市场来的。”这才是真正专业的业务员!

(六)建立客户资料,帮经销商维护边缘网络

假如你一个月拜访经销商 3 次,每次走访 3 个小时的市场,3 个月之后,你完全可以建立起经销商的下线客户资料。突然有一天你交给经销商一个笔记本——

“张老板,这是我这几个月市场走访帮你建立的下线客户资料,包括本地所有卖小食品的二级批发商、超市和大型零售点,还有一些客户的资料我正在调查中。

“您看一下,这本资料的第一页是客户的分布图,第二页是每个客户的姓名、地址、电话、手机、联系人等,第三页往后是我目前查到的每个客户的详细备注(包括他们的营业面积、代理的品牌、货架面积、主要拿货渠道等),更详细的资料我会逐渐补充进去。

“我对这些客户专门做了编号分类,编号为 1～170 的客户是你的‘铁杆客户’(每次都从你这里拿货)。170～210 号客户是‘游离客户’(有时候从你这里拿货,有时从刘老板那里拿货);还有 40 多个客户是陌生客户(从来不在你这里拿货)。打星号的客户是有从外地接货砸价习惯的危险客户。我建议咱们尤其是要把‘游离客户’和‘陌生客户’巩固一下,我申请一些促销政策,咱们一起针对这些客户搞一次促销,上门订货、上门发传单、上门送礼品、上门做库存管理,把这些客户拉过来您看怎么样?”

想象一下,如果一个业务员真地做到了这一点,经销商是什么感觉?

首先是害怕:“坏了,我的下线客户全被这家伙摸清了。”(什么时间经销商可以对业务员瞪起眼说："你敢让老子不做，老子就能让你东莞市场进不来"。就是在业务员对经销商下线网络一无所知的时候。什么时间业务员可以跟经销商讲："你别太过份，你信不信我把你换掉，一个月之内就能扶起一户来，而且销量不下滑！"就是业务员完全掌握经销商出货网络的时候）

其次是敬佩："这小伙子真不简单，我老张在当地卖了几十年的货，当地大一点的客户见了我的面都能点个头打个招呼，可是要建立一个这么规范的客户资料，我还真没做。其实客户资料我也有，但不全，抽屉里有个烂本子记了几个电话，墙上挂历的边上也记了几个，跟人家这本资料简直没法比。建立这个资料有用啊，以后换业务员直接拿着资料就能交接了，来了新产品挨个打个电话也就行了，而且人家能帮我搞清楚我的网络盲点在哪里……惭愧啊！我十几年没做的事，人家小伙子来了3个月就做到了！"

第三是感激："人家真的是帮我做生意阿，我眼皮底下的网络盲点（陌生客户和游离客户），我自己没发现，人家替我整出来了，还能帮我一起做促销拉客户，这对我是真有用啊……"

扪心自问一下，如果真能做到这一步，对工作是否有帮助？经销商是否真的会产生以上情绪？应该会的！

建立客户资料对业务员来讲不是太难的事情，只要想做完全做得到！对业务人员而言，销售工作其实并不神秘，并不像一些理论专家所讲的要怎样周密分析，怎样运用营销原理……有时候想的太多反而会把简单问题复杂化，反倒执行不下去。实际上销售就是把一些简单的动作真真正正做到位，简单的事情执行到底就是最大的不简单。

（七）给经销商洗脑，力所能及地帮经销商完善管理程序

平时我们除了谈工作外，和经销商还会有一些私人接触的时间，比如一起吃饭，一起喝茶闲聊等。这个时候你别忘了，我们是要和经销商交朋友，但首先你是厂商代表，他是你的客户，是生意上的合作伙伴！因此，要见缝插针，在适当的时机给经销商经常洗洗脑。为什么？实际上就是给经销商灌输一些先进的经营管理观念和方法，促进经销商的成长。

可能有的业务人员说:“不行,我这人能干不能说,让我做业务可以,让我给别人洗脑我洗不了。”实际上这是一种典型的自我开脱的借口。做业务主要是做人的工作,做人的工作就一定要影响别人的思想。那怎样才能影响别人呢?用语言!不会讲话,永远做不了一个好业务员!

如果天性所致,真的不会讲怎么办?练!别忘了我们反复强调的理念:谈判不是靠口才,而是靠准备!

我们要跟经销商沟通的相关话题很多吗?不多,无非就是:做好铺货率;生动化布置对销售的促进;库存管理对经营的改善;建立下线客户资料的好处;业务人员的管理制度;账款管理的制度和技巧;怎样和超市打交道;增加运力拓展外围空白市场带来的效益……

既然知道就是这几个话题,为什么不能针对这几个问题,召集同事一起集思广益,探讨相应有说服力的回答话术,然后熟记于心,勤加演练呢?

不要觉得这样做好像有点虚伪和造作,所有人的口才都不是天生的。台上一分钟,台下十年功,所有演说家都是这么练出来的!有意地去博闻强记,有针对性地练习,你的表达力会迅速提高。

需要注意的一点就是,这种理念宣导要找到适当的机会,要等到经销商正在被某个问题困扰的时候,你再以“我也发现这个问题了,正想跟你谈谈这件事呢”的姿态出现。“送上门的不值钱”,如果你总是主动站在经销商店里指手画脚:“你的这个管理不行,我给你讲应该怎么办;你的那个理念不行,听我给你洗脑”。搞烦了,经销商会把你赶出去!

第十章　促销策略

第一节　广告策略

一、广告的含义及作用

(一)广告的含义

所谓广告,是指法人、公民或其他经济组织,为推销商品、服务或观念,通过各种媒介和形式向公众发布的有关信息。大众传播媒介刊播的经济信息和各种服务信息,凡收取费用或报酬的,均视为广告。

“广告”二字,从中文字面上理解是“广而告之”,在西方“广告”一词则源于拉丁语(Advertere),作“诱导”、“注意”解,后演化成为英语口语中的 Advertising(广告活动)和 Advertisement(广告宣传品或广告物)。

(二)广告的作用

广告的功过尽管贬褒不一,然而,广告作为商品经济的产物,无疑正日益在社会经济的舞台上,扮演着越来越重要的角色。广告的作用集中表现为以下几个方面。

1. 传递信息,沟通产销

广告的最基本功能就是认识功能。通过广告,能帮助消费者认识和了解各种商品的商标、性能、用途、使用和保养方法、购买地点和购买方法、价格等项内容,从而起到传递信息、沟通产销的作用。

俗话说,货好还得宣传巧。但在现实生活中,还有一些企业对广告的作用不十分明了,认为做广告花费大,得不偿失。因此,他们宁可天南海北、火车轮船、辛辛苦苦到处推销,也不愿做广告。实践证明,广告在传递经济信息方面,是最迅速、最节省、最有效的手段之一。好的产品借助于现代化科学手段的广告,其所发挥的作用不知比人力要高多少倍。

【案例】邯郸微型电焊机厂生产的手提式电焊机，1975年获得河北省科技成果奖，1982年在全国机电产品鉴定会上又受到好评，年产量近千台左右。可是过去，几个推销员几乎跑遍了全国，鞋底儿都磨破了，产品却销出很少。后来他们通过市场报刊登一幅广告，结果从海南岛到拉萨，从云南到新疆都有用户前来订货，产品几乎销遍全国。

【案例】河北泊头市有个玻璃厂，全年需纯碱880吨，但计划供应的碱只有百十吨，不足全厂一个半月的消耗，所以全厂因无纯碱停产成了“家常便饭”。1983年8月，这个厂纯碱再度告急，全厂上下急得团团转，最后，他们通过报纸登了一个近50个字的求援纯碱的广告，结果，只有几天的工夫，就先后收到来自全国各地200多份函件，最多时一天收到17封电报和信件，于是一下子就采购了830吨的纯碱，保证了1983年四季度和1984年1季度的生产。他们感慨地说：真是磨破鞋底，不如登则小广告，一条广告信息，救活了一个企业。

可以肯定，那种轻视广告作用的小生产经营方式，貌似节约、勤俭，结果必然造成信息闭塞、产品滞销，捡了芝麻，丢了西瓜。

2.激发需求，增加销售

一则好的广告，能起到诱导消费者的兴趣和感情，引起消费者购买该商品的欲望，直至促进消费者的购买行动。

【案例】某国烟草公司派了一名推销员去海湾旅游区推销该公司的“皇冠牌”香烟，但该地区香烟市场已被其他公司的牌子所占领，该推销员苦思无计，在偶然间受到了“禁止吸烟”牌子的启发，他就别出心裁地制作了多幅大型广告牌，广告牌上写上“禁止吸烟”的大字，并在其下方加上一行字：“‘皇冠牌’也不例外”。结果大大引起了游客的兴趣，竞相购买“皇冠牌”香烟，产品一下子就打开了销路。

3.促进竞争，开拓市场

大规模的广告是企业的一项重要竞争策略。当一种新商品上市后，如果消费者不了解它的名称、用途、购买地点、购买方法，就很难打开销路，特别是在市场竞争激烈、产品更新换代大大加快的情况下，企业通过大规模的广告宣传，能使消费者对本企业的产品产生兴趣，这对于企业开拓市场是十分有利的。

提高商品的知名度是企业竞争的重要内容之一，而广告则是提高商品知名度不可缺少的武器。精明的企业家总是善于利用广告提高企业和产品的“名声”，从而抬高“身价”，推动竞争，开拓市场。

【案例】“天厨味精”开始时是由吴蕴初和“张崇新酱园”合作，由“张崇新酱园”出资，吴蕴初出技术开厂制造的。吴蕴初想到，最香的香水叫香精，最甜的东西叫糖精，那么，味道最鲜的可以叫味精。当时日本的“味之素”在中国倾销，他从“味之素”这个“素”字上又引起了一系列的遐想：味精由植物蛋白质制成，是素的，但有肉味，吃素的人最相宜；吃素人当然信佛，要与佛教联系起来，佛在天上，珍奇美味，只有天上有，天上庖厨——天厨。于是，联名“天厨味精”，采用佛手商标，拟制了“天厨味精，鲜美绝伦，质地净素，庖厨必备，完全国货”的招贴广告；还在国际饭店屋顶上，装了“天厨味精”四个字的大型霓虹灯广告；又在《申报》自由谈栏中，配合“天厨味精”，刊登“每周食谱”，得到了家庭主妇的欢迎；并用一辆彩车在街头巡回做宣传广告，响亮地宣传：“天厨味精，完全国货，胜过味之素，价廉物美，欢迎试用”，终于把日本“味之素”从中国市场上排挤了出去。以后，上海制造的同类产品陆续出现，但天厨味精始终占总销售额最大的比重。

4. 介绍知识，指导消费

现代化生产门类众多，新产品层出不穷，而且分散销售，人们很难及时买到自己需要的东西，而广告通过商品知识介绍，就能起到指导消费的作用。

【案例】金陵南北货商店是南京市的一家企业，经营商品有干鲜果品、蜜饯炒货、干菜调味、腌腊酱品、水产海味、糕点食品、烟酒茶糖等。由于南北货商品有较强的季节性，在经营中既要货源充足，品种齐全，保证供应，又要使季节性商品及时销售，避免积压损耗，商店十分重视搜集各种商品知识资料，利用商品陈列，采用多种广告形式，介绍各种商品知识。如桂元、蜜枣、核桃等干果，就在陈列柜前竖立一尺见方的广告牌，着重说明商品的营养价值和医学疗效，使顾客对商品产生兴趣；有些腌腊酱品、海鲜珍品和土特产来自全国各地，不少是几百年、几十年前的传统产品，但不一定被顾客了解，商店就自己编印《金陵广告》

专题介绍，让顾客知道各地土特产的风味、营养成分、制作过程和食用方法，先后介绍过镇江香醋、扬州酱等。如新型食用菌食品——平菇，是首次和顾客见面，根据资料介绍不但味道鲜美，而且能防治软骨病、降低血压，并对癌细胞有抑制功能。介绍平菇的广告一出，顾客在店门前排成了长龙，收到了很好的效果。

有些产品消费者购买以后，由于对产品的性能和结构不十分了解，因此在使用和保养方面往往会发生问题。通过广告对商品知识的介绍，也可以更好地指导消费者做好产品的维修和保养工作，从而延长产品的使用时间。

5. 丰富生活，陶冶情操

好的广告，实际上就是一件精美的艺术品，不仅真实、具体地向人们介绍了商品，而且让人们通过对作品形象的观摩、欣赏，引起丰富的生活联想，树立新的消费观念，增加精神上美的享受，并在艺术的潜移默化之中，产生购买的欲望。

【案例】有一幅宣传“三星”牌彩色铅笔的广告画，画面上20支色彩各异的铅笔自下而上悬空排列，好象一架登天梯。一个天真活泼的小女孩正抓着“梯档”向上攀登，她右脚蹬在第五级，左脚已跨到第九级，小脑袋微微后仰，勇敢而又自信。画面下是一句标语：为使您的孩子更聪明。这幅画艺术形象生动，并将广告的意图隐藏在画面之中，使人在获得耐人寻味的艺术享受的同时，激发起购买的欲望。

【案例】广告——无处不在

一人爬墙出校，被校长抓到了。

校长问：为什么不从校门走？

答曰：美特斯邦威，不走寻常路。

校长又问：这么高的墙怎么翻过去的啊？

他指了指裤子说：李宁，一切皆有可能。

校长再问：翻墙是什么感觉？

他指了指鞋子说：特步，飞一般的感觉。

第2天他从正门进学校，校长问：怎么不翻墙了？

他说：安踏，我选择，我喜欢。

第 3 天他穿混混装，校长说：不能穿混混装！

他说：穿什么就是什么，森玛服饰。

第 4 天他穿背心上学，校长说，不能穿背心上学。

他说：男人，简单就好，爱登堡服饰。

校长说：我要记你大过。

他说：为什么？

校长说：动感地带，我的地盘我做主。

（三）广告类型

一般来说，广告可分为三种类型：通知型，说服型，提醒型。

通知型广告主要用于一种新产品的入市阶段，目的在于树立品牌，推出新产品。××香波打入市场的广告就是："还有半个月，一种全新型洗发水将与消费者见面"，然后依次递减天数："还有 10 天……"，"还有一周……"，"还有一天……"，然后在预定的那天再打出全面介绍该种品牌香波的广告。

说服型广告的目的是培养消费者对某种品牌的需求，从而在同类商品中选择它。"达克宁"药膏通过"不但治标，还能治本"来暗示其同类产品只能治标，不能治本，从而劝说消费者进行选择。

提醒型广告在产品进入旺销后十分重要，目的是保护消费者对该种产品的记忆和连续购买，如××饮料的广告词就是："今天你喝了没有？"

二、广告媒体的选择

（一）广告媒体的种类

1. 印刷品广告

印刷品广告包括报纸广告、杂志广告、电话簿广告、画册广告、火车时刻表广告等。

报纸广告的优势是：覆盖面宽，读者稳定，传递灵活迅速，新闻性、可读性、知识性、指导性和纪录性"五性"显著，白纸黑字便于保存，可以多次传播信息，制作成本低廉等。报纸广告的局限是报纸以新闻为主，广告版面不可能居突出地位，广告有效时间短，日报只有一天甚至半天的生命力，多半过期作废。

杂志广告是指利用杂志的封面、封底、内页、插页为媒体刊登的广告。杂志广告的优势是：阅读有效时间长，便于长期保存，内容专业性较强，有独特的、固定的读者群，如妇女杂志、体育杂志、医药保健杂志、电子杂志、汽车摩托车杂志、家用电器杂志等，有利于有的放矢地刊登相对应的商品广告。同时杂志广告也有其局限性：周期较长，不利于快速传播，时间性、季节性不够鲜明。

2. 电子媒体广告

包括电视广告、电影广告、广播广告、电子显示大屏幕广告以及网络广告等。

电视广告是指利用电视为媒体传播放映的广告。电视广告可以说是所有广告媒体中的“大哥大”，它起源较晚，但发展迅速。电视的优势很明显，它功能齐全，形声兼备；信息传递迅速，覆盖面广；传播的内容广泛，形式多样；容易形成一致的家庭购买力；可方便地进行重复播放，其广告效果是其他广告媒体无法相比的。著名广告人大卫·欧格威无不自豪地说：“如果给我 1 小时的时间做电视广告，我可以卖掉世界上所有的商品”。当然，电视广告的局限性也很明显，主要有播放时间短，宣传印象容易消逝；观众被动收看，无法行使自己的意愿；针对性较差；制作费用高，播出费用高。

广播广告是指利用无线电或有线广播为媒体播送传导的广告。由于广播广告传收同步，听众容易收听到最快最新的商品信息，而且它每天重播频率高，收播对象层次广泛，速度快，空间大，广告制作费也低。广播广告的局限性是只有信息的听觉刺激，而没有视觉刺激，而且广播广告的频段、频道相对不太固定，需要经常调寻，也妨碍了商品信息的传播。

3. 户外广告

它主要包括路牌广告（或称广告牌，它是户外广告的主要形式，除在铁皮、木板、铁板等耐用材料上绘制、张贴外，还包括广告柱、广告亭、公路上的拱形广告牌等）、霓虹灯广告和灯箱广告、交通车厢广告、招贴广告（或称海报）、旗帜广告和气球广告等。

4.邮寄广告

邮寄广告英文为Direct Mail,简称为DM,是一种以邮寄的方式直接送达用户的印刷广告。

在西方国家,居住在公寓楼里,每天总会收到从邮局送上门来的一叠印刷精美的折页、样本、卡片之类,大都是关于旅游、餐馆、饭店、航空或纪念品商店等方面的广告品。这种形式,近年来在国内也逐渐兴起,企业社团也纷纷用邮寄广告进行信息传播。

邮寄广告在当今的各类广告形式中是发展最为迅速的,其增长率居各类广告媒体的榜首。邮寄广告的分类:一是单发的,一次性邮寄;二是反复邮寄,数次地寄给同一对象。这要根据DM的具体目的和产品价格的差异而定。

利用DM广告最多的,是为争取订户的杂志社、邮寄公司、食品店、百货公司、唱片俱乐部、读书俱乐部等。DM广告的邮寄品多种多样,主要有推销信、明信片、传单、折页、小册子、产品目录、企业介绍、赠品、样品等。

DM广告与其他广告媒体比较有它自己的特点,主要表现在以下几个方面:以特定个人为诉求对象;收件人有一种被人尊重的优越感,以及面对面的亲近感;活动的效率高,信息反馈快;收信者的反应及其成交情况极易掌握;在同类商品竞争中,是一种不易被对方察觉的有效方式等。

DM广告也有它的局限性,如按每个读者的邮寄广告费计算,其成本费也是较高的;推销产品功利性特别明显,往往使读者产生一种戒备心。

5.POP广告

POP是英文Point of Purchasing Advertising首字母缩写,译为售点广告,即售货点和购物场所的广告。世界各国广告业都把POP视为一切购物场所(商场、百货公司、超级市场、零售店、专卖店、专业商店等)场内场外所做广告的总和。POP广告的种类就外在形式的不同分为立式、悬挂式、墙壁式和柜台式四种;就内在性质的不同分为室内POP广告和室外POP广告两种。室内POP广告指商店内部的各种广告,如柜台广告、货架陈列广告、模特儿广告、圆柱广告、空中悬转的广告、室内电子广告和灯箱广告。室外 POP 广告是售货场所门前和周围的 POP 广告,包括门面装饰、商店招牌、橱窗布置、商品陈列、传单广告、活人广告、招贴画广告,以及广告牌、霓虹灯、灯箱和电子显示广告等。

6. 其他广告

其他广告指除以上五种广告以外的媒体广告,如馈赠广告、赞助广告、体育广告以及包装纸广告、购物袋广告、火柴盒广告、手提包广告等。

【案例】电视广告发展的三个阶段

第一阶段:电视广告发展初期

电视广告发展初期,老百姓认为电视广告是"王婆卖瓜,自卖自夸";另一方面,一些企业总认为"酒香不怕巷子深"。这种传统的思想和经营观念深深影响着电视广告业的发展。从电视广告行业的发展历程中,我们可以比较清晰地看到这一点。电视广告发展初期,即 20 多年前,第一个在电视媒体上做广告的是"金狮牌"自行车。中国内地有三大自行车品牌:永久、凤凰和飞鸽。当时,这三个品牌的自行车必须凭票才能买到,需要有一定的关系,托人、"走后门"才能买到。因此,那个时候的企业有这样一种观点,叫做"酒香不怕巷子深"。他们从来没有想过要对自己的产品进行包装,采取一些营销手段然后再推向市场。当时,"金狮牌"自行车第一个做出广告,但销售并不是很好。因为那个时候,老百姓总有这样一种观念:你的产品不好才做广告。如果产品好的话,你为什么要去做广告? 不然为什么凤凰、永久、飞鸽不做广告,一样卖得很好!

第二阶段:电视广告发展中期

广告的真正目的是"引导时尚消费"。这种观点逐渐为人们认可以后,电视广告便成为企业将商品推向市场的必备武器。随着电视广告发展到中期,广告的真正目的在于引导时尚消费的作用日渐凸现出来。很多人在购买产品的时候,不管购买什么,统统都是依靠广告进行选择。广告宣传什么产品,人们就愿意去花钱买来进行尝试。这个时候,电视广告的制作也变得越来越精美。作为企业,在将它的产品推向市场的时候,无一例外地都选择了广告这种营销的手段。

我们经常在电视里看到广告,如“钙中钙”、“高露洁”、“康师傅”等。这些品牌,在它没有做电视广告之前,大家都是不知道或不了解的。现在只要提起“康师傅”,恐怕没人不知道。电视广告发展到中期的时候,人们已经逐渐认可了电视广告这种宣传形式,不会认为“你做广告就是你的产品不好”。正好相反,人们普遍认为,你不做广告说明你的产品不好,因为你没有实力做广告。或许,有的企业想把做广告的钱用在产品生产上,把价格降下来,以低价位去竞争市场。这样可行吗?不可行!你必须有大量的广告投入,才有可能去占领属于你自己的市场。

第三阶段:电视广告发展现状

企业觉得现在的销售太难了,为什么?因为竞争变得越来越激烈了。广告早就超出了传统的“引导时尚消费”这样一种作用,“巩固市场并保持一种产品的消费惯性”成为电视广告新的内涵。

美国宝洁公司的第一品牌是“飘柔”。“飘柔”在中国已经有了一个相对稳固的客户群体,同时在中国有着很好的口碑和品牌的美誉度。但是,“飘柔”每年依然有很大的广告投入,保持着在全国所有电视台每天至少有一次广告的出镜率。如果说,电视广告的作用仅仅是让消费者了解和知道这种产品,然后花钱去购买它,那么“飘柔”早就做到这一步了,就不需要再做广告了。可是“飘柔”依然在做广告。这是为什么?因为,如果“飘柔”停止了自己的广告,很快就会有其他的品牌跟进来,这样“飘柔”就将逐渐退出这个市场。

有些产品的广告在某一时期曾进行一种“急速”式的广告轰炸,让你每天都看得见,看得很烦恼,但这几年却见不到了。例如,以前有一种录音机的品牌叫“燕舞”,做过很多的广告,广告词是一首很短的歌。这个品牌的广告现在再也看不到了,人们可能会想:“这个厂家还存在吗?这个企业还存在吗?估计已经倒闭了”。消费者的这种猜测是不是正确呢?事实上,至少有一半是正确的。因为有很多企业,当它从电视广告这个战场上退出以后,很可能就已经倒闭了,就已经不存在了。类似于“燕舞”这样的厂家还很多,像“秦池”酒厂,曾经也是在各个电视台黄金时段做“急速”式的广告轰炸，随着这种广告的轰炸销售额迅速上升。可是现在还看得到这个品牌的广告吗？看不到了，再也看不到了。现在，一提“秦池”，人们还是知道的，但是在日常生活中还会不会想起这个品牌呢？不会。为什么？因为你的周围、你的身边有太多太多的品牌可供你选择。从整个广告行业的发展可以看出，现在中国的市场竞争是越来越激烈了。

(二)如何选择广告媒体

在进行广告媒体选择时，应考虑下面的因素。

1.目标市场的媒体习惯

不同的观众通常会接触特定的媒体。有针对性地选择为广告对象所易于接触的媒体，是增强广告促销效果的有效方法。例如，对于青少年，广播、电视是最有效的广告媒体；而生产或销售玩具的企业，在把学龄前儿童作为目标沟通对象的情况下，绝不会在杂志上做广告，而只能在电视或电台上做广告。

2.产品

选择广告媒体，应当根据企业所推销的产品或服务的性质与特征而定。因为各类媒体在展示、解释、可信度、注意力与吸引力等方面具有不同的特点。工业品与消费品，技术性能较高的复杂产品与较普通的产品，应采用不同的媒体进行广告宣传。

3.广告内容

广告媒体选择要受到广告信息内容的制约。如果广告内容是宣布明日的销售活动，报纸、电视、广播媒体最及时。而如果广告信息中有大量的技术资料，则宜登载在专业杂志上或邮寄广告媒体上。

4.广告传播范围

选择广告媒体，必须将媒体所能触及的影响范围与企业所要求的信息传播范围相适应。如果企业产品是行销全国的，宜在全国性报纸或中央电视台、中央广播电台做广告。而在某一地区或城市销售的产品，则可以选择地方性报纸、电台等传播媒体。

5.成本

不同媒体所需成本也是选择广告媒体的依据因素。一般来说，电视是最昂贵的媒体，而报纸则较便宜。

长期以来，电视在广告媒体组合中占有主导地位，而其他媒体则被忽视。但在现实生活中，由于电视广告越来越拥挤混杂，广告效果已开始下降。电视播放的广告越来越短，但数量却越来越多。因此，观众注意力的效果也趋于下降。一些店铺策划者发现采用印刷广告和电视广告相结合的方法，通常要比单独使用电视广告的效果好。因此，零售策划者必须每隔一段时间对不同的媒体进行检查评估，以决定购买最好的广告媒体。

三、广告中的语言艺术

早在19世纪末，中国最早的报纸广告上，就出现了南洋兄弟烟草公司为其新产品“白金龙香烟”制作的广告词：“饭后一支烟，胜过活神仙”。事实证明，当初的广告词已成为如今瘾君子的座右铭。

广告的语言艺术散见于各种商品广告之中。理发店的广告词：“虽是毫末技艺，却是顶上功夫”；猪饲料的广告词：“饲宝×××，催猪不吹牛”；酸梅汁的广告词：“小别意酸酸，欢聚心甜甜”；粉刺药品的广告词：“只要青春不要‘痘’！”；汽车的广告词：“车到山前必有路，有路必有××车”；棺材铺的广告词：“开车别太快，我们的生意忙不过来了”；打字机广告词：“不打不相识”；电话广告词：“以指代步”；电风扇广告词：“实不相瞒，××牌电风扇的名气是吹出来的”；洗发液广告词：“青春作伴，从头开始”；鞋子的广告词：“千里之行，始于足下”；灭蚊器广告词：“默默无‘蚊’”；咖啡广告词：“味道好极了”，等等，易懂、易背、易念，这些广告用语，给人留下了深刻的印象。

1. 创造记忆点

创造能让消费者记忆深刻的点，有了这个点才会有你的产品在消费者心目中的位置。

【案例】1999年农夫山泉的广告开始出现在各类电视台，而且来势汹涌，随之市场也出现了越来越热烈的反应，再通过跟进的一系列营销大手笔，农夫山泉一举成为中国饮用水行业的后起之秀，到2000年便顺理成章地进入了全国三甲之列，实现了强势崛起。

历来中国的饮用水市场上就是竞争激烈、强手如云，农夫山泉能有如此卓越表现，堪称中国商业史上的经典。而这个经典的成就首先启动于“农夫山泉有点甜”这句经典的经典。这句蕴含深意、韵味优美的广告语，一经出现就打动了每一位媒体受众，令人们牢牢记住了农夫山泉。为何会有如此非同凡响的效果？原因正在于它极好地创造了一个记忆点，正是这个记忆点征服了大量的媒体受众，并使他们成了农夫山泉潜在的消费者。

2. 创造显著的差异性

雷同、相近的东西很难让人记忆深刻，只有显著的差异才使人难以忘记。《三国演义》中关公与孔明无论是外表还是通过典型事件来烘托其个性都是不同的，关云长的外表特征是：红脸美髯；诸葛孔明的特征却是：手摇羽毛扇。关云长性格的记忆点是：过五关斩六将、下棋刮箭毒；诸葛孔明性格的记忆点却是：草船借箭、七出祁山。因为每一个人物都有明显的差异化，所以才能让读者产生深刻的记忆。

创造差异性是突显自己产品存在的首要因素，没有差异点，就不会产生记忆点。“农夫山泉有点甜”对此做出了很高明的应对。当别的同类产品都在表现各自如何卫生、高科技、时尚的时候，农夫山泉不入俗套，独辟蹊径，只是轻轻却又着重地点到产品的口味，也仅仅是“有点甜”，显得超凡脱俗，与众不同。这样就形成了非常明显的差别，使自己的产品具有了鲜明的个性，让电视机前的消费者感到耳目一新，这样的产品让消费者忘记是很困难的。一个广告能达到这样的效果，这个产品也就成功了一半。同样做得很成功的是乐百氏纯净水，它重点突出了“二十七层”净化工序，用一个非常简单的数字表现出了纯净水的优异品质。这种表现方式独树一帜，当然功效奇大，鲜明的差异性立即脱颖而出，给消费者留下了极其深刻的印象。

3. 简单新奇，攻心为上

广告语的设计要真、简、奇、美，攻心为上。

【案例】台湾一家广告公司为德国××啤酒打进台湾市场代理广告业务。如何既保持原有品牌的优势，又适合台湾的具体情况呢？该广告公司制作了如下数量众多、精美的备选广告：“刚从欧洲来，国语还不太灵光”，“没办法，害羞是数百年来的家族遗传”，“偶尔也在国宴中露面”，“在欧洲，左派和右派唯一相同的观点”，以及“这一杯是我们的最佳代言人”和“不妨先向邻居打听打听”等22条。再如1979年可口可乐集团要求为其代理了24年广告业务的麦伊广告公司重新换个广告主题，该广告公司立即把派驻全球各地机构富有创造力的主管全部召回纽约，经过反复激烈的讨论，最后才浓缩出一个主题，其创意是“喝一口，笑一笑”(Have a coke and a smile)。

【案例】当年，农夫山泉推出“农夫果园”系列果汁饮料进军果汁饮料市场时，果汁饮料市场的竞争已经非常激烈。先有统一入主，后有娃哈哈、可口可乐、康师傅等国内外著名饮料大企业跟进，市场一分再分，产品创新一代胜一代。而农夫山泉此时推出“农夫果园”为时已晚，它应属于果汁里的二流产品。可是农夫山泉却别出心裁，在别的厂家都尽力回避果汁饮料里有沉淀物的问题时，农夫山泉却迎刃而上，打出“农夫果园，喝前摇一摇”的广告语。这一摇，结果化糟粕为玉帛；这一摇，使产品深入人心，并倡导了一种新的喝法；这一摇，也使“农夫果园”系列产品扶摇直上，将已诸侯纷争的果汁市场“摇”得重排座次，农夫山泉的果汁饮料也乘势从二流产品迅速挤入一流产品。

这也正是简单的特有效果。中国人对关羽的形象记忆深刻，其中的一个重要记忆点是“刮骨疗伤”。这件事简单之极，但又决非简单。没有几个人能够做到像关羽那样不怕痛的，这件事的核心点正是一个“痛”。关羽“不怕痛”，能忍常人不能忍之痛。痛同样感性十足，谁都体验过并且记忆深刻，只要想象一下“刮骨”是一种怎样的痛，而关羽在承受这种痛时连眉毛都不皱一下，人们便不由地叹服，被他的英雄气概所折服。这就可以起到简单而深刻的记忆。

4. 以情动人，以美感人

当年孔府家酒有一个非常成功的广告，广告语是“孔府家酒，让人想家”。“家”在中国人心中是非常美好的，是很容易感动中国人的，而一种能让人想家的酒必然会给中国人一番特殊的感觉。有了这种感觉，产品的成功就有了保证。所以要创造让人感觉美好的记忆点，以情动人，以美感人！

【案例】在日照郊区的墙体上有很多商场的广告,其中有一则是这样写的:“买家电,到三联,比找熟人还省钱!”从诸多的墙体广告中脱颖而出——这是一句杀伤力非常强的广告。

三联家电是全国家电流通业的三大巨头之一,以借壳郑百文上市而名声大噪。其实,从济南到山东全省连锁店的扩张,“买家电,到三联”的广告语随之在山东家喻户晓。日照三联的广告语则是在原有基础上的一种创新,既保留了多年来传播的核心精神,又给出了符合社情民意的理由:比找熟人还省钱。

越是在经济欠发达的地区,齐鲁传统文化里“熟人文化、面子文化”也越发生生不息——办事找熟人一方面是为了省钱、省时、省力,更重要的是有面子。有熟人昭示着他在这个生活环境里的身份、地位、能力、本事!尤其是在县城,办任何事都讲究找熟人,找来找去,总能找到熟人,虽然有时候找熟人托关系的代价要远远高于正常手续,但大家乐此不疲。三联家电商场的家电价格之便宜,比找熟人还省钱,并且,省略了找熟人的麻烦,还有什么理由不去三联买家电呢?

5.让事实说话

好产品自己会说话。比如,××电风扇的创意设计是利用POP广告媒体,把电风扇放在大商场的橱窗,旁边醒目地写着这样一句话:“从××年×月×日起昼夜连续运转。请你计算一下,至今已连续运转了多少小时?”独特的广告语引起了人们的好奇心,有人甚至半夜三更起来去检查该电风扇是否仍在转动。再如当年日本“西铁城”手表打入澳大利亚市场时,在大量的POP广告媒体上,巧妙地宣传产品的质量。它的广告语是这样写的:“某日某时某刻,××公司将用飞机在堪培拉广场空投西铁城手表,谁捡到就归谁。”这句话一下子引起了人们的极大兴趣。届时飞机如期而至,数以万计的手表从天而降。当人们戴着从万米高空落下、走时准确而又不要钞票的手表,效果怎样?还需声嘶力竭地嚷嚷:“永不磨损,世界名表吗”?还愁在老百姓中没有知名度吗?

四、看广告要思考的三个问题

广告给人送来大量的信息。看广告要关心哪些行业出现了哪些新产品？它们的卖点在哪里？一般认为，看广告要思考三个方面的问题。

(一)卖点对不对？

看广告要思考的第一个问题是卖点对不对？笔者曾经做过统计，发现60%的广告没有卖点，或者卖点不清晰。比如说"××，永远利益群众"。还有一个广告，乒乓球运动员拿着球拍说"我能"，然后一看是中国移动的。还有就是一群人跑跑跑，一跑就是15秒。这些企业好在有钱，但是投入产出肯定不成正比，因为没有卖点，或者卖点不清晰。这是广告的误区，盲目地追求酷、炫，但是却跑题了，没有起到应有的效果。

(二)时段对不对？

看广告要思考的第二个问题是时段对不对？笔者发现大约有50%的广告排期是错误的：明明给男人看的广告，非往女人看电视的时段插；明明给女人看的广告，非往武侠片里插；明明给孩子看的广告，却要安排在凌晨一点之后。其实这也是一种浪费，因为这些人都睡着了，播了也是浪费。

(三)运作对不对？

看广告要思考的第三个问题是运作对不对？广告运作说什么比怎么说更关键。笔者曾经看过一个小朋友写的一篇文章，题目是《美丽的夏天》，第一句话就是我讨厌夏天，因为下雨我没有办法上学。尽管写的也有他的逻辑，但是这篇作文会得高分吗？不会，因为跑题了。广告也是同样的道理，你要将自己的卖点通过消费者能够接受的语言来表达出来。

广告运作有两种基本方式。一种是叫卖式的。比如说"送礼要送脑白金"，这个广告已经俗到没有创意的地步，但是将卖点和定位说的很清楚。笔者有一次在包头出差，在飞机场等飞机，电视上出现了"今年爸妈不收礼，收礼只收脑白金"。一个四十多岁的女同志看了之后就说了一句"恶心"。笔者就在思考，恶心不恶心是一回事，但是真的到商场买东西送给爹妈，肯定首先想到的就是脑白金，它已经伤害到你记住它的地步。

为什么叫卖式的广告很有效呢？在菜市场上你可以看到，谁的吆喝最大谁的买卖最好。在街头你也发会现，比如说街道旁边有很多商店，如果有一家商店放一个大喇叭在门口吆喝，有人进去，慢慢就会有人鱼贯而入。

在马路上你会发现大部分的男男女女走在一起都是不般配的，你觉得很别扭，不符合我们心理上的平衡。你会发现大多数的美女都是嫁给了死缠烂打的人，这些人天天对美女说："我爱你，嫁给我吧！"最后女孩烦了，说："算了，嫁给你吧！"为什么美女没有嫁给绅士呢？因为绅士不好意思，看到别人追你，就将机会失掉了。有一次，笔者在安阳讲课，有一个丑一点的女孩问我怎么嫁掉？我说："告诉你一个办法，就找素质最高的绅士说我爱上你了，你一定要娶我，否则我这一生都会很痛苦的。"80%他们都会答应，为什么？因为他们是绅士，不忍心伤害你。

还有一种是激发式的广告。广告要能引起消费者的心灵共振，形成消费者对产品的心理渴望，从而推动产品销售，这是对广告效果要求的底线。一次出差去沂蒙山某县，看到县城载客的机动三轮车车棚两侧发布的本田摩托的广告——一则充满人文关怀的广告——一侧是："存钱不容易，买车别大意！"一侧是"本田车就是本田车，骑了就知道。"在一个偏僻贫困的小县城，一辆摩托车几千块钱，绝对是大件商品，不亚于城里的工薪家庭去买一辆小轿车。而且，买摩托车的主要用途是做生意赚钱，不是作为代步工具的，是否好用关乎生意的好坏，关乎家庭生活水平的改善，绝对是大事一桩！广告主显然对其准顾客知根知底，做出了很善意的提醒："存钱不容易，买车别大意！"是啊，老百姓的血汗钱来之不易，花起来自然在意。所以，这句提醒说到了人的心坎上，让人看着顺眼，听着舒坦，即使不买，也觉得这个牌子好，从此在心里留下了好印象。"本田车就是本田车，骑了就知道"。本田是大牌子，但没有大牌的脾气，只是告诉你"骑了就知道"，相信亲身体验是最有说服力的。

五、浅谈幽默广告

一天和友人共进晚餐，席间友人讲了一则笑话：美国人、法国人、中国人在吹牛自已国家的酒好。三个人谁也说服不了谁，于是决定找三只老鼠做试验。第一只老鼠喝下美国人的酒，当即晕倒。第二只老鼠喝下法国人的酒，手舞足蹈。第三只老鼠喝下中国人的酒，一言不发，飞快地跑了。

于是美国人、法国人讥笑中国人："你们中国的酒太差了，你看，老鼠喝完一点事都没有，跑得无影无踪了"。正说着，第三只老鼠却跑了回来，手里高举着一把菜刀，并气急败坏地大骂："他妈的，猫呢？"友人说完，我等大笑。

后来过了好几天，一想起这个笑话都情不自禁地偷笑。转而想到，这难道不是一则非常好的烈酒广告么？就以"他妈的，猫呢？"为主题，以这个故事情节为电视广告，以这个故事的画面作平面广告，肯定能让消费者会心一笑，在大同小异的酒类广告中，独树一帜，一领风骚。

戴尔·卡耐基有一句名言："快乐是有传染性的，而只有使别人快乐才能让自己快乐。"幽默是生活的润滑剂，具有简单而强大的穿透力。同样，幽默广告以内庄而外谐的态度，使消费者完全放松对广告本能的警惕和排斥，在兴奋、愉快的情绪体验中，产生深刻的印象，从而促进其对广告及品牌形成良好的态度。众所周知，在戛纳广告节影视广告的现场，获得掌声的广告大部分是幽默广告。正如一位广告大师所说："巧妙运用幽默，就没有卖不出去的东西"。作为一种喜闻乐见的广告形式，我们怎样才能创作出好的幽默广告，以达到独特的艺术效果呢？

（一）要针对合适的产品

我们首先分析一下周星驰所拍的几则幽默广告。

(1)"非常系列茶饮料"内心独白篇：广告片借用周星驰在《大话西游》中的经典名言"曾经有一段真挚的爱情放在我的面前，我没有珍惜，人生最痛苦的事莫过如此……"，只不过这一次周星驰的深情独白面对的不再是紫霞仙子，而是一罐饮料。当周星驰说出"我爱你"时，娃哈哈茶饮料像倾盆大雨般从天而降，覆盖了周星驰的全身。一会儿，周星驰艰难地爬出来，贪婪地喝着娃哈哈茶饮料。

(2)娃哈哈龙井茶大侠篇：客官（冯小刚）跨进某茶馆大喝一声："给沏杯茶！"，店小二（周星驰）遂麻利地端出七杯茶。客官发怒：我说的是"沏"杯茶。于是店小二抛出娃哈哈龙井茶——"不用沏的茶"。

(3)"步步高复读机"西天取经篇：在取经途中，唐僧深受不懂外语之苦,转而向孙悟空求救:“悟空,已到西方,吾不懂外语,该如何是好?”于是乎,悟空使出七十二变,变出步步高复读机,“师傅莫慌,步步高学外语特别快,三天搞定。”悟空唱起《生命之歌》,唐僧也再次吟唱起“only you”,最后竟然与悟空高歌“Let’s go”直奔西方。

在这三则广告中,非常茶饮料用周星驰的独白,表现了青年人对它的喜爱;龙井茶篇则用相声里抖包袱的形式突出了龙井茶“不用沏”的特点,通过笑星的倾力表演,一夜之间红遍大江南北,可谓成功之作。但步步高复读机用“大话西游”诉求“学外语三天搞定”的表现形式是极不适合的。根据复读机特殊的性能特点,用这种荒诞夸张的方式来诉求显然缺乏说服力,消费者看后会觉得可笑、滑稽,但却不会真正认同步步高宣传的主题,谁会相信“外语三天搞定”的神话?学外语,更多的是靠下苦功夫。

相对来说,感性需求产品如餐饮、旅游、运动、娱乐产品可采用幽默广告,而高理性产品则不宜用幽默广告。如果幽默广告与产品特性结合不当,则会弄巧成拙,使受众产生厌恶感和不信任感。

(二)要紧扣诉求点

幽默广告不是为了有趣而有趣,故事的展开一定要与诉求点紧密相扣。下面是三则经典案例。

1. 可口可乐:“我的可乐哪里去了?”

广告情节:沙滩上,烈日炎炎下,一只憨态可掬的企鹅躲在躺椅后面,偷偷地喝着男主人公的可口可乐,而男主人公显得很困惑:“噫,我刚才放在这里的可乐被谁拿走了?”

该广告的诉求点是“可口可乐具有冰凉的感觉”。生活在寒冷地带的企鹅乐呵呵地在沙滩上偷饮别人的可乐,可见可口可乐能给它带来身处南极般的感受。用人格化的企鹅,戏剧性的场景,突出了可口可乐“冰凉”的特点,赋予了可口可乐亲近的形象。

2. Wendy 汉堡:“牛肉在哪里?”

广告情节:一位认真好斗、喜爱挑剔的老太太,撕开面前硕大的汉堡包,发现里面的牛肉馅竟只有指甲片大小,不由得恼羞成怒,对着镜头大嚷:“牛肉在哪里?”

Wendy汉堡的诉求点来自于美国农业部的一项调查结果——Wendy汉堡的牛肉馅比麦当劳的要多出零点几盎司。该广告利用人物夸张的表情和动作,辛辣地讽刺"麦当劳叔叔"短斤少两,从而引起了消费者强烈的反响,大大地提高了Wendy汉堡的知名度与美誉度。

3."苏伯鲁"轿车:"你总是伤害它"

广告情节:伴随着主题歌《你总是伤害你所爱的》,是一系列人们滥用"苏伯鲁"车的情景——车顶上堆满了野营装备,男人使劲压下车后盖,拼命地把过多的物品塞进去,妻子和丈夫在一片吵骂声中"嘭嘭"地狠命甩车门。片末出现画外音:"人们不珍惜他们的车,不好好使用和保护车。不过,自1974年以来,登记注册的'苏伯鲁'轿车90%仍在街上跑着。"相信看过这个广告的观众一定会快乐地认可苏伯鲁轿车的诉求点——"耐用",它就像一个宽容的朋友一样,无论你对它多么无礼,它都会谅解你。

(三)产品名称要突出

幽默广告不是给大伙讲笑话的,是为销售目的服务的。因此,要尽可能让受众记住你的品牌。

【案例】记得有这样一则广告:两只用黑线条勾出的蚊子,表情极度夸张。右面的蚊子拿手枪气势汹汹地向左面的蚊子进攻,逼得左面的蚊子心惊胆战,落荒而逃。右面的蚊子乘胜追击,逼上前去。突然,左面的蚊子冷不防从身后拿出一瓶灭蚊剂,向对方喷去,右面的蚊子应声直挺挺地倒下。于是,左面那只得胜的蚊子神气活现地向观众介绍该产品如何如何好,各大药店有售之类的话。谁知它介绍完毕,下意识地向自己也喷了一下,于是也直挺挺地倒了下去。当时看了这个广告之后笑得前仰后合,但由于该广告未突出产品名称,笔者至今也不知道是哪个品牌。

美国广告俱乐部有一则调查,70%以上的人一般不会把一则广告从头看到尾。有鉴于此,他们认为一则广告90%的信息量包含在标题中和广告语中。因此在幽默广告的创作过程中,千万记住让产品的名称尽可能多地出现,给消费者留下深刻的印象,不然就会导致消费者对广告中所宣传的产品品牌及产品功效记忆模糊,远远达不到广告传播的效果，结果是竹篮打水一场空，白白地给观众讲了一个笑话。

（四）情节要有亮点

幽默元素若用之不当，极易给人以哗众取宠的感觉，与创意者的初衷背道而驰。尤其是故事情节，应在生活中去寻找亮点，而不能强装笑颜、流于媚俗。比如在“南极人”电视广告里，葛优外披风衣，里面只穿一件保暖内衣，气宇轩昂地回身“救美”，故作深沉地说：“小姐，我都说了一千遍了。”小姐终于恍然大悟：“南极人，不怕冷。”“听了一千遍”都还要问，是美女脑子有问题，还是观众的脑子有问题？

对比一下“百事可乐·足球篇”的幽默手法：两支球队比赛前，裁判到百事可乐自动售卖机前买可乐。但是他投入硬币后接连滚出来的百事可乐都被贝克汉姆等人依次拿走了，当他最后投入一个硬币时，终于如愿喝到了可乐。然而比赛就要开始了，裁判找遍全身却没有硬币，因此没办法以投掷的方式来决定哪方先开球，最后只好让贝克汉姆和戴维斯用小孩子常玩的剪刀、锤子、布的方法，谁赢谁开球。这一戏剧化的情节让人发出来自内心的微笑。

（五）立意要有情趣

幽默广告的成功与否，不在于是不是有名星来捧场，而在于广告创意有没有让人喷饭的机智？有没有让人会意的情趣？

【案例】在第四十三届国际戛纳广告节上，有这样一则广告：一个小男孩拿了一块巧克力去逗引小象，小象受到诱惑走过来要吃，孩子却自己吞了下去，小象感到非常的委屈。男孩子成为青年后，在一次狂欢节上依然嚼着那种巧克力。突然，一只大象将他打翻在地。原来小象长大了，但它仍然记着数年前小孩对它的嘲弄。在轻松的笑声中我们仿佛闻到了巧克力那诱人的香味。

在加拿大的一则名为葬礼的广告中，一只母鸡在伤心地哭泣：“哦……他去的太快了——从冰箱到餐桌，只要几分钟”——这是一种新型的快速烤箱！

一个睡眼惺忪的小男孩，摇摇晃晃地走到院子当中高高的喷水池旁。喷水池上，那个著名的尿尿男孩儿的雕塑正在不停地“尿尿”。小男童非常艰难地登上一只大板凳，摔下来，又爬上去；然后，站在板凳上,和那个雕塑面对面地尿起尿来。——你不应该集资建一个厕所吗?! 这是一个金融服务广告。

(六)要为产品树立正面的形象

幽默广告必须服从于整体营销策略,应该为商品树立积极向上的形象,千万不能落入俗套、矫揉造作。幽默广告应该具有含蓄性和深刻性,不能为了幽默而幽默,从而使广告与品牌脱钩;也不能太浅太露流于庸俗、低级甚至下流。要善于捕捉大众的赏美心理和社会心理,运用谐趣有味、诙而不谑的手法来表现主题。

【案例】"最后愿望"篇

家中长辈病危,家人为不让他离开人世时留有遗憾,便问他的最后愿望,并一一帮他实现。老人希望能喝到××的啤酒,于是儿子筹借资金,长途跋涉去购买。回来的路上,经过千辛万苦还是忍不住啤酒的诱惑,索性一口气喝完了,回到家才感觉事态严重,于是趁神甫赶来之时,请神甫代拿空酒瓶入内,并将这项罪过推诿给他,结果老人不无遗憾地闭上了眼睛。我认为这则广告就违背了积极的本意,虽然××啤酒的品牌形象已深深印到人们的脑海之中,但在销售过程中,肯定会有很多来自消费者的抵制,因为尊老爱幼是人类最高尚的情操之一,谁也不愿去当广告片中的主角。

【案例】百威啤酒拍的一则"狂野太座"广告片中,太太对丈夫说:"亲爱的,我今天晚上为你准备了特别的东西。"接着,她身穿紧身衣走出来,一手拿着鞭子,一手用托盘捧着百威啤酒,对丈夫露出"跟我来"的表情。为避免观念较保守的受众无法接受,这则广告片最终没有播出。因为百威啤酒的主管们权衡再三,最终认为,为了吸引少数人而冒犯大众并不划算。

(七)形象代言人要选对

幽默广告的形象代言人,可以是笑星,可以是名星,可以是普通人,可以是动物,可以是卡通人物。具体怎么选择,要根据产品特点、市场环境以及形象代言人的特质来定。

陈佩斯是无可争议的笑星,但是由他主演的火腿肠广告、立白洗衣粉广告,尽管使出浑身解数作出各种怪相,甚至使用了一些特技,但无论如何都让人笑不起来。葛优为青岛电视机做的广告中涂了半边大花脸，本意是想好好幽默一把的，但是费力不讨好，观众不买账。

因此，在选用广告明星时要权衡利弊。用为强势品牌做过形象代言人的广告明星，除非你的广告费投得比他更多，否则就只能是为他人做嫁衣，徒为广告明星增加露脸的机会而已。很多人都不知道许晓力，但一说起就是步步高广告里的那个“马桶先生”，则无人不知。许晓力因为那句步步高电话“喂……小莉呀?”的台词和那个提着裤子从厕所中跑出去接电话的镜头，成了绝对的广告名星。一副夸张、滑稽又有点儿油头滑脑的面部特写表情成了许晓力的招牌。后来许晓力为雅士利速溶豆奶粉、PDA、浪木、洁柔、奥得奥氧巴等做过形象代言人，但效果都差强人意。至今人们还分不清到底他是商务通还是名人的代言人。因为一切都淹没在步步高广告的海洋里面了。

(八)语言要精炼别致

幽默语言有一种充满智慧的魅力。幽默广告应该充分应用机智、愉快、健康的语言，在轻松、自然、风趣中与受众沟通，切忌使用愚蠢、肤浅、低俗的语言。下面是一些回味隽永的广告语：

法国香水的广告：“我们的新产品极易吸引异性，因此随瓶奉送自卫教材一份”；鸡饲料广告：“如果‘佩利纳’还没有使你的鸡下蛋，那它们一定是公鸡”；宠物食品广告：“请把你家的狗栓牢，否则它会跑到卡斯克公司来”；餐馆广告：“如果你不进来吃，我俩都要挨饿”；旅行社广告：“请飞往北极度蜜月吧，当地夜长24小时”；美容院的广告：“请不要向从本院出来的女士调情，她或许就是你的外祖母”。

【案例】解放前梁新记牙刷的一则广告很是绝妙。画面是一位神采飞扬的老人，脚踩在一支硕大无比的牙刷柄上，正大汗淋漓地用一支老虎钳拼命地拔牙刷上的毛。富有喜剧效果的是，牙刷柄弯了，牙刷毛却纹丝不动。广告情境夸张，幽默地表现了牙刷的优点。而它的标题，使用了人们惯用的一句成语，风趣而耐人回味：“梁新记牙刷——一毛不拔。”

(九)要符合受众的心理需求

要根据不同的国情、文化背景、民族习惯、审美心理、社会阶层、性别群体、年龄阶段等因素,认真分析受众的心理需求,创作出他们喜闻乐见的幽默广告,才能真正赢得消费者的青睐,否则定然受到排斥。

【案例】法国的克隆堡啤酒在出口到美国时采用了幽默广告。它的广告用语是"法国的阿尔萨斯(克隆堡啤酒的产地)人十分惋惜地宣告珍贵的克隆堡啤酒正在源源不断地流向美国","阿尔萨斯人诚恳地要求美国人不要喝完他们的克隆堡啤酒","阿尔萨斯真舍不得让克隆堡啤酒离开他们"等。而电视广告画面是:当法国人在看到克隆堡啤酒装上卡车向美国驶去时,男女老少都悲伤落泪。由于该广告幽默诙谐动人,很适合美国人的胃口,美国人很快就喜爱上了法国的克隆堡啤酒。但可以肯定,这则广告如果针对严谨的德国人就没什么效果了。

【案例】美国金龟汽车的广告语:"它唯一的缺点是每小时跑 110 公里时,你仍能听见后座上丈母娘唠叨的每一个字眼"。想必每个中国人都能领略这则广告的幽默,但由于中国家族伦理观念极为浓厚,作女婿的恐怕是没胆量购买这则广告所宣传的车了。

同样,王致和臭豆腐的广告口号是"臭名远扬,香飘万里"。对这则广告语的理解就需要受众有相关的知识和生活体验。中国人听了一定想先尝为快,而外国人可能就如坠云里雾里了。因为他们没吃过,也没听说过这种食品,对于香臭这两种相反的味道是如何辨证统一的,无论如何也理解不过来。

六、借势广告

在信息日益多元化和分散化的今天,在广告中巧妙借势,利用新闻热点强劲而持久的影响力,为品牌注入新的活力,使消费者在一波又一波的信息浪潮中筛选出可供记忆的元素,从而积累对品牌的信赖度和忠诚度。

【案例】浅议伊拉克战争中的广告借势

2003 年 3 月 20 日伊拉克战争打响。据央视 – 索福瑞媒介研究公司的数据表明,与 19 日相比,中央一套节目收视率的平均增幅为 100%,中央四套节目收视率的平均增幅则达到了 500%! 战争开始后的前四天里,3 月 20 日到 23 日之间,中央电视台一套、四套、九套节目的人均收视时间达到了58分钟,比平时提高了45分钟。其中,央视四套直播的“关注伊拉克战事”节目的最高收视率和收视份额提高了近28倍。

很多商家都意识到这是个千载难逢的推广产品和树立品牌的机会,但绝大部分的反应都只是加强了广告力度,真正有章法的却不多。可圈可点的是,统一润滑油和枪手灭蚊灵迅速出击,以广告演绎了一场和平与战争的辩论。

在战争爆发前,统一润滑油电视广告(众人篇)的情节是汽车服务中心的维修员问前来加油的人加什么样的润滑油,青年男人、青年女士、老人及中年男士的儿子都回答“统一”。这则广告在创意上平淡无奇,但在短短15秒的广告中产品名称被提及了5次,使消费者清楚记住了品牌,大大提高了产品知名度。但在布什的倒萨战车开动的当天,统一公司便迅速作出了反应,停掉了正热播的“众人片”,而改为播放一则5秒的广告片。广告片没有任何画面,只有一行字并配以雄浑的画外音:“多一些润滑,少一些摩擦”。

这则广告紧贴在伊拉克战事直播节目之后,和新闻浑然一体,很有震憾力。这则广告的妙处就在于既准确地诉求了“多一些润滑”的产品特点,又一语双关道出了“少一些摩擦”的和平呼声,含蓄、隽永,耐人寻味。

而枪手灭蚊灵的广告则与统一润滑油的“和平”论调截然相反,火药味十足:一个西部牛仔样的年轻人推门而入,配以画外音:对嗜血者必须以血还血,以牙还牙……随后出现牛仔用枪手灭蚊灵杀死很多蚊子的镜头。牛仔将枪手灭蚊灵重重地放下,踩着大片死去的蚊子大踏步而去,画外音响起:打抱不平,走遍天下。

枪手灭蚊灵的广告充满了战争气息,是正义与邪恶的无畏较量,这与其“灭蚊”功能十分切合,在幽默与夸张中让人会心一笑。

统一润滑油和枪手灭蚊灵的广告虽然风格迥异,但由于紧扣时事热点,给人留下了深刻的记忆,很快在众多的竞争产品中脱颖而出。但是企业要顺利搭上这种万众瞩目的事件顺风车,必须在平日练就扎实的基本功。

(1)对产品的特点要有精辟到位的提炼。如果牵强附会,势必适得其反。当年美国总统克林顿爆出与莱温斯基的性丑闻,置其于尴尬之地。某头痛药的平面广告借势发挥,画面是克林顿眉头紧锁,额头上贴着莱温斯基的照片,广告语是:专治各种头痛。这则广告就活灵活现地突出了"治头痛"的产品特点。

(2)广告的创意能诠释所关注事件的内涵。邦迪创可贴的一则广告以金正日和金大中握手之照片为图,广告语为"没有愈合不了的伤口",以北朝鲜、南韩和解的历史性镜头,以血浓于水的民族感情为切入点,情深意长。

(3)企业有应对突发事件的广告预算。如果企业没有合理的广告预算,在这种富人的游戏中当然是无能为力的。

(4)有通畅的信息反馈和决策机制。如果信息通道和决策体系过长,在与时间赛跑的过程中势必会错失良机。

七、广告攻击策略

(一)广告攻击的威力

广告攻击的目的是通过对品牌有关内容的比较,吸引消费者的注意,让消费者觉得自我品牌比对比品牌更适合自己。简单来说,对比广告就是以明示或暗示的方式,标榜"我的就是比你的好",从而识别出自己与竞争对手在品牌、产品或服务之间的区别。

【案例】在对比攻击性广告领域,可口可乐与百事可乐之间发生的那一系列过招就非常值得我们学习。由于比较攻击性广告在美国是毫无禁忌的,只要不进行歪曲攻击、污辱谩骂(这些方面有别的法律管着),尽可以进行比较。因此,可口可乐与百事可乐这两大对手便充分利用这个平台,为我们演绎了一出又一出对比攻击广告的好戏。

镜头一:可口可乐攻击百事可乐

距今几百年后的一个考古场面,一个教授正在向一群学生解释各种发现的文物。一个学生拿起一个可口可乐罐问:"这是什么?"教授说:"这是20世纪很流行的一种饮料。"

又有一个学生看见一个百事可乐的罐子,问道:"这是什么?"教授端详了半天,摇摇头说:"不知道。"

这种比较广告幽默生动，给消费者留下了极深的印象。广告的攻击点是什么？你百事可乐不是说自己很"年轻"吗？那好，我就告诉消费者，你有多么老，老得距离现实世界不知多少年，老得连考古教授都不知其出自何时！

镜头二：百事可乐反击可口可乐

百事可乐也不示弱，1996 年的"超级市场篇"从另一个角度诉求了百事可乐有多么好喝。广告的表现是：可口可乐的年轻送货员到一家超市送货，放好货后见四下无人，便悄悄地溜到百事可乐的货架前，小心翼翼地偷了一罐百事可乐。刚想拉开盖子品尝，货架上的百事可乐忽然全倒了下来，令他尴尬、惋惜不已。这则广告风趣幽默，不言而喻，让人回味不已。你可口可乐不是说我的百事可乐是古董吗？那好，我就让你知道知道，什么叫做"贼咬一口，入骨三分"；连你的员工都喜欢喝我的百事可乐，连你的员工对你的产品都没有信心、没有兴趣，你还得意个什么劲？

镜头三：可口可乐反击百事可乐

寂静的夜空突然光芒四射，半空中一架外星人的飞行器降临，从飞行器里伸出一个大夹子把街边的一部百事可乐贩卖机提起放入飞行器里。一会儿那个大夹子又把那部百事可乐贩卖机放回原地，夹起一部可口可乐的贩卖机，这时的画外音是"这次对了"。哈！连外星人都觉得可口可乐比百事可乐好喝。你百事可乐不是说你前卫吗？我们可口可乐比你还前卫，连外星人都喜欢喝我的可口可乐！

（二）攻击时要慎重，切莫恶意中伤

诚然，诉求正确、表现不出格的广告攻击，的确能使得你的品牌取得较好的提升。但是需要特别注意的是，我们在确定广告表现手法时，还须千万注意不要带有太明显的恶意贬低、造谣、中伤等不好的攻击手法。这样造成的后果将会适得其反，不但无益于品牌知名度的提升，甚至还会招来厄运。特别是在面对某些触及国家和民族尊严、种族图腾、民众忌讳、民族习惯、痛苦的记忆等敏感点时，尤其要引起重视。

【案例】肯德基在一则广告中严重贬低了中式菜系"粤菜"。广告画面先是对准了一个装修考究的中式餐厅，牌匾是几个汉字"正宗粤菜"，但是门可罗雀,餐厅里没有一个顾客光顾,大厨师模样的中国老人愁眉苦脸。这时,一个傻里傻气的店小二跑进餐厅,吐着一口粤语式的国语,"师傅、师傅,顾客们都跑到肯德基去了……"接着,画面一转,镜头转到肯德基,餐厅里生意火爆,顾客塞满了整个店堂,与"正宗粤菜"中式餐厅形成了鲜明的对比!

更令人震惊的是,刚才那个愁眉苦脸的粤菜大师傅,居然也跑到肯德基餐厅,并表情夸张地,像是10天没吃过东西一样,满意地啃着肯德基食品!广告最后一个镜头居然是那个"正宗粤菜"牌匾猛地一歪,一个钉子挂不住这个牌匾,像是要倒掉的样子!

此广告一出,业界顿时一片哗然,特别是在粤菜区域更是招来骂声一片。"这不是在暗示中国粤菜即将倒掉吗?!"人们愤怒地吼叫。肯德基这条广告的效果就可想而知了,无疑这是对肯德基美誉度的损害,甚至使得一些钟爱粤菜的原肯德基老顾客也发誓不再光顾肯德基了。

如果说肯德基的对比攻击广告,只是伤害了一个区域人民的自尊的话,那么丰田"霸道"汽车的对比性广告,就是实实在在地令几乎所有的中国人都要感到吃惊和愤慨了。

这则平面广告的表现是这样的:一辆行驶在路上的丰田"霸道"引来路旁石狮的侧目,一只石狮还抬起右爪敬礼;野外崎岖的山路上,一辆丰田"陆地巡洋舰"迎坡而上,后面的铁链上拉着一辆看起来笨重的"东风"大卡车。

这两则丰田新车广告在读者中立即引起了轩然大波,被认为贬低了民族产业和伤害了广大消费者的民族感情。很明显,这两条广告的对比手法相当强烈:一是竟然诉求丰田"霸道"汽车使得中华民族的图腾之一的雄狮为其让路而且还敬礼。二是直接告诉消费者,象征着中国汽车工业起步奠基石——二汽的东风汽车只配成为丰田"霸道"汽车的累赘,只能依靠日本人的汽车牵引。

尽管事发后,丰田公司向公众解释道:"因为丰田'霸道'是一款高档越野车,它的广告诉求是要彰显'霸道'在都市行驶中的威风感。所以,前景中的石狮和背景中的高楼都是作为城市的象征物出现的。"但是一看可知,这种解释无疑是苍白的。更可笑的是,丰田公司居然还特别强调,“石狮在饭店门口、广场上很常见,和卢沟桥的石狮没有必然联系”。如此幼稚的解释,实在令人不敢恭维。试想,作为一个国际营销人,如果连东道国的民族图腾、民族感情的承载物都没有弄清楚的话,那还做什么呢?

第二节 公关策略

一、公共关系的涵义

公共关系(Public Relation)是指某一组织为改善与社会公众的关系,促进公众对组织的认识、理解及支持,达到树立良好组织形象、促进商品销售目的的一系列促销活动。它本意是工商企业必须与其周围的各种内部、外部公众建立良好的关系。公共关系的对象很广,包括消费者、新闻媒体、政府和业务伙伴等。

二、公共关系的原则

(一)市场竞争,攻心为上

【案例】台湾台中一家咖啡店老板为了吸引顾客,推出了一条独具匠心的促销举措,即为每位经常光临该店的顾客设置专用咖啡杯,而且每个专用杯上都绘上顾客自己的肖像漫画。这既是一种标记,又是一种纪念品。此法一实施,该店立即名声大振,回头客越来越多,生意越做越旺,销售额也直线上升。

(二)制造新闻,无中生有

【案例】2000 年 10 月 10 日,一家名不见经传的装饰材料开发公司——富亚准备实施“真猫真狗喝涂料,富亚涂料安全大检验”活动。由于现场市民及动物保护协会成员的阻止,富亚总经理蒋和平亲自喝下了涂料。现场故事一波三折,并没有以蒋和平“悲壮”地喝下自己的富亚涂料而告终。当时,新华社播发了一篇 700 字的通稿《为做无毒广告,经理竟喝涂料》。此后,媒体纷纷跟风,“老板喝涂料”的离奇新闻开始像野火一样蔓延。北京市各大媒体《北京日报》、《北京晨报》、《北京晚报》、《北京青年报》、北京电视台等竞相报道。不同之处只是在于:你正话反说,我就反话正说。最后有人做了一下统计,全国竟然有 200 多家媒体报道或转载了这则消息。

无论如何,事件本身的轰动效应“造”出来了。北京电视台评选 10 月份十大经济新闻,“老板喝涂料”赫然跻身其中,与“悉尼奥运会”等同列。这真的是一个突发的经济新闻?非也。“老板喝涂料”,在街头表演的虽是富亚公司总经理蒋和平,躲在幕后策划的却是策划人秦全跃。大部分策划业内人士都认为,“老板喝涂料”堪称是一个经典的新闻策划,其最大的成功之处在于:“软新闻”做得不留痕迹,因为事件本身的离奇性已经足够构成一个新闻题材。

(三)免费赠送,建立互信

【案例】20 世纪 80 年代末期,美国孩子玩具宝跨国公司的看家产品——变形金刚已在欧美赚得盆满钵满,开始将目光投向亚太地区。要将一种有别于定型玩具的新式玩具介绍给玩具文化与欧美截然不同的亚太地区儿童,单靠广告肯定难以奏效。孩子玩具宝公司经过精心策划,决定采取公关手段进行促销。它把自己精心制作的电视系列动画片《变形金刚》无偿赠送给亚太各家电视台。由于是无偿赠播,电视台都欣然接受。经过这一大范围的广泛播放,成千上万的亚太地区儿童被变形金刚迷住了。就这样,“变形金刚”玩具轻而易举地叩开了亚太地区的市场大门,市场销售量与日俱增,形成了一股强劲的“变形金刚”热销势头。

(四)意外惊喜,培养忠诚

【案例】某市一家大企业的销售部经理 A 先生到天津谈生意,下榻在天津某宾馆。这天晚上,奔波了三天的 A 先生回到自己的房间,洗漱之后打开电视机想稍事休息。这时,房间内响起了节奏性的调皮门铃。随着 A 先生的一声“请进”,走进来一位宾馆的礼仪小姐。她彬彬有礼地对 A 先生说:“请问,您是来自某市的 A 先生吧?”A 答到:“是我。”礼仪小姐说:“我们经理找您有事,请和我来一下,好吗?”

A 先生很疑惑:天津没有熟人,没有亲戚,谁会找我呢?难道是家中有什么事……可当他随着礼仪小姐步入大厅时,却惊呆了:宾馆的礼仪小姐、部分服务员已整齐地站成两排，微笑地打着节拍，大厅中间大圆桌上放着一个生日蛋糕，上面点满了生日蜡烛。公共关系部经理走到A先生面前，微笑着对A说："从您登记时用的身份证上，我们得知今天是您的生日。我代表宾馆的全体员工祝您生日快乐、身体健康！"A先生这才想起今天是自己的生日。他怎么也想不到，酒店能为自己举办这么隆重的庆祝晚会。A先生被感动得两眼噙泪，不知如何是好。此时一名礼仪小姐走过来递上餐刀，并祝A先生生日快乐。A一口气吹灭了40多根蜡烛，切开蛋糕后分给大家共享。大厅内响起了欢快的"祝你生日快乐"的歌声。从此A先生走到哪讲到哪，成了该宾馆的义务宣传员。天津这家宾馆的美誉，也随着A先生的足迹，遍及大江南北，很多外地顾客来天津都慕名投宿在这家宾馆。

三、媒体公关

媒体公关作为一种新兴的营销手段，因其投入产出与广告等其他方式相比，具有无可比拟的优势，而得以快速发展。在市场经济条件下，企业之间的竞争越来越激烈，越来越多的实践表明，作为征战市场的一个常规武器——广告，尽管企业的投入越来越大，但效果却越来越不明显，因为广告信息已太多太滥。

广告是企业花钱自己为自己吹牛皮，很多受众对此有排斥厌恶的心理，而新闻则是企业与用户之外的第三者——社会舆论或者说是社会公理的一个重要的评判部门对企业行为作出的评价。它很容易受到社会最广大的群体的认同。另外，广告一般是强制性的、硬性灌输，而新闻则是软性的、感性的、潜移默化地感染、影响受众。企业的经营性活动如果有新闻媒体来报道，其活动想要达到的效果会被成倍地放大，且能产生延绵不断的余波效应。

（一）把企业的经营性活动改造成重大的社会性活动

【案例】1994年长沙市晓园百货大楼装修开业。该大楼曾一度是长沙零售商业的五大巨头之一，后因该大楼与一紧邻的服装市场相通，该市场的个体户卖假货被顾客当做是晓园百货大楼的出租柜台所为，使该大楼名声很坏，加之其他原因影响，整体销售滑坡。新上任的大楼总经理任智伟想通过重新装修，截断与个体服装市场通道等来改变大楼在消费者心中的不良形象。因此，他邀请了一家广告公司进行开业的策划。大家经过研究，一致认为，如果单纯作广告仅只告诉了消费者“晓园”重新开业的信息，就达不到企业要求的展示“晓园”全新形象的效果，因此必须跳出开业的老套路策划开业，制造出好的新闻事件来让新闻媒体自觉介入，花较少的钱办成大事。

当时，长沙市商界一些信誉相当好的大型国营零售店由于出租柜台和对联营柜的管理不力，均出现了卖假货的事情，有些被新闻部门曝了光。可以说当时长沙市社会各界最关心的热门话题是“现在究竟哪里才没有假货”。于是，大家就立足在这个背景下“制造新闻”，经过一段时间的相互碰撞、启发，策划出了“开业当天，由大楼总经理任智伟与省、市消费者协会立下‘军令状’——谁在晓园发现一件假冒商品，给予十万元重奖”的活动。

这个活动后来确实达到了重塑晓园企业形象和新闻媒体主动介入的预期效果。很多媒体的记者都是不请自来，省、市各大小报刊、电视台、电台等基本上都发了这条消息，有人调侃说，它可以申报中国开业新闻的吉尼斯记录。

(二)邀请名人参与企业的经营性活动

我们都知道，名人的婚恋、情变、吃喝拉撒都可以成为新闻，这是新闻的显著性特点。企业的某些经营性活动，邀请名人来参加，特别是还能同积极健康向上的主题挂上钩，这样的活动一般也能冲破媒体对“广告性新闻”所设的障碍和壁垒。

【案例】20 世纪 90 年代中期的一个“五一”前夕，长沙市一家中型商场策划了一个庆“五一”的促销活动。当时的情况是，各大型商场都打出了“五一”的优惠酬宾和各种各样、五花八门的庆“五一”大型社会活动，中小商场如果拿不出绝招，很可能“五一”期间会门庭冷落车马稀。商场总经理要求，广告只能作为辅助手段，主要要靠活动“出彩”，要让新闻单位都发出新闻，吸引大量的消费者跑到这里来。

当时，几个新闻单位的记者经过商量讨论，认为当时中央电视台刚报道郑州的商战不久，郑州“亚细亚”在全国红透了半边天，长沙市的大中型商场几乎都在效仿“亚细亚”每天进行的“所有员工统一晨练、升旗仪式以及各种各样的文化活动等”。无疑“亚细亚”是当时最热门的话题。于是,商场策划了“五一”节“亚细亚”的服务明星到这个商场来为长沙人民现场表演规范的“亚式”服务。这个活动在节前几家主要媒体上作了广告后,马上就产生了强烈反响,很多新闻单位纷纷打电话来,要求商场安排专场的“亚细亚服务明星与媒体的见面会”。“五一”节当天,商场挤得水泄不通,几个柜台都挤破了。十多家媒体都从不同角度报道了这个活动,会后两个多月,还有一些媒体在发对“亚细亚”服务明星的专访和一些“亚细亚”的秘闻、趣事。

(三)运用逆向思维,争创第一效应

新闻最突出的特点是时新性,即事实应有新意。一件事情,如果是司空见惯的,没有什么新意,人们就不会感兴趣;相反,如果令人耳目一新,或者是亘古未有的,人们往往愿意了解,愿意传播。策划企业的经营活动可根据新闻的这一特点,运用逆向思维把活动策划成完全与众不同的“第一次”的新鲜事。

【案例】20世纪90年代初期,一家鞋店拓址开业,打破了古往今来所有单位开业都是请“达官贵人”剪彩的传统思路,设计了请两名普通的消费者剪彩的开业仪式,并根据这一思路写了新闻通稿“请上帝剪彩”。这样的请普通顾客来为开业仪式剪彩在全国是第一次,因此很多新闻单位都对此有很大的兴趣,均以这为新闻点发了稿子。

当企业经营活动不能设计成“第一次”的新闻事件时,有时可从新奇性入手来找新闻点。西方新闻界对新闻曾有一个经典的定义:“狗咬人不是新闻,人咬狗才是新闻”。策划人可按这个思路,把企业的经营活动设计成具有新奇性的特殊新闻事件。

【案例】2000年湖南服饰广场建成。它建立了一支“残疾人模特队”并在开业仪式上首次登台亮相,并把这个广场定位于“让任何人都能美起来!”的服装市场。围绕“残疾人也有追求美的权利”为主题,设计了该模特队在全省各地长期巡回演出的系列活动。虽然这个广场建成后因种种原因没搞服装,这个方案没采用,但在广场没决定转向之前,很多新闻单位对这个点子表示了兴趣,有的媒体提出,想在开业之前先来挖一点“残疾人模特队中的队员”的内幕新闻。

当然,把企业的经营性活动设计成具有新奇性的新闻事件,一定要注意社会效果,不能为新奇而新奇,更不能为追求“轰动效应”而触了政治、道德的“雷区”,否则会适得其反。如长沙市某酒楼曾设计了一个“人乳宴”的新闻炒作活动,新闻虽在预定的几家媒体发出来了,但“人乳宴”则受到很多方面的谴责,最后,政府也出面阻止了这一事件。

(四)跟随新闻热点制造新闻

跟随新闻热点就是说企业要时刻注意新闻媒体的动向,看看新闻媒体目前都热衷于哪一方面新闻事件的报道。如果企业发现新闻媒体所热衷的方面与自己有关,就可以利用机会制造新闻,使企业和产品成为被关注的对象。

【案例】2000 年 2 月,美国加州的一家小药厂经过多年的努力研制出了一种用于治疗老年痴呆症的新药。由于没有钱做广告,这种新药推向市场之后,业绩平平,销路一直没能打开。而就在此时,患上老年痴呆症的美国前总统里根如何与病魔抗争的报道铺天盖地,是当时新闻媒体关注的焦点。这家药厂的公关人员看到这一报道后,突然灵机一动,脑子里有了主意:向前总统里根赠送药品！新闻媒体一定会对此给予关注报道。况且前总统非常人,这一消息的报道有可能产生轰动效应。于是,公关人员在征得里根夫人的同意下,向里根先生赠送了一批该厂的新药。药厂的举动果然引起了新闻媒体的关注,众多报纸在显要的版面以《总统先生的新药》为题,对该事件进行了系列报道,国家和地方的电视台、电台也纷纷在黄金时间里报道了这一消息,并对里根夫人、药厂的负责人进行了专访。由于新闻媒体的宣传报道,这件事在公众中引起了轰动,这家小药厂和它的产品立即声名鹊起,人们奔走相告,绝大部分患有老年痴呆症的病人都得到过购买“总统先生的新药”的介绍或推荐。经过公关人员和销售人员的努力,该药的销售量节节攀升。该药厂借助新闻事件以极少的费用实现了成功上市,并且使这种新药一夜之间成为了家喻户晓的品牌。

四、危机公关

(一)龟兔赛跑的不同挑战和不同结局

话说龟兔赛跑中兔子因轻敌失败后,极度地不服气:“我轻盈矫捷,怎么会跑不过背着一口锅的乌龟呢?”于是兔子给乌龟下了一份战书,决定再战。兔子在床头挂上了“卧薪尝胆”的标语,而乌龟则因为第一次比赛的胜利信心大增,无比轻松地哼起了小调“慢慢地陪着你爬,直到爬到永远……”

比赛的时刻到了,由于种种突如其来的危机,导致了龟兔赛跑不同版本的故事上演。

(1)乌龟穿着特制跑鞋,兔子却仍然穿着老掉牙的普通鞋。结果乌龟行走如飞,兔子惨败。

(2)兔子一不留神,一头撞在路边的岩石上,结果头破血流,未能到达终点。

(3)途遇河流,兔子是旱鸭子,无奈铩羽而归。

(4)兔子求胜心切,发令枪一响便夺命狂奔,结果南辕北辙,跑错了方向,虽然累得筋疲力尽,但根本不是要到的目的地,金牌还是归了乌龟。

(5)时逢非典期间,要求比赛双方都戴上口罩,结果口罩蒙住了乌龟的眼睛,看不见方向,乌龟败。

(6)乌龟成为明星后,动物报的狗仔队专盯乌龟,诸如《长跑明星的不光彩恋情》、《为什么会是他?——乌龟有贿赂嫌疑》等标题如重磅炸弹在动物中炸开了,使乌龟心力憔悴,比赛走神,兔子胜。

(7)在赛事组委会的例行体检中,发现乌龟的食品中竟然含有兴奋剂,取消了乌龟的比赛资格。虽然乌龟满腹冤屈,但也无可奈何。

(8)乌龟在比赛过程中肚子痛,无法坚持到底。

……

天有不测风云,人有旦夕祸福。在商海中搏击的企业,作为市场生态链上的一环,无论你是兔子还是乌龟,都会不可避免地遇到各种各样的危机。

【案例】2000年中美史克公司在中国遭到"审判"，同年11月，国家下发通知：禁止PPA！中美史克的康泰克被押上媒体的审判台，PPA等于康泰克的舆论几乎将中美史克在中国多年的经营压垮。

2001年是南京老牌食品企业冠生园的灾难年，虽然冠生园的经理吴震中称，他们是遭到了"知情的同行暗算"，因为用陈馅当新馅在月饼行业是一种普遍现象，但是冠生园的品牌却从此倒下了。

2002年，武汉森林野生动物园砸了自己的奔驰车，引发了大家对奔驰的服务和质量的置疑，奔驰公司在中国消费者心中的尊贵形象一落千丈。

每年都有企业遭受危机困扰，每年都有企业在重重危机中倒下，几乎所有的企业都惧怕危机，都在寻求可以预防危机和破解危机的办法。

如果将企业比作一个人，那么，企业的危机就是围在脖子上的围巾：有的企业被这个围巾勒伤，甚至勒死，有的企业将它作为服饰的点缀或者用来取暖。

(二)如何化解危机

永远不要祈祷危机会远离。对中国企业来说，在平时就要注意培养和学习危机处理的意识与方法，练好基本功。只有这样，才能在关键时刻巧妙地化解危机。

很多在企业做公关工作的人都抱着一个观点：做公关就是做广告，需要大量的资金投入。事实上，广告和公关的区别是很大的：广告专注的是诉求，公关借助的是沟通；广告张扬，公关内敛。区分了广告和公关的内涵，我们就做对了一半。只要将所有的问题定位在沟通上，那么我们就有可能用最低的成本来消除危机。

1.成立危机公关小组

当危机出现的时候千万不要惊慌，首要的问题就是赶快成立危机公关小组。一般情况下，危机公关小组的组成由企业的公关部成员和企业涉及危机的高层领导直接组成。在这里要千万注意的是，在危机情况下一定要把握住宣传口径的一致，作为公司的直接领导人和企业老总千万不能随意发表言论，以免给媒体和大众落下口实。

【案例】脑白金的危机始于《智囊》2001年12期揭示了其营销本质

之后,《南方周末》和南方许多报纸先后做了深入报道,但是史玉柱始终没有在媒体上乱讲话,而是采取低调的方式将脑白金的问题推到民营企业需要宽容的社会形象等方面,给人一种受了委屈的感觉,最终平息了这场危机。

2. 进行危机公关的四个条件

1)精通媒体的运作

很多企业的公关部除了和媒体的朋友吃喝之外任务就是在新闻发布会上给媒体红包,完全没有专业精神。事实上,健全的公关部首先是一个对媒介十分精通的部门,知道如何运作媒体、制造新闻。

【案例】温州一家热水器企业的公关部经理在一年中花了企业15万元,做了四次大规模的公关活动,发表了60多篇报道,间接给企业创造了1000多万元的收益。但是,他的前任在一年中曾经花了100多万元,但是只做了10多篇报道,还惹出了许多事端。笔者和这个公关部经理交流时,他坦率地说:"这个主要来自我对媒体的把握,因为我的好多文章本身就十分适合媒体的价值标准。至于危机,具备了媒体的观察力,在危机还没有出现时,你早就有所感觉了,感觉了当然就在萌芽时将危机消灭了。"

2)良好的媒介关系

在国内,只有为数不多的企业在媒介拥有良好的关系网,这个除了公关部门人员素质的因素外,与这个企业的文化氛围也有很大关系。无锡小天鹅的徐源十分乐意和媒体的朋友打交道。只要是媒介中人,如有采访,工作再忙他都要周详照顾,其豪爽的性格和真诚的为人得到很多媒体朋友的赞扬,当然更重要的是给小天鹅结交了好多善缘。可以想象,如果小天鹅遇到大的危机时,徐源的能量足以将危机趋势扭转。

3)利用和把握政府资源

对政府资源的利用和把握一直是很多企业头疼的问题,但是不管你有多头疼,在遇到危机的时候你都必须借助政府资源。

【案例】1999年3月至4月22日,网上传出消息"交通银行郑州分行行长携款潜逃"。在这一消息的影响下,不明真相的储户争相到交通银行郑州分行各营业网点大额提取现金、提前支取现金或销户，从4月19日至4月22日，交通银行郑州分行各网点更出现挤兑现象，4月21日挤兑达到高潮，造成该行直接经济损失1 252万元，间接损失2 050万元。

后经郑州市警方查明，郑州市“网虫”温保成、王飞、查一亮是炮制这次银行挤兑风波的“罪魁祸首”。4月16日至21日，3人分别在郑州商都信息港BBS公告栏发布“交通银行郑州分行行长携款潜逃”的谣言，严重损害了交通银行郑州分行的商业信誉，扰乱了郑州市的金融秩序，并严重影响了社会稳定。3人先后被追究刑事责任。这是一个执法机关办得很漂亮的案件，但案件的影响远远超过了这一案件本身。

4)公关公司的指导

只要政府资源没有大碍，媒介关系又十分良好，而且自己企业的人才足以洞察媒体的运作规律，那么这个企业就具备了进行危机公关的条件。但是如果你的任何一个地方有问题，那么还是应和专业公关公司合作。甚至你的前三个条件十分成熟也最好听听专家的意见。

3.危机公关的方法

谈到方法，很多人就会想起段永平的名言：最厉害的招是没有招的招。事实上，令狐冲剑法的变幻看似没有招法，但是却有着良好的根基：独孤九剑的基本法则。段永平在步步高之所以能够成仙，其在小霸王基本功的修炼是功不可没的。寻求无招胜有招的境界固然重要，但是接招的基本法则却还需要练习。

1)充分利用媒介资源

危机公关指的就是当企业遇上信任、形象危机或者某项工作产生了失误时，企业通过一系列的活动来获得社会公众的原谅和理解，进而挽回影响的一项工作。由于社会公众受媒体的影响很大，因此危机公关在很大程度上就是针对媒体所做的。所以说当危机产生的时候，最需要的就是立即利用手中的媒体资源让其保持沉默。然后就需要找到危机的源头。

2)寻找源头

和萌芽状态的危机处理办法一样，当危机已经如火如荼的时候，办法仍然是从寻找源头开始，因为寻找源头的过程就是你决策的过程。

【案例】广州某大报曾经报道了某企业产品的质量问题和技术问题，由于这个报纸在全国的影响很大，给这个企业的销售造成了很坏的影响——危机产生了！面对危机，这个企业立即在这个报纸上投放了50万元的广告。于是这个报纸精心策划的连续报道被全部否定了；对于已经发表的文章造成的影响，也因为这个广告的投放使消费者反过来指责媒体。

3)联合行业或者政府

政府的形象永远是民众最相信的。如果有一些危机十分难缠，你可以尝试着和政府公开公正地合作，让政府出来表明企业的心迹。

在“莫忽视微波炉的危害”这场谣言传播中，格兰仕遭受到的可能是比窦娥还大的冤屈。然而，喊冤可能博得同情，却无法确保雪冤，真正获得有关部门动容支持的是“不正当竞争正在推毁一个行业，规范竞争环境势在必行”——格兰仕忍冤站在一个行业的高度发出的呼吁，最终，格兰仕的作为引来了政府的高度重视。当然谣言的影响也在政府的参与下得到了最终消除。

曾经有一段时间，“黑心肉”——病猪、死猪的肉在北方的一个城市泛滥。媒体曝光后，所有的肉食品都没有了销路，这很快影响到了这个城市的一家肉联厂的生意。于是这个肉联厂立即和当地的工商部门、卫生防疫部门联合推出放心肉，买肉现场有专门的防疫部门人员检验，这个肉联厂就因为这事，最终将这个区域的好几家肉联厂兼并了。

4)敢于剖析自己，敢于承认错误

中国有句俗语：能屈能伸大丈夫。但是有好多企业却配不上大丈夫这个称号，总是对媒体的质疑神经过敏。

TCL的李东生可谓大丈夫一个，其在2002年的《中国企业家》上曾经对TCL的问题大胆剖析，让好多媒体的评论家大跌眼镜。但是，这个分析却中和了一些媒体对TCL的批评。任正非也是一个大丈夫，在几乎所有的媒体将目标锁定华为的时候，任正非抛出了《华为的冬天》，引领了媒介风标。

【案例】华为的冬天(任正非)

公司所有员工是否考虑过，如果有一天，公司销售额下滑、利润下滑甚至会破产，我们怎么办？我们公司的太平时间太长了，在和平时期升的官太多了，这也许就是我们的灾难。泰坦尼克号也是在一片欢呼声中出的海。而且我相信，这一天一定会到来。面对这样的未来，我们怎样来处理，我们是不是思考过。我们好多员工盲目自豪，盲目乐观，如果想过的人太少，也许就快来临了。居安思危，不是危言耸听。

十年来我天天思考的都是失败，对成功视而不见，也没有什么荣誉感、自豪感，而是危机感。也许是这样才存活了十年。我们大家要一起来想，怎样才能活下去，也许才能存活得久一些。失败这一天是一定会到来，大家要准备迎接，这是我从不动摇的看法，这是历史规律。

目前情况下，我认为我们公司从上到下，还没有真正认识到危机，那么当危机来临的时刻，我们可能是措手不及的。我们是不是已经麻木，是不是头脑里已经没有危机这根弦了，是不是已经没有自我批判能力或者已经很少了。那么，如果四面出现危机时，那我们可能是真没有办法了。那我们只能说“你们别罢工了，我们本来就准备不上班了，快关了机器，还能省点电”。如果我们现在不能研究出现危机时的应对方法和措施来，我们就不可能持续活下去。

这三年来的管理要点讲的都是人均效益问题。不抓人均效益增长，管理就不会进步。因此，一个企业最重要、最核心的就是追求长远地、持续地实现人均效益增长。当然，这不仅仅是当前财务指标的人均贡献率，而且也包含了人均潜力的增长。企业不是要大，也不是要强，而是要有持续活下去的能力与适应力。我们有一位员工写了一篇文章《还能改进吗？还能改进吗?》，只有不断改进，我们才有希望。但是华为公司有多少员工在本职岗位上在改进，有多少人在研究还能再改进。我们的干部述职报告所有指标都是人均效益指标。人均效益指标降低了，我们就坚定不移地降工资。如果你连降工资都不能接受，我认为你就没有必要再留在华为公司奋斗了。一个部门领导没有犯过什么错误，但人均效益没有增长，他应下台了。另一个部门的领导犯过一些错误，当然不是品德错误，是大胆工作，大胆承担责任，缺经验而产生的错误，而人均效益增长，他应受到重视。若他犯的错误，是集体讨论过的，错了以后又及时改正了，他应受到提拔。各级干部和部门，要防止明哲保身的干部被晋升。在一个系统中，人均效益的指标连续不增长，那么主要部门领导与干部部门的人，应全部集体辞职。

在当前情况下，我们一定要居安思危，一定要看到可能要出现的危机。大家知道，有个是世界上第一流的公司，确实了不起，但去年说下来就下来了，眨眼之间这个公司就几乎崩溃了。当然，他们有很好的基础研究，有良好的技术储备，他们还能东山再起。最多这两年衰退一下，过两年又会世界领先。而华为有什么呢？我们没有人家雄厚的基础，如果华为再没有良好的管理，那么真正的崩溃后，将来就会一无所有，再也不能复活了。

华为公司老喊狼来了，喊多了，大家就有些不信了。但狼真的会来了。今年我们要广泛展开对危机的讨论，讨论华为有什么危机，你的部门有什么危机，你的科室有什么危机，你的流程的那一点有什么危机。还能改进吗？还能改进吗？还能提高人均效益吗？如果讨论清楚了，那我们可能就不死，就延续了我们的生命。怎样提高管理效率，我们每年都写了一些管理要点，这些要点能不能对你的工作有些改进，如果改进一点，我们就前进了。

5)疏导

治水在于疏导而不是堵截。大禹因为明白了这个道理最终被人万代颂扬。危机公关也需要疏导。

公关界人士对“砸奔驰”公关败笔有诸多评论，但最不能容忍的失误是：对用户无端指责和威胁，使公司很快在公众中形成难以磨灭的傲慢自负的形象。在“砸奔驰事件”中，奔驰公司的所有声明都有对消费者的指责，并给予它令人难以接受甚至反感的定性。第一辆奔驰被砸后，奔驰公司的声明是：“极端的、没有必要的行为”、“非理性的而且无意义的举动”、“不必要且侵害我公司的权益的行为”。几顶大帽子盖下，又没有实质性的解决措施，连旁观者都看不下去了。在第二辆奔驰被砸后，奔驰的指责几乎升级为外交恐吓：“希望王先生的行为不会给正在进行国际化的中国造成不良影响”。此时，奔驰给人的联想只有店大欺客和蛮横自负，结果使自己为解决这一事件做的很多努力都付诸东流。奔驰认为自己的力量可以阻挡洪水，但是洪水却将奔驰公司憎恶的形象印在了中国消费者心中。

（三）危机公关之公众攻略

公众是危机的火源。要解决危机，就必须扑灭火源。

曾经有企业家感叹：在当今社会，企业与消费者的力量对比之下，企业永远处于弱势。的确如此，随着新闻媒体和监管部门的压力越来越大，企业任何一个微小的疏忽，可能都会导致无法挽回的灾难。奔驰、三菱、东芝笔记本都因为不能正确处理消费者的投诉而大吃苦头；而三株、恒升笔记本更是在与消费者的争斗中由如日中天走向衰败。

消费者的投诉对于企业来说，如果处理得当，会增加企业的美誉度以及消费者对企业的信赖感，成为提升企业形象的契机。如果处理不当，就会成为导火索，引爆潜伏的危机，加速企业的毁灭。具体来说，危机公关的公众攻略可以概括为4“S”。

1. SORRY：道歉

公众不仅关注事实真相，在某种意义上更关注当事人对事件所采取的态度。事实上，90％以上的危机恶化都与当事人采取了不当的态度有关，比如：冷漠、傲慢、敷衍或拖延。

公众是企业经营活动的现有或潜在的对象。危机本身也许只涉及到很少的一部分，但是潜在地会影响到所有的消费者，因为他们会据此重新判断企业产品或服务的价值问题。因此，公众会积极地关注着企业公关的每一个举措，“观其言，听其行”，并做出反应和评价。因此，在危机发生后，企业应以最快的速度与受害者接触，冷静地倾听受害者的意见，向受害者道歉，给受害者以安慰和同情，诚恳地对待受害者及其家属，并积极查明事实真相，给各方以圆满的答复，履行企业的社会责任与承诺，并尽力做出超过有关各方所期望的努力。

普通消费者王洪首先是被恒升笔记本电脑的工作人员傲慢和敷衍的态度激怒的。最后不得不采取在网上开办个人网站来维权。恒升将王洪送上了法庭，并索赔巨款。恒升赢了官司，却失掉了企业的公众形象，也失掉了市场。（见后面案例分析）

2. SHUT UP：闭嘴

始终把企业形象放在首要地位，了解公众，倾听他们的意见，确保企业能把握公众的情绪，并设法使观众的情绪向有利于自己的方面转化。三菱、奔驰、东芝为什么会搞得沸沸扬扬？就因为他们一直企图向公众辩称不是企业的错，结果让公众觉得没有诚意。

不要和消费者争论，永远不要和公众去辩论谁对谁错。1999 年微软原总经理吴士宏因个人原因离职，通过媒体曝出了很多微软的内幕，令微软十分被动，当时微软制定的策略就是“打不还手，骂不还口”，结果公众反而认为吴士宏没有一个职业经理人的起码道德。

【案例】1994 年，英特尔公司推出奔腾处理器。一位大学教授发现，奔腾芯片在浮点运算上存在问题：在 90 亿次除法运算中可能出现 1 次错误。于是他联系英特尔公司，报告了他的发现。但公司对其产品极有信心，竟然礼貌地回绝了教授，于是这位教授转向因特网去求证他的疑问，结果在网上引发了近万条讨论，其中包括大量对英特尔尖刻的嘲讽。对此，英特尔公司根本不当回事，认为这是小题大做，因为即使那些经常遇到浮点运算的用户在使用该程序时每 27000 年中才会遇上一次计算错误，这比芯片出其他问题的概率要小得多。但是媒体和公众却没有就此罢休，认为英特尔贪得无厌、专横傲慢，没有解决问题的诚意。英特尔终于意识到，试图从技术的角度来对抗消费者是徒劳的和危险的。最后，英特尔不再做技术上的解释，而是宣布为所有要求更换芯片的用户更换芯片。为此，英特尔整整花费了 5 亿美元。但实际上，只有 1%～3%的用户真的换了芯片。

“浮点事件”告诉我们：企业已没有资格评价自己产品的优劣。用户是否感到满意并不仅仅取决于数据，而更取决于企业对消费者的态度。尘埃落定后，英特尔公司再次证明了要对客户的关心以及对技术创新的执著，公司的声誉得到明显提高。

3. SHOW：展示

值得注意的是，沉默并不是金。之所以闭嘴，是不与消费者争辩，但务必重视与消费者的沟通，建立有效的沟通渠道，与新闻媒体保持良好的合作关系，主动把自己所知道的和自己所想的，尽量展示给公众，不要试图去愚弄公众。否则会给人留下傲慢和不尊重消费者的形象。

处理消费者投诉的核心是建立畅通的消费者反馈与投诉渠道,鼓励消费者把心中的牢骚、怨恨讲出来,减轻其心理负担,然后妥善而诚恳地向其道歉,平息其气愤的情绪,让问题在企业内部公开化,防止新闻媒体的人为炒作,避免使问题在社会上公开化,将危机消灭在萌芽状态。

(1)开通消费者热线。消费者热线是与消费者沟通信息、接受消费者投诉、树立企业形象的第一关。通过热线倾听消费者的意见和建议,化解消费者的不满情绪,正确处理来自公众的猜疑和批评,从而化干戈为玉帛。

(2)通过新闻媒体表明事实真相、自已的态度和行动。

(3)热情接待消费者团体(如消费者协会等)及其代表。作为消费者利益的代表者,消费者团体及其代表往往在新闻界有发言权,起到舆论领袖的作用。因此,企业必须重视并合作,予以妥善接待,争取谅解与支持,千万不可把村官不当官,激化矛盾,横生枝节。

(4)面谈。见面三分亲。面对面沟通是化解冲突、争取互相谅解的有利时机,一定要站在消费者的立场上考虑问题,多倾听消费者的不满与苦衷,回答他们关心的问题,听取他们的意见,消除他们的疑虑,对其表示同情与安慰。

(5)充分利用销售渠道。和销售渠道保持紧密联系,通过销售渠道,以书面材料或口头方式向消费者进行解释,化解其疑虑。

【案例】2000 年 11 月 15 日,中美史克 PPA 事件爆发。为了安抚消费者,全国各地的 50 多名销售经理被迅速招回天津总部,然后带着中美史克《给医院的信》、《给消费者的信》回到各自区域,向医院和消费者进行说明。同时,公司专门培训了数十名专职接线员,负责接听来自客户、消费者的问讯电话,做出准确专业的回答以打消其疑虑。11 月 21 日,15 条消费者热线全面开通。11 月 20 日,中美史克公司在北京召开了新闻媒介恳谈会,称“维护广大群众的健康是中美史克公司自始至终坚持的原则”,给消费者留下了非常好的印象。

4. SATISFY:使消费者满意

"公众利益至上"是公众攻略的根本。我们会原谅一个人犯错误,但不会原谅一个人不承认错误。因此,企业必须勇于承担自已的责任,从而赢得消费者的信赖和满意。

【案例】1989 年 3 月 24 日,美国埃克森公司(美国 500 家大公司中排名第三)一艘巨型油轮在美加交界的威廉王子湾附近触礁,原油大量泄出,在海面上形成了一条宽约 1 千米,长达 8 千米的黑乎乎的漂油带,大量鱼类死亡,水产业蒙受了惨重的损失,生态环境遭受到巨大的破坏。事故发生后,埃克森公司既不向当地政府和公众道歉,也不彻查事故原因,更不采取有效措施清理漂油带,致使当地生态恶化,引起当地政府、环保组织、新闻界对其群起而攻之,发起了一场"反埃克森运动"。最后,迫于压力,埃克森公司仅清理油污就付出了几百万美元,加上赔偿、罚款、客户的抵制总损失达几亿美元,而其社会形象更是跌落到冰点。

(四)危机公关案例分析

善于处理公关事务的企业家,征服消费者往往并不需要用强硬的手段。他只需要对消费者坦诚,示以善意、责任心,真心为消费者着想,真正做到让消费者满意,就可以化干戈为玉帛,妥善地建立和维护良好的公共关系。这就是最为高明的公关谋略。

【案例】光明"问题奶"危机公关

2005 年 6 月 5 日,河南电视台经济生活频道曝出惊天黑幕:光明乳业过期牛奶回炉再包装后重新进入市场销售。该报道批露,记者装扮散工,进入郑州光明山盟乳业有限公司下属的牛奶回收车间工作,发现了大量过期牛奶露天堆放在车间,很多奶袋子上沾着腐烂物和蠕动的蛆,拆开后发出恶臭。拆奶工划开奶袋,把牛奶倒进大桶后,推进车间,工人用管子把这些牛奶都吸进一个被称为回奶罐的金属容器加工生产,而在车间一旁,靠墙堆放的就是生产出的新光明纯牛奶、光明巧克力奶等产品。记者按照最低标准估算,仅郑州光明山盟乳业一年就销售 200 万袋回收奶。

6 月 6 日,全国媒体迅速转载该节目所报道的内容,各门户网站均在首页显眼位置以“光明牛奶,你还敢喝吗?”之类的专题进行跟踪和讨论。光明乳业亦迅速反应,立即派高管到郑州进行自查,同时向消费者发布“诚告消费者书”:①河南电视台的报道光明乳业已经知道并非常重视,已从上海派出副总裁、质量总监和地区总经理到郑州进行调查。②郑州光明山盟从来没有做过“将变质牛奶返厂加工再销售”的行为,请广大消费者放心。③报道中实际提及了两个方面的事情(从照片也可以看出),一个是堆放的百利包产品,这些是郑州光明生产的、尚未销出的库存产品。因为郑州山盟正在进行土建,仓库没有完全建好,就将可常温存放的百利包产品堆放在外面。在存放过程中如果发生渗包现象就会造成一些污染。这是光明管理上的疏漏,我们已经在处理有关责任人。另一个就是记者提到的被剪包的牛奶,这部分牛奶是经销商在保质期内没有售出的牛奶,按照我们公司的流程返厂进行报废的。为了防止过期的产品流入市场给消费者带来损害,公司的报废流程是:剪开牛奶袋子倒进废奶桶,从废奶桶倒入污水处理池。我们所有报废的牛奶都有报废单可查。库存的百利包和返厂的报废产品是两回事情。④目前郑州光明正在积极配合河南省、郑州市卫生防疫及工商部门进行检查,同时也恳请新闻界的朋友和广大消费者进行监督。

6月8日,光明乳业董事长王佳芬接受《每日经济新闻》采访时称,“我们已经公布了《告消费者书》,请广大消费者放心,同时我们也恳请媒体和广大消费者进行监督。我们河南这个厂现在仍在生产,仍有新的订单”,“我们已从上海派人到郑州进行调查,这个事情不存在,光明不可能做这个事情”。而光明乳业公关部人士称,光明公司早就建立了一套危机处理系统,在河南电视台播出这个节目的当天晚上,危机小组就开始启动。并称,“诚告消费者书”已经代表了光明乳业公司在对这一事件进行自查后的最终态度。

6月9日,河南电视台经济生活频道工作人员回应称,光明的声明“纯属狡辩”。6月9日,郑州市相关职能部门成立调查小组,“由食品安全委员会牵头,联合质监局、卫生局、工商局等部门组成”,调查小组将对此事展开全面调查。

6月10日,《都市快报》报道称杭州出现光明“早产奶”。6月13

日,《中国经营报》报道称上海市出现光明“早产奶”。眼下正值酸奶暑期促销阶段,各大品牌均打出促销牌。光明在北京等城市采取了降价的策略,原味酸奶由7.45元降到了5.8元,但促销效果并不理想。记者曾就问题奶多次致电光明乳业公关部,但电话始终无人接听。

6月15日,光明乳业(600597)在连续四个交易日下跌后拉出了一根大阴线,虽然盘中有过反弹,但是尾市的大量抛盘最终还是使光明乳业暴跌9.64%。而对于光明乳业“回炉奶”和“早产奶”事件的报道,已引起上海市政府高度重视,责成光明乳业尽早查明情况和原因,并要求光明乳业加强对外地合作企业的管理,杜绝类似事件的发生。五个交易日后光明乳业的流通市值就已经损失了2.04亿元。记者就光明乳业的两次事件联系了光明乳业董秘朱建毅,朱建毅表示,在正式的调查结果出来之前,光明方面将暂时保持缄默。

6月20日,郑州市食品药品安全委员会对光明山盟乳业有限公司有关“光明牛奶利用过期奶再生产”事件发布了书面调查报告。报告称,尚未发现光明山盟回收变质牛奶再利用生产,而存在库存产品在保质期内经检验合格再利用生产;本次调查所涉及该公司的两个产品的所有指标符合有关标准要求;但报告同时显示郑州光明山盟乳业有限公司管理存在7项严重问题。调查发现,光明山盟4月21日到5月20日生产的库存滞销产品光明山盟纯牛奶共37.99吨,其中18吨因超过保质期或被污染而直接作报废处理,经检验合格在保质期内作为含乳饮料原料进行再利用的共计19.99吨。同日,光明发布正式澄清公告承认“郑州光明山盟乳业有限公司存在用库存产品在保质期内经检验合格再利用生产”。记者与光明新闻发言人龚妍奇联系时,对方先是不接听电话,随后干脆就关机了。

6月21日,郑州光明山盟乳业有限公司总经理董波及一位副总均被免职,原因是郑州“回炉奶”风波“对光明的品牌和销量都造成了影响”。

6月24日,光明乳业在其网站上挂出《光明乳业诚致广大消费者》书,首次就郑州事件向消费者表示道歉。针对光明20日澄清公告中提到的“郑州光明山盟乳业有限公司存在用库存产品在保质期内经检验合格再利用生产”，光明承认该行为“是不能容许和不可原谅的”。光明明确表示这一问题“严重违反光明乳业相关管理规定，是光明乳业所不能容许和不可原谅的”。光明还表示，公司已采取“对郑州光明山盟百利包生产线停产整顿、暂停光明商标使用权、相关责任人免职处罚”等措施。同时，光明还向消费者承诺，光明乳业在全国各地的生产工厂均无此行为。

针对从浙江和上海被曝光的“早产奶”事件，光明表示其产品生产日期是按照全国食品工业标准化技术委员会和国家标准化管理委员会有关规定来执行的。光明乳业为“早产奶”寻找到的合理根据是，据《关于确定乳制品生产日期的函（食标[2003]42号）》规定：杀菌乳、灭菌乳、酸牛乳、炼乳等产品的生产日期应将灌装、封口、冷却降温后，以及需要继续发酵的时间和检验时间计算在内。光明还表示，公司是“严格执行上述规定，不存在提前标注生产日期的问题”。同时光明再次声明“未发现郑州光明山盟乳业有限公司从市场上回收牛奶再利用生产”。

对此，有专家认为，首先，对《产品质量法》释义应当由国家质检总局来进行解释，全国食品工业标准化技术委员会只是一个行业协会，不是立法和执法机构，从法律的角度看，该释义函不具备法律效力；其次，即便该委员会一定要给行业有个说法，但其解释也不充分，该具体细节化的东西都没有，譬如检验、发酵的具体时间为多少，都应当有明确界定。这是一封措辞非常“含糊”的函，只是为企业违规找一个“挡箭牌”罢了。

案例点评：

网上流传着一个笑话：光明问题奶事件曝光后，记者到光明牛奶采访。一群奶牛冲出牛栏，惊慌而逃。记者问：“你们为什么要跑？”奶牛气喘吁吁地答道：“王大姐（光明乳业董事长王佳芬）来了，她吹牛啊！我们再不跑就被吹爆了。”

正说着，一群公牛也冲出牛栏，疾奔而去。记者问：“你们为什么要跑？”公牛慌慌张张地答道：“王大姐来了。她不仅吹牛，还扯蛋（淡）。”这个笑话足以说明消费者对光明乳业危机公关手法的不屑。

实际上，光明乳业的真正危机是什么？不是回炉奶，不是早产奶，而是光明对危机的态度。发生危机不一定会导致一个企业败亡，真正导致企业败亡的是危机公关的缺失。任何一个企业在其发展过程中都会不可避免地面临一些突发性负面事件。这些事件处理不好，足以毁掉一个企业。“群众的眼睛是雪亮的”，采取“躲藏”和回避的态度，到头来只能是搬起石头砸自己的脚。因为任何危机事件的发生，都有它的起因和解决办法，任何遮掩和躲避的方式，都是自欺欺人，对危机的处理有百害而无一利。

【案例】恒升案与危机公关

1997年8月5日，河北科华电脑公司员工王洪在北京中关村安特明科技有限责任公司购买了一台恒升集团生产的笔记本电脑，恒升集团在该随机的保修证书中标明“对所售产品实行三年保修，其中一年之内按规定使用发生故障时，本公司负责免费维修或更换损害部件”。

此后，王洪在使用电脑中感觉显示屏晃动，遂于1998年6月1日与安特明公司联系维修事宜，并于6月2日将电脑送至安特明公司处，安特明公司收下电脑后于当日又以自己的名义将电脑送至恒升集团维修部。恒升集团接机后，因安特明公司未出示保修卡，故告知安特明公司如无保修卡，则不属保修范围，如需修理，应交纳修理费7300元。

安特明公司遂于当日下午将上述内容通知王洪。王洪接到通知后，对此处理方式不满，认为电脑在保修期内，应无条件免费修理，遂又多次与安特明公司联系，要求其免费维修。但安特明公司均以电脑是恒升集团的产品，自己无修理义务为由加以拒绝，并让王洪自己去找恒升集团解决。

1998年6月9日王洪将自己这一经历写成《请看我买恒升上大当的过程》一文，发表在四通立方的BBS上，并就此事向北京市海淀区“消协”投诉。

6月11日北京市海淀区“消协”收到王洪的投诉函，同时，恒升集团亦在互联网上发现此文，即通过北京市海淀区“消协”于7月2日与王洪取得联系。恒升集团表示同意免费为王洪修理电脑，对王洪的上述做法表示异议，希望王洪能够道歉。王洪遂书写一致歉函传真至恒升集团，内容为：“……本人因为仅同代理商联系，未能与恒升公司及时沟通,造成对以上几个情况不明的情况下写下上文。文中对恒升集团的名誉造成了损害,笔者对恒升集团郑重表示道歉。”

恒升集团接到此函后希望王洪能更改致歉函的篇幅并在互联网上发布。王洪则表示不同意并提出不修电脑了。

7月3日王洪又写了《誓不低头》一文在互联网上发表,该文中写到“你们的笔记本死机频繁,奇慢无比,温度烫手,娇气的像块豆腐。这样的产品比起其他的品牌来讲,不是垃圾又是什么?”

7月24日,王洪取回未修的电脑。次日,王洪开机检查时发现缺少16M内存,同时收到一封署名北京天地律师事务所律师“雷鸣”的E-mail。针对该函,26日王洪又在网上发表了《答“雷鸣”律师,致恒升的公开信》一文。随后其在互联网上开设一个人主页,题目为“声讨恒升,维护消费者权益”,该主页设有文献收录、签名声讨恒升等栏目。“过程”一文及其他几篇相关文章也被收录在内。签名声讨恒升的栏目中有指向BBS的链接。

7月28日,生活时报发表了该报记者郑直的文章《消费者网上诉纠纷,商家E-mail律师函》。该文在报道了这起网上纠纷的过程后写到“据网上反应大多数消费者认为‘恒升’在产品出现问题的前提下对消费者采取不负责任的态度,构成了对消费者的侵权”,并称“专为此开设的主页中也满是全国各地消费者对王洪的声援和对‘恒升’的声讨”。

8月10日,《微电脑世界周刊》记者张岩在该报上撰文《谁之过?一段恒升笔记本的公案》,该文引用王洪《誓不低头》中,比喻恒升电脑“娇气的像块豆腐,这样的东西和好产品比起来不是垃圾又是什么?”的引语。

8月12日,王洪在与恒升集团联系寻找内存一事时,恒升集团致函王洪表示:“恒升从未表示过拒修,个人恩怨与保修是两码事”,并让王洪尽快将机器带来修理。

13日,王洪将电脑再次送至恒升集团。26日,王洪将修好的电脑取回。王洪的文章及与恒升集团交往的往来函在其个人主页上的接连发表及有关报刊的报道,吸引众多网民在BBS上留言,其中含有大量的对恒升集团带有侮辱性的内容。

1998年9月17日,恒升公司一纸诉状递至北京市海淀区人民法院,状告王洪侵害公司名誉权。同时,认为《微电脑世界》周刊和《生活时报》报道失实构成对名誉权的侵犯,将中国计算机世界出版服务公司(《微电脑世界》周刊的上级单位)和生活时报社推上法庭。

1999年6月22日,恒升电脑案开庭审理。12月15日,海淀区人民法院作出一审判决,恒升胜诉。判定第一被告王洪赔偿恒升经济损失50万元人民币。第二被告中国计算机世界出版服务公司和第三被告生活时报社分别赔偿24万元,案件受理费由三名被告负担。

被告三方均表不服,提起上诉。2000年6月26日,恒升电脑案二审在北京市中级人民法院开庭审理。2000年12月19日上午10时整,北京市第一中级人民法院就恒升诉王洪商业名誉侵权案进行公开宣判,维持一审判决中关于侵权责任的认定,但免除了《生活时报》和《微电脑周刊》两家媒体的经济赔偿的责任,王洪的经济赔偿额由近50万元变更为9万元。

案例点评:

说"恒升案"是中国IT界发生的最有影响的事件之一,恐怕并不为过。由于它不仅仅牵涉到维护消费者合法权益的问题,更触及到利用网络侵犯名誉权的问题,一时间搅得舆论界人声鼎沸。厂商虽然从中赢得了法律上的成功,但也因为漠视公共关系而付出了极其沉重的经济代价和无法估量的形象损失。

厂商发布的资料表明,恒升从品牌创立以来销售量逐年上升,市场占有率一直在前三名内。1995年销售额近亿元;1996年销售笔记本电脑1.5万台;1997年销售笔记本电脑2万台,销售额3亿元。

然而到1998年在恒升起诉之时,厂商表示"恒升"因为这次事件所引起的退货额已高达24517840元。随着法律诉讼活动的展开,厂商的销售压力明显加剧,市场萎靡不振,经济损失进一步放大。

更令人痛心的是,恒升的品牌形象几乎遭到了史无前例的重创,并祸及到方方面面。事件在由一个消费者权益保护问题迅速演变成一个网络名誉权侵害问题的过程中,舆论对厂商而言非但没有变得更为有利,反而在维护消费者权益上变得焦点化了。越来越多的强势媒体加入进来，如中央电视台、南方周末、新浪网等，不计其数的社会大众和网民也加入进来。于是，不仅对于厂商不利的各种客观和主观的信息量被几何级的放大，而且批评、抨击、贬损以及摧毁厂商形象的言论也变得肆无忌惮和为所欲为了。

二审判决当天下午14:25左右，恒升公司的网站主页更遭到计算机犯罪攻击，页面被黑客肆意更换成："赢了官司，输了世界！"——这句口号出自当天新浪网网友的一个评论，迅速被黑客所利用。

无论如何，这样的结果是令人沮丧和惆怅的。厂商打赢了官司，赢得了法律上的胜利，但却在公共关系上和企业营运大局上付出了惨重的代价。有一句古话叫"拣着芝麻丢了西瓜"，讲的大概就是这个意思。

第三节　营业推广

一、营业推广的含义

营业推广又称销售促进，简称促销，是指"那些不同于人员推销、广告和公共关系的销售活动，它旨在激发消费者购买和促进经销商的效率，诸如陈列、展出与展览表演和许多非常规的、非经常性的销售尝试"。

二、营业推广的种类

营业推广的种类很多，有针对消费者的，针对中间商的和针对销售人员的三大种类。具体如下。

（一）针对消费者的营业推广

可以鼓励老顾客继续使用，促进新顾客首次使用，动员顾客购买新产品或更新设备，引导顾客改变购买习惯，或培养顾客对本企业的偏爱行为等。可以采用以下方式：

(1)赠送：向消费者赠送样品或试用样品，样品可以挨户赠送，在商店或闹市区散发，在其他商品中附送，也可以公开广告赠送。其中赠送样品是介绍一种新商品最有效的方法，费用也最高。

(2)优惠券:给持有人一个证明,证明他在购买某种商品时可以免付一定金额的钱。

(3)廉价包装:是在商品包装或招贴上注明,比通常包装减价若干,它可以是一种商品单装,也可以把几件商品包装在一起。

(4)奖励:可以凭奖励券买一种低价出售的商品,或者凭券免费以示鼓励,或者凭券买某种商品时给予一定优惠,各种摸奖、抽奖也属此类。

(5)现场示范:企业派人将自己的产品在销售现场当场进行使用示范表演,把一些技术性较强的产品的使用方法介绍给消费者。

(6)组织展销:企业将一些能显示企业优势和特征的产品集中陈列,边展边销。

(二)针对中间商的营业推广

目的是鼓励批发商大量购买,吸引零售商扩大经营,动员有关中间商积极购存或推销某些产品。可以采用以下方式:

(1)批发回扣:企业为争取批发商或零售商多购进自己的产品,在某一时期内可给予购买一定数量本企业产品的批发商以一定的回扣。

(2)推广津贴:企业为促使中间商购进企业产品并帮助企业推销产品,还可以支付给中间商以一定的推广津贴。

(3)销售竞赛:根据各个中间商销售本企业产品的实绩,分别给优胜者以不同的奖励,如现金奖、实物奖、免费旅游、度假奖等。

(4)交易会或博览会、业务会议。

(5)工商联营:企业分担一定的市场营销费用,如广告费用、摊位费用等,以建立稳定的购销关系。

(三)针对销售人员的营业推广

鼓励他们热情推销产品或处理某些老产品,或促使他们积极开拓新市场。可以采用以下方式:

(1)销售竞赛:如有奖销售、比例分成等。

(2)免费提供人员培训、技术指导等。

三、营业推广的前提——明确促销对象和目的

办任何一件事情都应当使其具有明确的目的性。如果没有目的

性，我们就会像“瞎猫等死老鼠”一样一事无成。

曾流传着这样一则营业推广的笑话：说麦当劳开展了一次营业推广活动，活动的内容是向顾客赠送早餐。本来麦当劳的目标消费者以少年儿童为主，早餐也主要是想赠送给这部分消费者的。结果到麦当劳领早餐的都是些睡不着觉的老人，很显然，营业推广对象搞错了，因此麦当劳的这次营业推广是不成功的。

因此，操作一项营业推广活动，就必须首先搞清楚对谁进行，其目的是什么？究竟是为了提升单店销量呢？还是为了鼓励潜在消费者尝试购买？还是为了通过营业推广转化对手的顾客？如果目的不清楚，对象不清楚，活动办起来就会事倍功半，往往多花钱而无效益。

【案例】有一家便利商店，由于销售滑坡，于是想要举行一个大夜班的营业推广活动，来改善深夜的营业额。但是这家便利商店没设定营业推广的对象，他们只是在白天和前夜的顾客群体中派发小礼品，鼓励他们如深夜未休息欢迎来店里消费。但是这次营业推广活动虽然花了不少钱，却未能达到预期的效果。

错误在哪里？很简单，这家便利店没有抓住深夜的具体客户群体。他们应该先分析一下，深夜可能来店消费的是些什么人？让我们深夜到街区去看看，你会看到他们是谁——开夜班车的出租车司机，酒吧、娱乐城演出完毕的演艺人员，陪场的小姐以及部分深夜不归的夜生活人士。他们才是深夜可能来店的客人啊。

于是他们在重新确定目标对象后，立即设计了新的营业推广方案。活动内容是：晚安！辛苦了出租车司机，辛苦了演出归来的帅哥、靓妹！凡在该时段内光顾我店，即使不购物，我店也送冲泡热咖啡一杯。这种营业推广方案成功地提升了整个连锁店的深夜营业额近30%。

四、营业推广的几种主要形式

（一）赠品促销

赠品促销是指顾客购买商品时，以另外的有价物质或服务等方式来直接提高商品价值的促销活动，其目的是通过直接的利益刺激达到短期内的销售增加。赠品能直接给顾客实惠：一是物质实惠，一定面值的货币能换取更多的同质商品,消费者自然乐意;二是精神实惠,也就是买后的顾客心理反映,产生愉快的购后美感。这种实惠加深了顾客对该商品的印象,有利于加强商品的竞争力,灵活运用于营业推广活动当中能够产生良好的效果。

赠品,是争取消费者购买产品,提升业绩成长的法宝,它也是品牌之车提速的动力所在。此策略运用得当,很有可能吸引消费者舍弃竞争品牌,换取长远的销售业绩。但如果使用不当,也会带来一定的负面影响。因此,赠品的设计要注意以下几个方面:

1.赠品设计莫随意

一些企业至今还存在着一种对赠品的错误看法,他们认为,我送赠品给你是你在占我的便宜,所以我给你什么,你就拿什么,还挑三拣四干嘛!所以他们对于赠品的设计和策划一向是很随意的。这就是为什么我们经常在很多营业推广活动中,都时常看到千篇一律的钥匙扣、指甲刀、纸相架的原因。如果在赠品设计和策划上太过随意的话,就非常容易造成送了白送的严重后果。

赠品设计中有一个基本原则,那就是尽量送与产品有关联的赠品。譬如买牙膏送小塑料杯、买西服送滚毛刷等,使消费者在使用赠品时随时能够产生对品牌的联想。但是有一些企业却没拿这当回事儿,闭眼瞎送,人家买洗发水他送钥匙扣,人家买电视机他送插笔架。你送一个塑料小花瓶该多好啊!最起码还可以放在电视机顶端做摆设嘛!上面再印上品牌名称,这不是一举两得吗?由于赠品没有关联,结果东西送了,人家在用时也忘了你,白送!

【案例】有一家电视机厂规定,凡带着结婚证书前来购买电视机的顾客,除享受一般优惠外,还赠给一个十分漂亮的电视机罩,上面有对新婚夫妇美好的祝福,产生了很好的促销作用。

2.赠品一定要易拿

我们知道,顾客们通常都会或多或少地有着一种占便宜的心理,在人来人往的卖场内外,大多数顾客往往都是来去匆匆,而唯一能令顾客停下脚步的方法就是“有东西送、免费服务”等手段。

一些企业在宣传上看起来同样非常诱人,“购买我们的产品您一定会有超值的收获，买一份产品你就能得到价值20元的超值回报礼品，买就有机会！”于是顾客兴冲冲地赶到现场掏钱购买，准备获得一点额外收获。但是当顾客买了产品后，店里却叫他们拿着购物小票，又是做游戏又是抽奖，把顾客折腾了一番，最后仅有为数不多的顾客拿到了赠品，令很多顾客大呼上当。一些顾客甚至在中途就走了，主持人在台上大声唱名，然而人早就走了，这种噱头往往给顾客造成被玩弄的感觉，对品牌也没留下什么好印象。

3.赠品价值别夸大

有的厂家为了招徕顾客，常常把赠品的价值故意夸大，于是一个价值3元的小手巾就成了价值10元；一个价值5元的塑料相架，摇身一变成了价值20元。当消费者兴冲冲把产品买回家后一琢磨，这不就值两三块钱吗，嗨，买货还花了我5元呢，讨厌！如此一折腾，消费者对品牌还能有好印象吗？

廉价的赠品不如不送。一些产品在营业推广时准备了大量的赠品，宣传看起来非常诱人，“购买我们的产品您一定会有超值的收获，买就送！”可是当顾客兴冲冲地赶到现场时却大失所望，原来所谓的超值，就是一大堆每个单价可能只值几毛钱的塑料玩意儿。送给小孩可能还会有效，可是选错了对象，招来的则是顾客的嗤之以鼻。

的确，在消费品营业推广活动中，赠品一般来说价值都不会太大。按照笔者的经验，如果是激励立即购买的赠品，一般最高会占到商品本身价值的10%～15%；其他非即时激励的赠品一般只会占到商品本身价值的3%～5%。可是不要忘了，我们的顾客经过十多年的市场经验培养，早已不是商品短缺时代为了二斤咸鱼也要排通宵长队的顾客了。现在的顾客对于商品的价值感，已经具有了非常准确的评估能力，特别是在日常消费品方面。

给顾客的赠品如果夸大得太离谱的话，危及的可能就是他们对品牌的信任感的问题了，所以对顾客实事求是实际上是对品牌形象的维护。适当夸大赠品价值也是有必要的，这样会在一定程度上增加消费者“物有所值”的感觉，但是过分地夸大就可能弄巧成拙。

4.广告宣传要充分

在实行赠品促销前，广告宣传是头等大事，如果把赠品促销活动比作是一场战争的话，那么，未雨绸缪的广告宣传就是“逢山开路，遇水架桥”的先锋部队。关于这方面的失败教训比比皆是。

【案例】某公司在西南某城市举办大型促销活动，据说为了筹办此次活动，光是赠品就价值上百万元。在活动开始前该公司在当地的电视台、电台、报纸等媒体进行了大规模的宣传，活动定于8月18日在该市某公园内举行。出人意料的是，天公不作美，8月18日那天一早，原来天气预报无雨的天空突然狂风大作，下起了滂沱大雨。该公司立即通知各媒体，将活动时间改为第三天。

但非常遗憾的是，当地的分公司执行人员只是简单地在电视台作了一条文字广告，结果除了当天冒雨赶到现场而后又失望而归的部分消费者外，其他的消费者过后没有见到通知也就不再关注了。到了第三天，企业摆出了强大的阵容迎接顾客，结果可想而知：稀稀拉拉的人群流水般拿走了一些赠品，到了下午几乎就没有人来，大批工作人员在现场闲得快要发疯。这家企业前面辛苦准备的一切全泡汤了，要想再来的话，又得重新上广告了。

5.赠品“名号”要响亮

送赠品的目的是什么？当然是要通过赠品吸引消费者购买企业的产品！这里就给我们提出了一个问题，你拿什么吸引顾客？难道你送钥匙扣就说赠送钥匙扣，送顾客使用产品的小册子就叫送小册子一本吗？毫无疑问，这肯定不行。必须给你的赠品取一个响亮的“名号”，叫起来既响亮又朗朗上口，最重要的还得与产品的独特卖点挂上钩。这样才能有足够的吸引力吸引消费者，并且在活动之前给消费者更多的联想空间。

譬如宝洁在策划海飞丝洗发水的赠品时，对于要送出的赠品中的一本薄荷海飞丝洗发指导手册，就命名为“清凉海飞丝至酷洗发秘笈”。在向小店店主赠送售卖手册时，把它命名为“小店百事通”，使小店店主觉得拿到这一本手册后，售卖宝洁产品就简单快速多了。

要想给你的赠品取个好名字，就必须首先摸清楚促销的目标消费群体喜欢什么，对什么敏感，最近有哪些热点使他们关注或兴奋？然后将这些元素与售卖产品本身的核心利益点、情感利益点等元素结合起来，只有这样，才能给赠品取个好名字。促销之前多想想，赠品该叫什么名？不要主观地自己认为好就行，你得到目标消费者的脑子里去找！

（二）折价促销

企业产品销售总是有旺季和淡季，淡季时通过让利折价的办法促销是销售常用的办法。但许多企业缺乏规范，价格变动具有很大的随意性，感到不好卖了就降价，结果并不能达到预期的效果，甚至从长远看还带来严重的消极影响。

企业能在竞争中立于不败之地，重要的一点是讲信誉。通过折价让利进行促销是正常的销售方式，但绝不能由此损害企业的信誉。企业制定的任何策略都不能违背战略目标。

【案例】日本的一些商场搞岁末大酬宾活动，每年年底最后三天全部商品都降价，使顾客感到像购物的节日一样。香港有一家首饰店则规定每年第四季度的第一个月的第一个星期的前三天准降价。这使顾客总是想着这家商店，并向所熟悉的人传播。有一家商店采取每天准有一小时降价的促销方式，但哪个时间降价不一定。于是招来了许多顾客来碰运气、客流量大自然销售额就高。这些让价的办法都是按一定规则进行的，它激发了顾客的购物兴趣，也使顾客得到了实惠，最后企业也必然受益。

大家都知道，催款是使企业十分头疼的事情，一旦形成欠款几乎没有什么很有效的办法。如果欠款的数额大一些还可以通过法律解决，欠款的数额小恐怕就再难以催回来。北京有一家企业，被新疆的一个单位欠了 4 万元，去了几封信都没有回音。不派人去款回不来，派人去，催回款也只抵差旅费，再说也不一定就能把钱要回来。而采用现金折价的办法避免欠款是值得采取的策略。

【案例】河北玉田县有一家生产建筑用贴面砖的津美陶瓷厂，他们了解到建筑部门不愿意将瓷砖提前拉走，因为堆在工地上容易破碎损失，宁可用时再去买，但是万一赶上没有砖，又会延误工期。于是厂方就与客户商量，请他们提前付款，产品存在厂里，什么时侯用什么时候拉，绝不耽误客户使用。厂方不让客户吃亏，客户从付款到拉货之间有一段时间，如果钱放在银行会有利息，而提前付款获得的折价金额一定比银行的利息高。由于采用了这样的措施，产品销得很好，但外面却没有一点欠款。

（三）事件促销

长期以来，事件促销这一具有很强影响力的传播方式，受到许多品牌传播者的青睐。

【案例】著名的7－11超市的集客能力曾一度呈现下降趋势，超市愈来愈显得萧条。于是，该超市特地聘请了台湾奥美广告公司为其诊断，并进行策划。奥美公司经过诊断后发现原因是7－11缺乏引人注目的“事件”。于是7－11迅速制定了他们的事件促销策略，其核心主题为“扮演消费者生活节奏的吹笛者”。7－11在这个策略的指引下，充分与包括政府、媒体、社区、供应商等策略执行伙伴密切的配合，结合中西方节日、民俗、热点事件、天气等元素不断地为消费者吹响生活的笛声，提醒消费者跟上生活的脚步；另一方面通过策略合作伙伴不断地向外界发布事件讯息，扩大事件促销的影响面。仅仅半年时间，7－11就举行了8场记者招待会和近20次抽奖活动，累计回函上百万封，取得了极佳的业务绩效，也为7－11创造了极高的媒体曝光率。

【案例】相信有不少人看过电视剧《大染坊》，剧中有这么一段有趣的情节：

大华染厂的掌柜陈六子在创业之初，苦苦思考怎样使公司的产品出名。正在这时，他碰上了学生们上街举行爱国示威游行的事。陈六子灵机一动，立即捐出压在仓库里的几十匹布，做成示威游行的横幅，横幅的前面写上游行标语，后面写上产品的广告：“飞虎牌支持学生爱国运动”。同时，陈六子还在街边摆出热腾腾的馒头和开水供学生们吃喝。

大华染厂的举措立即引起了新闻媒体的关注，于是各种报道连篇累牍地刊发出来。通过大华染厂的行动，青岛的市民也感受到大华染厂的爱国情怀，并由此对大华染厂的“飞虎”牌布匹情有独钟，而他的对手元亨染厂的“栈桥”牌布匹的生意立刻一落千丈。这就是“事件促销”

产生的威力。

【案例】多点造势——奥克斯的成名之道

事件促销对消费者所产生的强大影响力，使得奥克斯自1994年进军空调业后，在全部技术、设施的生产能力仅相当于国内同行业老大千分之一的极端劣势下，只用了不到9年时间，就达到2003年奥克斯空调销量突破250万台并进入国内三甲的惊人业绩。

从掀起“一分钱空调套餐”到“米卢做秀”、从“爹娘运动”到“空调价格白皮书”等一系列事件促销活动，使原来默默无闻的奥克斯名声大噪，销售额直线上升，人气也是一天旺过一天。可以毫不夸张地说，奥克斯能够取得这么大的成就，事件促销发挥出的威力可以说居功至伟。

1. 巧借热点人物，制造焦点

自从TCL传出吴士宏即将离任的消息后，这位有着“打工女皇”称号的职业经理人的去向就成了媒体关注的热点。就在此时，奥克斯突然爆出猛料，称吴士宏已与其密切接触，将有可能加盟奥克斯，成为奥克斯斥资10亿元进军的手机产业的领军人物。这个消息立即引起了全国上下的一片关注，于是奥克斯轻而易举地再次荣登“眼球榜”榜首，成为万众瞩目的关注焦点。事实上，关于吴士宏加盟奥克斯的消息最初出笼时，就有不少媒体指出，这不过是奥克斯的自我炒作行为。

留意整个事件的人会注意到，从TCL正式向媒体宣布吴士宏将离开TCL之日起，奥克斯方面的说法一直在变。从“还在接洽”到“11月底见分晓”，再到“12月份肯定有结果”，再到最后的“加盟可能性不大”。种种迹象表明，关于吴士宏加盟奥克斯的消息，不过是后者希望借吴士宏的知名度来引起消费者的关注，提升品牌影响力而已。

来自社会上的种种消息证实了这种说法。奥克斯一位已离职的中高层人士透露，关于吴士宏加盟奥克斯的消息其实是一次成功的策划。据称，他本人以前曾在TCL集团子公司担任中层职务，对吴士宏相当熟悉，后又加入奥克斯，参与筹划和建立手机产业。他在离开奥克斯之前，曾向奥克斯高层建议策划吴士宏欲加盟奥克斯一事。

因为，当时吴士宏离开TCL已成定局，在她黯然退场之时，不管谁散布此消息，她都不会回应。而奥克斯邀请吴士宏真实与否自然也难以证实。另有知情人士透露,奥克斯通过电话邀请吴士宏加盟,是发生在此消息公布以后。

最后,事件的收尾是,吴方亮对媒体公开表示,吴士宏加盟奥克斯的可能性不大,因为奥克斯已邀请了一家国际知名手机品牌的高层管理人员加盟。按此说法,则意味着奥克斯已基本上对吴士宏关上了大门。当然,不管结局如何,奥克斯借吴士宏离职炒作的目的已经达到。起码为即将启动的手机产业祭了一回旗,造了一回势,其效应远远胜过投资几百万元带来的广告收益,对于奥克斯来说,这已经足够了。

2.把名人资源用到极致

如今,请名人做广告已经成为企业家们乐此不疲的招数。君请看,电视、电影、杂志、报纸、灯箱、路牌到处都是名人扎堆。但是这些名人大多高高在上,远离客户和最终消费者,就算有些效果也难保没有浪费那50%的广告费。善于炒作的奥克斯不会浪费名人的一切可用资源。

奥克斯先在世界杯期间把米卢搬上电视,然后又把米卢搬到市场终端,让他与中国球迷和顾客们亲密接触。此举使许多原本不是奥克斯顾客的球迷,也赶紧忙不迭地前来一睹为快,当然也就可能顺便买一台奥克斯空调了。

在"奥克斯与米卢零距离"签约仪式暨新闻发布会上,还加演了一场"足球换空调"的好戏:米卢把一只亲笔签名的足球送给奥克斯高层人士,礼尚往来,奥克斯则当场赠送给米卢一台最新款式的空调,实在是玩足了噱头。

奥克斯通过巧打米卢牌,最大限度地利用社会、百姓、球迷、新闻媒体对米卢和世界杯的关注,导入奥克斯关注体育、关注社会的公众形象,将奥克斯积极拼搏的企业文化传达给社会。借米卢的炒作也大大提升了奥克斯的品牌知名度,扩大了企业的影响力,使得其国内销售量从2001年的90万套上升到2002年的157万套。

3.敢于点燃导火索,制造轰动效应

事件促销有一个核心的技巧,就是做别人没有做过的,说别人没有说过的。这就是打破人们记忆密集、标新立异强行入侵顾客和公众脑海的技巧。

2002年，奥克斯公司在宁波当着百余名媒体记者的面，公布了一份《空调成本白皮书》，大曝行业"秘密"。一台1.5匹的冷暖型空调的生产成本为1378元，加上销售费用370元、商家利润80元、厂家利润52元，市场零售的标准价应该是1880元。奥克斯公布的"标准价"，与市场上售价最高的同型号空调相比，降低了三分之一左右。若按此理，许多厂家声称的"空调利润不多了"就成了谎言。

此言一出，业界一片哗然。那么，这一空调成本又是如何算出来的呢？奥克斯总经理吴方亮称，空调零配件成本在空调总成本中占80%以上，作为一种技术成熟的组装型产品，空调的价格主要应由其材料的成本决定。

然而，我们注意到，在奥克斯披露的材料成本上，除了所用的东芝、日立、LG等著名品牌压缩机是属于外购之外，其他各部件多标注为自制（奥克斯称已有90%零部件实现自制）。

而且，奥克斯公布的这些零部件的成本均比目前的市场价低得多，如外机钣金件、内机塑壳合计金额203元，蒸发器和冷凝器才253元。这样，算出1378元的成本价就不足为奇了。

然而，奥克斯公布空调成本只是"皮"，"肉"是降价。在公布空调成本的同时，奥克斯将16款产品全线降价。产品涵盖了从1匹挂机到2匹柜机在内的所有主力机型，平均降幅达到20%，其中调价幅度最大的，是原价2018元的1匹单冷挂机和4698元的变频柜机，降幅都达到了近26%。

奥克斯决策层想必非常清楚，如果不迭出奇招，仅凭自身实力与海尔、春兰、格力等巨头相抗衡在短期内是不现实的。那么，要出奇招就需要找到一个有利的切入点，于是从自身资源组合中，奥克斯找到了90%零部件实现自制这一点。再往下分析，名牌企业的零部件大多是供应商供应，这些企业的规模效应使得供应商为了获得大额订单甘愿以低价参与投标，甚至一些供应商已经与这些企业形成了战略联盟的关系。

这样算来，行业内空调产品的大致成本就趋于接近了，那么面对市场上约定俗成的小差距或无差距的售价，自然大有文章可做。所以奥克斯与参与价格战的企业一同降价,还不如一步到位来他个“兜底”。

既然这个导火索谁也不敢点,那么就由我来吧！于是公布《空调成本白皮书》大曝行业“秘密”的策略就应运而生了。此举的明显效果就是充分地博得了消费者的好感,试问哪个消费者不想少花钱买到好的空调？消费者心想:好嘛！原来你们这些企业都多赚了我们的钱,看人家奥克斯多实在！好,咱就买它！于是就算大家都降价,奥克斯也会理所当然地多吸引一部分顾客。至于行业如何评价,奥克斯就管不了那么多了,咱们要以顾客为导向才行啊！

4.善用降价技巧

对于降价,素有“价格杀手”之称的奥克斯自然有他的过人之处,如果说仅仅采用一般的降价方法,顾客早就司空见惯了,因为大家都在降,实在难以有什么区别。善于炒作的奥克斯决不会放过任何一个有可能深挖出热点效应的机会。于是“一分钱空调”行动便新鲜出炉。

以市场最畅销的奥克斯大3P冷暖柜机为例,该机以每台5188元的特价销售,降价410元,同时只需再加一分钱,就能配套买一台1P分体挂机,而这台挂机原价为1550元。

同时奥克斯还承诺:“一分钱空调”同样享受该厂高于国家标准的包送货、包安装,整机包修3年、压缩机包修5年的优质服务。其实精明的人一算就明白,奥克斯“一分钱空调套餐”,两款空调比原价低了1960元,降幅达到27.55%。奥克斯“一分钱空调”行动推出后,立马在市场上掀起巨浪,成功地炸开了市场的“缺口”,奥克斯空调的销售量直线飙升。

奥克斯的“一分钱空调”为什么会产生如此大的效力呢？当我们从头到尾检视其降价策略时就不难看出,虽然其降价幅度是27.55%,但这与2002年参与价格战的众多企业相比并不算惊世骇俗之举。但是奥克斯把“一分钱”这个代表最低价格的货币计量单位导入了降价的宣传策略中,并且把“加一分钱与就能买一台1P分体挂机,这两个比价概念结合起来”,使顾客接收到一个对比相当强烈的超值感觉。在这种诱惑下顾客的光顾自然会比别的品牌多,这也是奥克斯之所以能够在一两年间销售量飚升的重要技巧之一。

5.制造消息,收放自如

2002年3月,媒体突然爆出奥克斯的河南代理商、河南省最大的家电经销商——通利联合电器有限公司未与生产厂家通气协商,即在当地《大河报》上刊登宁波奥克斯空调降价的广告,主流机型降价30%,每台降价幅度高达700元,使奥克斯损失3亿元之巨的传闻。这个消息如同一枚重磅炸弹,立刻就在国内业界炸开了花。

事件发生后,奥克斯公司立即派人飞抵郑州,对通利的做法提出异议。通利方面辩说,此次降价是根据河南市场消费水平确定的,且降价造成的损失均由通利自己承担,因此希望奥克斯能予以理解。

奥克斯认为,通利单方面的行为违反了厂商之间规定的游戏规则,损害了其他绝大部分经销商的利益,也损害了工厂的诚信形象,应坚决予以纠正,并要求该代理商按协议接受工厂的处罚。

经河南家电协会出面调解,通利与奥克斯达成协议:通利接受奥克斯提出的19万元的50%赔款要求,并以代理费弥补此次降价给奥克斯造成的损失,双方握手言和。一些媒体报道,奥克斯公司为保住河南市场,被迫与通利公司签订"城下之盟",原则上同意主流机型降价30%的做法,这样其总计损失达3.6亿元。

吴方亮说,现奥克斯年产空调150万台(套),年销售额逾30亿元人民币,而整个河南全年只销售2亿元,不足公司销售总额的7%。且现在空调已进入微利时代,为这2亿元的市场份额,居然甘愿承受3.6亿元之巨的经济损失,这是任何正常人都不可理解的一本账。

至于3.6亿元的出处,吴方亮说,奥克斯公司向通利提出,若听任单方面降价的扩散,将会给奥克斯带来如此巨大的损失。吴方亮说,如果需要对这起事件作一评说,我们认为,这不是所谓的"商业资本向工业资本提出挑战的开演",而是如何真正按照市场经济的诚信原则运作市场而引发的一次冲撞。

看完事件的脉络,诸位有何感觉呢?其实这又是奥克斯一次成功的炒作行为。诸位细想,如果奥克斯方面没有通过特有渠道散布出消息,那么媒体报道的奥克斯损失3亿多元的量化概念从何而来?有谁会知道通利的降价是违规操作,难道不可以是奥克斯的另一项策划吗?

事件炒作完了，奥克斯当然要把话收回去，这一点从奥克斯最后对媒体的表白就能轻易地看出。“至于3.6亿元的出处，吴方亮说，这是奥克斯公司向通利提出的，若听任单方面降价的扩散，将会给奥克斯带来如此巨大的损失”。这句话恰恰证实了3亿元传闻就是由奥克斯方面向媒体传播出来的，可见奥克斯对于事件炒作的把握是非常有度的。套用我们在前面评论的话来说，奥克斯的3亿元损失事件，又可以抵得上投入几百万元去打广告了！

五、营业推广的误区

(一)方式过于繁杂

在营业推广当中，其方式禁忌繁杂，尤其是玩弄数字概念，应简单明了，让消费者尽快得到真正的实惠。繁杂会使你的部门计算麻烦，消费者等候的时间过长。有的公司搞促销活动，由于数字概念玩得复杂，结果消费者一算账，发现上当了，也就不跟你玩了。

【案例】笔者年前到郑州市的一家著名的商场购物，商场推出了一个“折上再送返金券”的促销活动，收到了返金券只要到标明可用券的柜台都可以使用。我当时看好了一条单色围巾，花了168元，送了108的购物券，于是便很兴奋地开票、交款，得到了一条围巾和一张108元的购物券。随后，我看到了一件漂亮的长袖毛衫，标价218元，我以为只要再交110元就可以拥有这件漂亮的毛衫了，结果促销员告诉我：如果你使用购物券的话，那么必须按照毛衫的原价来购买，原价是368元，也就是说还要再花250元钱才可以，要么你就不用购物券，直接用218元现金就可以了。我用购物券购物，结果比不用还要花得多，这是什么促销？而这个竟然是郑州市数一数二的商场搞出来的，结果我和商场的人员吵了一架，把围巾也退掉了，还把在楼下电器买的热水器也退掉了，同时也引起了很多其他顾客的共鸣——购物券用还不如不用呢！作为公司永远也不要去想靠唬弄消费者赚钱。

(二)不分产品乱打折

不是所有产品都适合打折的。新品上市，所有的公司都想要自己的新品闪亮登场。对于那些快速消费品或者大宗的耐用电器在有品牌的支持下，打折大都不会有太多的影响，但是对于一些特殊商品就显得要慎之又慎了。

【案例】2003年的时候，有一个朋友开了一个保健品专卖店，在开业的时候也使出了打折的杀手锏。主打产品是一个调节免疫并且有抗肿瘤功能的保健食品，印了5万多张的宣传单到处派送，原价2199元的礼品套装（可以服用3个多月，按照肿瘤市场的定价策略来说已经很低了）降到了1318元，打折期限只有7天。结果显而易见，一盒都没有卖出去！过了一段时间这个产品的效果确实不错，很多顾客渐渐找上门来，但是都提到一个问题："你的这个产品以前才卖1318元，怎么现在2000多了？"结果怎么解释都没有用。消费者抛出杀手锏："你卖不卖吧，1500元，不卖就算了。"老板一想："唉！1500元还挣600元呢，卖就卖了吧。"本来能卖2199元的产品由于采取了不正确的促销策略就变成了1500元，价格好降不好升呀！所以对于特殊商品而言，尤其是新品上市的时候，千万不要采用打折的方式。因为消费者对你的这个产品没有价值趋向的时候，你就是把2000元的产品打折到了200元，消费者也不会购买。打折要等到消费者对你的产品品牌有趋向的时候，才能起到应有的市场份额扩张的效果。

（三）与产品定位偏差太大

营业推广必须符合自己的市场定位，如果定位不准，就会适得其反。这样的例子比比皆是，如派克笔以往是商务人士身份的象征，由于采取了"以品牌带销售、老产品打折、新产品定位走中低市场"的策略，结果市场份额不升反降。

【案例】2000年以前，在中国医药界赫赫有名的溶栓胶囊，1盒零售价格148元，5盒一个疗程，卖得十分火爆。2000年虽然只占有很少的市场份额，但是销售却上了10个亿。2001年春节，在全国搞了一个"买一赠一"的活动。当然，组织这个活动，就是想继续追击，扩大市场份额，增加消费群体数量。本来以为2001年至少销售15个亿以上，结果市场反馈是老顾客不买了、疑惑了，新顾客也没有增加多少。因为即使是"买一赠一"，价格折合到了70多元一盒，这个价格不高不低，毫无竞争力。消费能力低的继续买络欣通、通心络、五福心脑康去了，以前的高价位忠诚顾客也有一种上当的感觉，结果也都不再买了。

营业推广是要做，但是绝对不能伤害到你的产品定位，高价产品的营业推广永远要在挖掘顾客潜力上下工夫，提高附加值的服务或者回馈那些购买了很多产品的老顾客。超低价格的促销会让你的老客户心理产生很大反差。同样，本来就是低价位的产品，价格本来已经低的不可再低了，如果还要打折，也会引起很多消费者的怀疑。

【案例】2004 年的一个润肠通便的产品，看到肠清茶仅仅卖 20 多元，很火爆，结果他们搞了一个 9 元钱的产品，还“买二送一”，折合一下，仅仅 6 元一盒，可以吃 10 天左右。本来认为市场肯定火爆，结果一上市发现是个“哑炮”，6 块钱减肥，还不反弹？谁敢相信！营业推广一定要有个定位和度的问题，过了，危及到产品定位，必败无疑。

第四节　人员推销

一、推销的基本内涵

一般人认为，推销就是将产品或服务卖给需求者，比如：销售饮水机的业务员说服顾客购买其产品，保险公司的保险员诱导顾客购买保险。这是狭义的推销，是一个专业术语。其实，任何机构和个人都在不同程度地扮演着推销者的角色，会不会推销，关系重大。政府要把施政纲领推销给全国公民，教会要把教义推销给教徒，求职者要把自己推销给用人单位，其至交朋友、找对象的双方也要互相将自己的感情、魅力推销给对方。

关于推销的内涵，有人说推销是一门科学、一门艺术，有人说推销是一种具有专门知识的人从事的社会职业，还有人说推销是一项工程、一种活动。仁者见仁，智者见智。我们认为：“推销是企业或推销人员为了实现营销目标，运用一定的方法、技巧，激发潜在顾客的购买欲望，说服和诱导其购买某种商品或服务的活动过程。”

二、优秀推销员的基本特征

一个优秀的推销员必须有三个最基本的特征:正确的态度、合理的知识构成和纯熟的推销技巧。

(一)正确的态度

正确的态度是成功的保证。现代心理学最伟大的发现是,人类可以借由改变心中的态度来改变人生。

态度是一项决定性的因素,或许是你最需要祈求的。对自己的信念必须有坚定不移的态度,才能够期望肯定的结果。不论你想要推销任何东西——商品、个人的服务或任何一种理念,都必须以态度作包装。一个态度消极否定的人,什么也卖不出去。或许有人会向他购买产品,但绝不会是因为他的态度。成功的业务员在与客户洽谈、争取订单之前,先想象成交的情景,建立积极的态度。他们深知必须先肯定自己,才可能得到客户的肯定。

决定自己的态度,几乎就决定一个人一生成就的高低、交往的朋友,甚至包括对后代的贡献。有这样一句诗:"我是自己命运的主宰,我是自己灵魂的舵手。"的确,只要建立正确的态度,朝着明确的目标努力不懈,我们都是自己命运的舵手。

1.成功的欲望

任何推销员的脱颖而出,都源自于成功的欲望,这种成功的欲望最初的出发点很可能是对金钱或者物质的欲望,即销售多少产品以后能获得多少物质收获,以便使其个人生活和家庭生活变得更加美满幸福。这种成功的欲望正是促使推销员不断向前的推动力。

【案例】小李,45岁,原来是国营企业的一名普通女工。2000年她下岗了,原本不太宽裕的生活更加拮据,而她的情绪也因此非常低落。后来,她在朋友的劝说下加入了一支销售队伍,之后情绪发生了明显的变化。见到朋友时常常滔滔不绝地介绍她的产品,使人感受到一种发自内心的对成功的强烈渴望。其实小李的成功欲望非常简单,就是希望上初中的孩子以后能够上好的高中、大学。要实现这个心愿就必须努力多挣钱,所以从加入销售行列的那天起,她就经常到朋友那里推销，并希望朋友给她介绍更多的客户。这时的小李已经完全摆脱了以前的沮丧，进入一种十分积极勤奋的状态，她的这种对成功的强烈渴望正是推销人员最基本的态度。

2. 强烈的自信

推销员的第二个态度是强烈的自信。这种自信不仅仅是对自己的自信，更重要的是对销售工作的自信。任何一名成功的推销员都对自己的职业充满由衷的热爱，对事业充满强烈的信心。

【案例】有这么一个故事。一天黄昏，一位教授和他的学生在散步，教授正在开导他的学生对所研究的课题充满信心。在一个长坡前，旁边一位歇息的工人站起来，指着满满一车水泥请他们帮忙推车。教授问："你是否试过？"工人摇摇头："没试过，但我肯定上不去。"教授在学生身旁耳语了几句，随后对工人说："我们帮你，但我们没多大力气，还要靠你自己，你要埋头拉车，不要回头。"在号子声中，车上了长坡。工人感谢二人的帮助。教授笑着说："车其实是你一个人拉上去的，我们根本就没有推，我看到你的块头和力量完全可以上去，你只是缺少一点自信。"

【案例】吉尼斯世界推销纪录创造者，美国的乔·吉拉德，他曾在一年中创造了零售推销汽车平均每天四五部的纪录。他去应聘汽车推销员时，经理问他："你推销过汽车吗？"吉拉德回答："我没有推销过汽车，但我推销过日用品、家用电器，我能成功地推销它们，说明我能成功地推销自己，我能将自己推销出去，自然也能将汽车推销出去。"这句话非常有道理。推销商品，首先要推销自己，顾客接受了你，看见你就喜欢，才会接受你的商品。顾客如果不接受你，见到你就讨厌，你的商品再好他们也不会喜欢。而要推销自己，首先就要有自信。

人的潜力有多大？每个人的潜力发挥出了多少？有一个笑话，说比尔·盖茨一边思考一边走路，见到地上有 100 美元，他没有拾，就直接走过去了。有人问他为什么，他说："2000 年我的财产增加了 100 亿美元，平均每个工作日增加 4000 万美元，每秒种收入大约 1300 美元。我弯腰一次，可能花三秒钟的时间，耽误三秒钟的思考时间会少 3900 美元的收入。我为什么要去拣 100 美元放弃了 3900 美元呢？"

假如一位推销员的月收入是1万元，大约1200美元，大概是比尔·盖茨一秒钟的收入。推销员辛辛苦苦干了一个月，居然不如比尔·盖茨一秒钟挣得多，原因在于普通人没有将自己的全部潜力发挥出来。也许，比尔·盖茨发挥了50%的潜力，普通人只发挥了10%。

怎么能够激发自己的潜力？激发自己的潜力的第一步是强烈的自信。毛泽东为什么能成为一代伟人？因为毛泽东具备强烈的自信，这一点可以从毛泽东的两首诗中了解到。1925年1月，毛泽东南下广州，主持农民运动讲习所。在离开长沙前夕，填词《沁园春·长沙》一首。

沁园春·长沙(一九二五年，长沙)

独立寒秋，湘江北去，橘子洲头。
看万山红遍，层林尽染；漫江碧透，百舸争流。
鹰击长空，鱼翔浅底，万类霜天竞自由。
怅寥廓，问苍茫大地，谁主沉浮？
携来百侣曾游，忆往昔峥嵘岁月稠。
恰同学少年，风华正茂；书生意气，挥斥方遒。
指点江山，激扬文字，粪土当年万户侯。
曾记否，到中流击水，浪遏飞舟？

10年之后，已经是红军领袖的毛泽东率领红军初到陕北，当看到陕北大雪飞扬的壮观景象时，感慨之余，填词《沁园春·雪》。

沁园春·雪(一九三六年，陕北)

北国风光，千里冰封，万里雪飘。
望长城内外，惟余莽莽；大河上下，顿失滔滔。
山舞银蛇，原驰蜡象，欲与天公试比高。
须晴日，看红装素裹，分外妖娆。
江山如此多娇，引无数英雄竞折腰。
惜秦皇汉武，略输文采；唐宗宋祖，稍逊风骚。
一代天骄，成吉思汗，只识弯弓射大雕。
俱往矣，数风流人物，还看今朝。

虽然时过境迁，毛泽东的“怅寥廓，问苍茫大地，谁主沉浮”的豪气依存，“惜秦皇汉武，略输文采；唐宗宋祖，稍逊风骚。一代天骄，成吉思汗，只识弯弓射大雕”的气概更是当世者无出其右。1936 年，毛泽东的志向更加明确，毛泽东在长沙时是“指点江山，激扬文字，粪土当年万户侯”。10 年后，毛泽东感叹：“俱往矣，数风流人物，还看今朝”。

毛泽东在 10 年内经历了大起大伏：民国的宣传部长、创办农民运动讲习所、被通缉、秋收起义、进军井冈山、妻子被军阀残害、儿子失踪、反围剿、被王明批判丧失红军的领导权、第五次反围剿的失败、长征初期的失利、遵义会议、带领军队完成长征到达陕北。所有这些震荡与挫折都没有能够击垮和摧毁他的信念。毛泽东在晚年谈到他一生中经历了 21 次挫折，相信他的挫折一定超过我们一般的人。但是每遇挫折，他都变得更加坚强，他最终赢得了各种挑战。毛泽东在这么多的挫折中能够保持积极心态的原因在于他坚强的信念。

3. 锲而不舍的精神

推销是从失败开始的，整个推销过程都充满艰辛和痛苦，因此锲而不舍的精神是推销成功的重要保证。无数次实践证明：在推销之前遇到的挫折越大，克服挫折产生的成绩就会越大。

一个十分优秀的推销员说过：“在我做推销员的时候，经常遇到很艰苦的项目，别人都认为我输定了，甚至竞争对手已经去庆祝了，我还是不放弃，只要合同没有签，就要与客户争取到最后一分钟，直到把这个项目赢回来。一些输掉定单的销售代表都为此后悔一辈子。”

【案例】日本经营之神松下讲过一个他所认识的一个坚韧不拔者。那人是一家大银行的低级职员，为了承揽松下电器公司的业务，他一次又一次地跑去向松下陈说。由于当时日本企业界习惯于一对一，松下本无转移业务之理，所以第一次就回绝了，以后次次如此。可这位职员每半年总要来访一次，一直坚持了 6 年。后来，出于情势的转变和实际需要，松下公司决定新增关系银行，生意当然最终由那位银行职员得到了。

【案例】一位年轻的销售代表刚刚加入公司并且没有大客户销售经验。他第一次拜访客户时发现了一个大定单，但是发招标书的截止时间已经过了三天。客户拒绝发给他招标书。软件开发商代理竞争对手的产品并且拒绝与他合作。一切都很不利，但是他居然反败为胜。原因是什么？

他进入公司后负责北方地区的电力系统。第一次去拜访河南省的电力系统时，他将整个省电力局跑了个遍。他首先了解省电力局哪个部门有可能采购电脑，然后逐户逐门地去认识客户。当他敲开用电处的大门的时候，一个年轻的工程师很遗憾地告诉他：用电处马上要采购一批服务器，采用公开招标的形式，但是由于你们的公司以前没有来联系过，所以没有将你们公司列入投标名单，而且几天以前就截止发招标书了，得到标书的供应商们已经开始做投标书了，三天以后就是开标的时间。工程师接着说：这是我们的第一次采购，最近还会招标，到时欢迎你们投标。办公室里人来人往，客户讲完之后，就回到座位去招呼其他人了。销售代表站在办公室中间，犹豫着不知何去何从。

销售代表离开客户的办公室，开始给当地IT圈的朋友打电话，了解这个项目的情况。朋友一听这个项目，就劝他不要做了，这个项目的软件开发商早已经选定了，不但软件已经开发完了，而且试点都做得很成功，这次招标就是履行程序。销售代表想办法弄来这个软件开发商的电话号码，打电话到开发商的总经理那里谈是否可能推荐自己的产品，开发商的总经理很客气地拒绝了他的要求：软件开发一直基于另一家公司的硬件，而且投标书已经写好了。他的态度很明确：这次不行，欢迎来谈，以后可以合作。

所有的门似乎都被封死了，客户的招标书的截止日期已经过了。即使想办法拿到标书，关键的软件开发商又不肯支持，客户又几乎一个都不认识，时间也很有限。况且要做出投标书，他需要付出很大的代价，他需要立即请工程师从北京飞过来并请工程师做报价、合同和一份高质量的投标书。如果这时他放弃，其实没有人会责怪他。

他没有放弃，转身又回到了客户的办公室，来到客户的座位前，希望客户能够将招标书给他。工程师说，我这里没问题，但是你必须得到处长的同意，处长在省内另外一个城市开会。销售代表立即拨通处长的手机，处长压低了声音问是谁，销售代表自我介绍了以后，处长说他正在开会，让销售代表晚一点打过来。

销售代表不再有任何犹豫，果断地来到长途汽车站直接搭车赶往处长所在的城市，下车后直奔处长下榻的宾馆。这时已经是中午了，他来到会务组，打听到处长的住处。他上去敲门敲了很久，没人开门，他一推发现门是虚掩的，就缓缓地将门推开。处长正在午休，光着膀子躺在床上。他进门时处长醒了，但眼睛还睁不开，光着上身坐在床上揉着眼睛。销售代表上前自我介绍，讲明希望能将标书发给自己。没有谁会愿意在午休的时间被销售代表堵到房间里来进行“强行”推销，处长满面怒容。销售代表一直不断道歉着，他向客户解释：他也知道这样不好，但是他特意从北京飞过来，而且自己的公司在这个领域非常有经验，对客户的项目应该有所帮助。精诚所至，客户逐渐原谅了他，松口同意发给标书。销售代表再三感谢以后，火速赶回郑州，当他到达电力局办完手续拿到标书时，客户已经快下班了。

虽然拿到标书，但仅仅意味着有了一个机会。于是，销售代表请求负责写标书的工程师第二天飞往郑州。他的想法是死马当活马医，输了也没关系，下次投标的时候至少可以混个人熟和脸熟。投标书一定要做得完美，即使死，也要死得漂亮。这时已经只剩两个晚上一个白天了，他们安排好了分工以后，开始行动。三天以后，他们终于将三本漂漂亮亮的投标书交到电力局。为了能够赢得这个定单，他们放出了可以承受的最低价格。开标那天，所有的厂家都聚到客户的会议室，投标就在这里进行。其他的标很快就定了，但讨论服务器的标时，时间很长，他们一直等到晚上。终于，客户宣布他们中标。

4.帮助客户成功

【案例】有一次，笔者要印刷一批教材，希望能找到一家稳定可靠的印刷公司帮助。在一个偶然的机会看到一个印刷公司的广告，便打电话给这家公司。一个业务人员接了电话，答应立即送样品来给我看。下午，他拿着各种样品过来，我仔细地看了这些样品，质量并不能让我满意。他得知后，吞吞吐吐地说还有一种很精致的样品，但是没有带来。这些样品基本上让我失去了兴趣,认为他们不能印刷满意的教材,便没有再约定时间。后来我没有找到合适的印刷公司,就暂时将这件事放了下来。几周后,我又接到他的电话,说他正巧要经过我们公司,想顺便把新样品送来给我看。这种新的样品正是我希望装订的样式,价格是贵一些,但完全在预算以内。我很快决定将资料交给他们印刷。我很奇怪他为什么没有第一次就将这个样品带来,他说当时猜想这种样品价格比较贵,我可能不接受,结果差点失去了这次销售机会。

这位印刷公司的推销员在担心价格太贵,客户可能不会接受。产生这样心理的原因是他认为将产品卖给客户,赚了客户的钱。他抱着这种心态与客户打交道,便处处觉得是在求客户,做事就缩手缩脚、瞻前顾后。他不知道,对于客户来讲,最重要的是通过采购的商品创造更大的价值,价格是次要的因素。推销员是帮助客户实现愿望的关键人物,因为客户要达到目标必须与销售代表合作才可以得到需要的产品。从这个角度来说,推销员是帮助客户成功,帮助客户创造价值或者节约费用的人,而不是从客户的钱包里赚钱的人。只有抱着帮助客户成功的心态,推销员与客户接触时才可以正确调整自己的角色,克服胆怯的心理,并与客户建立双赢和互信的关系。

(二)合理的知识构成

从某种意义上说,如果推销工作要求推销员有一定的天分,那么肯定有些人有这些天分,而另一些人则没有这样的天分。显然,天分是不可以强求的,但可以通过后天的勤奋学习得到弥补。那么,一名推销员可以通过学习得到什么呢?可以得到知识和技巧。

1.客户知识

推销员需要具备哪些知识?每个推销员、每个推销经理都会想到关于产品和公司的知识。实际上,由于推销工作面对的是客户,所以在推销员的知识构成中,排在第一位的应该是客户的相关知识——你是否了解你的客户,是否了解你的客户的业务?每支推销队伍都有各种介绍自己公司和产品的资料,甚至每天晚上都会熟悉一下产品知识;但是每个推销部订阅很多关于客户的杂志,或者购买许多关于客户的书籍的情况却不多见。这种情况非常普遍,导致推销员和客户的距离变得越来越大。有时候推销员千方百计约到了某个客户,但是在和这个客户进行面对面交流的时候,推销员却往往不知道要说些什么。这种情况非常典型,而它的病根就在于不重视对客户知识的积累。

【案例】陈帆是一名电脑工程师。有一次,他去拜访一家银行的IT部副经理。这位副经理是他费尽脑汁用了三个星期的时间才约到的。但是当他出现在这个副经理面前的时候,突然间觉得无话可说了,说了上一句话之后,却不知道下一句该说什么。结果经常冷场,两人都觉得非常尴尬。自然,拜访很快就结束了,见面的结果则是这位副经理没有任何兴趣讨论陈帆的产品,更不要说购买了。

所以说,在推销员的知识体系中,客户知识是最重要的。全面、主动地了解客户的相关信息,见到客户的时候才会有更多的话可说,而且这些话也往往是客户所喜欢的。

【案例】亲情

客户的三个主要部门都支持竞争对手。最要命的是用电处的处长甚至没有听说过销售代表的公司。最终,销售代表还是击败竞争对手赢了这个定单,最后坚定支持他的恰恰是用电处的处长。销售代表怎么取得了他的信任?

一位销售代表的销售报表上出现了一个新客户:西北某省的电力局。他听说了这个定单,就请经理批准出差申请去看一下,经理同意了。四天之后,他回来了。

"辛苦了,怎么样?"经理问。

"这是宁夏电力的农网改造项目,计划两个月后采用招标的形式。大概要买300台电脑和16台高端服务器。"

"我们机会大吗?"

"又是我们的老对手,客户一直都买这家公司的产品,并且他们跟这家公司在当地的经销商很熟。不过我们产品的性能价格比有优势。"

"客户现在的采购在什么阶段?"

"他们正在写标书。"

"哪些部门与这个采购有关?"

"使用部门是用电处,信息中心在帮助他们写标书,最终采购会通过物资公司。"

"他们对我们印象怎么样?"

"我见到了用电处的处长、信息中心的主任和物资公司的一些科员。计算机中心主任很推崇我们的竞争对手,认为他们产品质量很好。物资公司比较中立,用电处的处长没听说过我们公司。"

"最终谁做决定?"

"应该是局长吧,但局长很难见到。"

"你下一步计划呢?"

"我打算一周后带着工程师去做一次技术交流。"

"这个单子很重要,如果需要我帮忙,你就随时和我讲。先好好休息一下吧。"

"不行,我打算去一趟北大。"

"去北大干什么?"

"用电处处长的女儿在北大读书,处长托我带了一些腊牛肉。"

第二天上午,销售代表见到经理,他兴冲冲地告诉经理用电处处长下个月来北京开会。又说:"大学生真艰苦,女生宿舍六个女孩子用勺一分,三斤牛肉就被分光了。在我转身将包牛肉的纸扔到垃圾桶里的工夫,牛肉全进她们肚子了。我晚上带她们去小蒙羊吃涮羊肉,这些女孩儿比我吃得都多。"

一周后,销售代表带着工程师又去拜访了客户。技术交流后,用电处的处长带着销售代表去拜会了主管局长。不久,用电处和物资公司的经理一起来北京开会,经理和销售代表一起去拜访了他们。不久,这个项目的需求书发出来了。物资公司和技术处已经接受了他们。信息中心虽然支持他们的竞争对手,无奈用电处坚决支持他们。他们赢得了个定单。

在这个电力系统的定单中,销售代表无意中听到一个重要客户的女儿在北京读书,他就帮客户带了一些食品给学校的学生。作为一个父亲,刚好有人要去北京,顺便给爱女带一些东西是很自然的事情。当销售代表将牛肉给他的女儿,并打电话告诉客户他的女儿和同学一起狼吞虎咽地分食牛肉的情景,父亲一定会觉得有趣和开心,销售代表与客户互信的关系一下子就建立起来了。人与人之间的关系有时是很奇怪的,因为一件很小的事情可能彼此之间就会产生好感。当销售代表与客户总是谈生意的时候,自己的公司只是一个供应商,如果销售代表想成为这个客户的长期合作伙伴,必须成为客户的好朋友。当销售代表能够成为客户家庭的朋友时,应该赢得的定单就可以赢得了。即使赢不了的,客户也会提前告诉销售代表。

2. 产品知识

你只有了解自己的商品,才有可能更好地向顾客提供合适的商品。这是推销员的根本任务。若不能对销售商品了如指掌,你便难以有效地完成这一任务。

【案例】开放式问题和封闭式问题

小王自己不懂车,他感觉到车的发动机加速时,会“当当当”响,觉得响的很讨厌。然后就把车开到了修理厂。一个小伙子接待了他,问小王:“车怎么了?”小王说:“发动机有问题了,当当当响。”小伙子接着又问:“哪儿响?”小王就说不清具体是哪儿响。“什么时候开始的?”小王说:“大概有一星期了。”

小伙子在车上东看看西看看,也找不到问题究竟出在哪里。过一会他把他师傅找过来了,他师傅过来以后,提问的方式就马上转变了,第一个问题是“发动机的机油换没换?”小王说:“好像是一个月之前换的。”接着师傅又问:“你这两天车是不是经常点着然后不走?”小王回答说:“是有这种情况。”然后师傅又问:“化油器清洗过吗?”小王说:“前段时间洗的。”这时师傅说:“可能毛病出在化油器上。”一看果然如此,化油器堵住了。

小伙子提出的一些开放式问题没有起到作用,他的师傅一用封闭式的问题提问,就马上找到了汽车“当当当”响的原因所在。这就说明小伙子的师傅有很丰富的专业知识和非常准确的判断能力。

有的时候,推销者由于掌握全面的知识而产生的效益不是马上能表现出来的。从下面的一个故事中我们可看到这点。

【案例】一位妇女去商店买缝纫机。她想买一部便携式的,价格不超过200元,并打算多看几种样式。她先走进一百货商店,店员领她观看店内展出的所有样品，并特别详细地介绍了一种用按纽操纵的机器的优越性。店员满面春风，完整地回答了这位妇女的所有问题。但这位女顾客最后还是说："在我决定购买之前，我还得多转几个商店。"

她又走进其他几家商店，但没过一个小时，又回到第一家商店，并买下了店员特别向她介绍过的那种价值200元的按钮式缝纫机。是什么让她改变了原来的打算呢？是产品知识。这正是其他商店所缺少的。这位妇女问第一家百货商店的店员："一个小时前我来你店时，你为什么一点都不怕麻烦，领着我给我详细介绍机器性能呢？你当时也知道我并不准备马上就买。"店员回答："我当然知道你可能不买，但我也知道，如果我先给你做一番详细的介绍，其他想卖给你缝纫机的人就会遇到巨大的困难，因为这时你掌握的有关缝纫机的知识已经超过他们当中的绝大部分人。"

顾客的询问只要有一个得不到圆满回答，顾客的信心就会动摇。即使顾客的三个问题你回答了两个，十个问题你回答了九个，那剩下的一个没有答案的问题也会让顾客对你产生怀疑，认为你说的话缺乏权威性。

你只有彻底了解产品的性能，才有可能在介绍关键问题时做到万无一失。这也是对推销员的根本要求——尤其在成交之前，当买主提出一个最棘手的问题时，你必须给予圆满解答。推销员不但要有能力回答买主提出的所有问题，而且要有能力化解买主提出的任何异议。

3. 公司知识

作为一名推销员，对外代表着公司的形象，有责任去熟悉自己所服务的公司，对公司有一个全面的了解。虽然没有一个顾客会向你打听你所服务的公司的全部资料，但是你必须未雨绸缪，做好准备，以防万一。

熟悉公司的情况，包括以下几个方面：公司的历史与取得的成绩，公司主要领导的姓名，公司的运行方针及程序，公司的社会责任活动，公司的长远发展计划等。

（三）纯熟的推销技能

推销员应该具备的第三个特征是掌握纯熟的推销技能。推销员最需要的就是推销的技巧。关于推销，有一系列专业的推销技巧，包括面对面销售、销售演讲、战胜异议、谈判技巧、顾问型销售、高层客户销售、客户管理技巧、时间管理技巧、服务技巧等。这些技巧可以帮助一名普通的推销员脱颖而出成为一名杰出的推销员。

【案例】了解客户资料

一位销售代表去拜访山西邮电系统的一位重要客户，拜访的对象是主管采购的刘主任。由于工作的原因，销售代表不可能多次拜访这个客户，必须在一次拜访中了解客户的资料，迅速与他建立互信的关系并计划下一步的行动。

销售代表来到客户的办公室，敲门进去。刘主任正在打电话，示意销售代表坐下来。销售代表坐在沙发上，并利用这段时间观察客户的办公室。这是一个很大的办公室，刘主任的办公桌靠近窗口，上面堆放了很多资料。刘主任的对面是一个书架，书架上摆满了书籍。办公桌和书架的左边是沙发和茶几，茶几上有很多技术方面的杂志。在门口左边的墙角里有一台放在电脑桌上的台式电脑。沙发离电脑很近，可以看到电脑上有客户下载的股票和围棋的图标。

"我来之前就了解到您是技术出身，对计算机非常在行。桌上的这些资料都是很专业的杂志，您一直都在看吗？"

"对，每一期我都看。"

"您都关心哪些内容呢？"

"我主要看一些产品的动态和一些应用方面的文章。"

"这确实是一个了解行业状况的好方法。我这次从北京过来是专门拜访邮电系统的客户的，您已经采购了不少我们的产品，我希望听取您的使用意见。另外，我们也有很好的高端产品，也希望利用这个时间了解一下您这方面的需求。您看好吗？"

"好吧。"

半个小时以后，销售代表认为已经可以告一段落了，便说："刘主任，您书架上书很多。我能看看吗？"

"好吧。"刘主任离开座位，与销售代表来到书架前。

"哦，《康熙大帝》，我正想买一套。您还喜欢看哪方面的书？"

“我最近对历史方面的书比较有兴趣。另外一直在看技术方面的书。”

“我也是。我可以去机房参观一下吗？小李告诉我您的机房的设计是一流的。”

结束拜访回到北京以后，销售主管写了一封信给刘主任，对他的接待表示感谢。与信一起寄给客户的还有一套销售主管非常喜欢的二月河著的《雍正皇帝》和《乾隆皇帝》。另外，经理要求销售代表尽快在刘主任这里做一次新产品的技术交流。销售主管也喜欢围棋，便开始约刘主任在联众网上下棋，两人很快成了棋友。

【案例】高层客户销售

一个价值大约1亿元的项目正在进展，销售代表还没有见过决策人。一般的拜访只能达成一般的目的，而销售代表必须与局长建立良好的关系并取得他的支持。销售代表得知局长要去深圳开会，灵机一动，想出了一个好办法。果然，销售代表很快与局长建立了互信的关系。这是什么办法？

一家计算机公司的销售代表负责一个金额达到上亿元的全国性的项目，已经做了很久。客户已经经过了酝酿、设计和评估的阶段，马上就要做决定了。但是销售代表还没有见过做决定的局长，他可以正式地与经理一起拜访局长，但他不满意这样的效果。他经历过太多这样的拜访：双方有礼貌地握手，谈一些海阔天空的话题，然后握手告别。销售代表需要一次与众不同的、一锤定音的拜访。他和客户的工程师关系很好，这时他听到了一个消息：局长将要去深圳开会。这是一个难得的机会，一个主意跃入了他的大脑。

他要到局长的航班信息，又去客户的宣传栏里仔细地记清了局长的样子，定了同一班去深圳的机票，提前两个小时来到了北京首都机场。他没有带行李，买了机场建设费后来到行李口。他并没有直接办理登机手续，而是拿出报纸坐在一旁。他是第一个来到的客人，登机手续还没有办理。不久，旅客们陆续地来排队办理手续，他一边看报纸，一边观察着。终于等到了局长，他一个人提着行李过来。销售代表立即站了起来，排在他的后面。拿到登机牌后，他也没有与局长招呼，直接进入候机厅。

飞机就要起飞了，销售代表登上了飞机，找到自己的座位，拿出准备好的杂志，然后坐到自己的座位上。他带的杂志是《商业周刊》，这期专门谈到了全球的电信市场，封面的专题就是关于全球电信市场的大幅介绍。局长一定会对这本杂志感兴趣的。一会儿，局长也随着人流来到了销售代表的座位旁，并且坐在了他的旁边。果然不出所料，机场发登机牌是按照排队的顺序。因此，销售代表就被安排在局长的身旁。

飞机起飞了，销售代表拿出了准备好的杂志仔细地看了起来。他很快地将杂志翻完了，放在自己的面前。局长看到了封面，犹豫了一下还是向他请求借来看。北京到深圳有两个小时四十分钟的时间，销售代表将书借给局长以后，就和局长攀谈起来。两个人都是电信运营的专家，自然聊得十分投机。销售代表对局长进行过研究，很快地与局长建立了互信的关系。下飞机之后，销售代表本想直接返回北京。但是看到局长相逢恨晚的目光，就决定留下来。他要来局长的手机并约好第二天一起去打高尔夫。他回到北京之后，合同很快就签订了。

三、推销工作的8个步骤

根据推销活动程序化理论，现代推销过程可以分为以下8个步骤。

(一)寻找潜在顾客

在很多情况下，销售人员必须能鉴别潜在顾客，这些潜在顾客必须具备两个基本条件：一是愿意购买；二是有支付能力。如果只有一个条件满足，就不是潜在的顾客。在这个阶段，销售人员应努力收集尽量多的信息。主要途径有以下几个。

1. 其他推销员

与其他推销员建立起友好关系是十分值得的。每一个顾客都会有一些特别的事让拜访他的推销员了解到，推销员相互之间交换这些信息对双方都有利。当然，这主要是在非竞争性的推销员之间进行，既能做到互相帮助，又不破坏各自的机会。比如，向工厂采购员推销燃料油的推销员完全可以安全地将她知道的情况提供给办公机具推销员。甚至相互竞争的推销员有时也可以交流珍贵的信息，尤其是他们在同一个潜在顾客面前碰壁之后。他们觉得,反正已失败,把知道的情况讲出来也不会再失去什么。或许,你可以诱导与你竞争的推销员一起畅谈某个潜在顾客,他可能会在无意中透露出什么东西能够让你利用。在旅馆的大厅和餐厅里,在飞机上或潜在顾客的休息室里注意听别人的谈话也能得到有价值的信息。

2. 顾客

从已有顾客嘴里可以了解到许多值得前去拜访的潜在顾客。刚刚购买了某种物品的人通常总喜欢让其他人也去购买这种东西,以此证明他们选择的正确性。他们觉得这样做是在帮朋友的忙,所以他们很喜欢建议推销员去拜访一些他们所熟悉的人。另外,一些与工业和社会团体交往甚密的顾客也很乐意与你交谈,他们能给你提供巨大的帮助。

3. 地方报纸与专业杂志

地方报纸这一信息来源往往得不到推销员的充分利用。四处游走的推销员往往可以从地方报纸的合订本中发现大量信息,不但能看到潜在顾客的广告,而且能大致了解一下当地人的兴趣。知道了当地的习俗对于首次拜访一个潜在顾客肯定是有益无害的。有了这些知识你就增加了许多与人交往的话题,便于你与潜在顾客建立起友好联系。

工业用品推销员经常阅读技术杂志和商业刊物上的文章或广告,就能找到与潜在顾客的共同兴趣,尤其是在你拜读了你推销对象的有关报道和广告之后更是如此。绝大部分优秀推销员都是工商出版物的热心读者,这绝非巧合。另外,走进图书馆去拜读一下你所属行业和你重要顾客所属行业的过期专业杂志,将能收集到大量的有用信息。

4. 名人录

市面上有许许多多的名人录,它们可以向你提供各行业具有一定地位的人的资料。这种名人录按照各种领域划分,有商业的、工业的、教育的、科学的、各地市的和全国的。如果你的潜在顾客有资格被列入这些名人录中的任何一册,你只要走进随便一家像样的图书馆都能得到他们的个人信息。各工业部门也经常出版花名册和人物小传,来介绍所属公司的高级管理人员或经理。

5.观察

推销员一进入潜在顾客的工作地点就能了解到许多情况。拜访零售商的推销员应当格外注意他货架上所摆商品的商标,这些商标可以充分显示出这位商人的经营思想和经营策略。观察了潜在顾客的货架摆设、商品配置和店铺的总气氛,你就能判断出他是个雄心勃勃的人还是个稳扎稳打的人。观察了下属对老板的态度你就能看出老板的为人。老板在推销员面前可能会显得盛气凌人和不可一世,但是,如果他的员工在他面前毫无惧色,那便可以满有把握地判定,老板的粗暴态度是装出来的。

推销员只要仔细观察一下潜在顾客的周围环境就能得出许多结论。比如,要判断一个大企业的女经理是否真正拥有权力,看看她办公室的摆设和规格就能明白一二。她是不是个实干家,看看她写字台上放的东西和办公室的布置同样能洞察出她的工作习惯。她的思想是否先进或是否赶得上时代步伐,看看她使用的办公设备就能找到答案。再比如,你走进一位男经理的办公室,从他在墙上挂的画上就能判断出他是否喜爱体育活动。他吸不吸烟——看看他的烟灰缸便可得知。如此种种,一个人身边的每一种细小物品都能表示出此人的背景。你应当是一个高明的侦探,将各种迹象综合到一起,全面勾画出潜在顾客的真实形象。

6.潜在顾客

最后一个信息来源就是潜在顾客本身,它具有同等重要的意义。许多关键性的信息只有潜在顾客自己知道,所以,只有他或她能够提供。有些怀疑论者认为从潜在顾客身上获取信息是很困难的,但实际上许多推销员能够做到这一点。应当记住,在大部分情况下,你去谈生意时是在帮助他解决问题。潜在顾客希望他的问题能够最迅速、最有效地获得解决,因此他有足够的动力来谋求与你的全面合作。

(二)访前准备

一般来说,接触前的准备是正式接触前的所有活动,推销员应对他们的行业、公司产品或劳务、竞争对手和顾客等都非常熟悉,尤其是潜在顾客的个人和商业信息活动。销售人员准备得越充分,成功的可能性就越大。

【案例】一位业务顾问帮原一平写了一封介绍信，要他去见一个生产男性用品的公司的董事长，可是无论他什么时候去拜访，那位董事长不是外出不在，就是有急事正在外出，总是无法见到他本人。原一平想尽办法调查他经常外出的时间和预定的回家时间，也曾在他家门前埋伏，或看准时间去敲他家的门。但每次所见到的总是那位好像退隐在家安度晚年的老人。那位老人回答时总是千篇一律："董事长还没回来，请你改天再来。"

"请问他早晨什么时候出门？"

"很难说，我也搞不清楚他什么时候出门。"

无论原一平如何旁敲侧击，每次都被老人敷衍应付过去，始终未能如愿见董事长一面。就这样一次又一次的敲门询问，原一平居然在 4 年内空跑了 71 次。幸好有一次，他拜访另一位酒类批发商的准保户时，顺便问及有关对面那家公司的董事长究竟长的是什么模样。令原一平大吃一惊的回答是："那边有个在掏水沟的人，他就是你找了 4 年的董事长。"

原一平气冲冲地赶回那个令他伤心欲绝的地方，准备再作一次成功的出击。"有人在吗？"

"什么事"？

"我是明治生命的原一平，请问董事长在家吗？"

"喔，他今天一大早就出去了。"

"你说什么，你明明就是董事长，为何老是骗我？害我白跑了 71 趟。"

"谁不知道你是来招揽保险的！"

"活见鬼，要是招揽你这种已经一只脚踏进棺材的人投保，还有今天的原一平？"

"什么，你说我没有资格投保？……"

就这样针锋相对，原一平以激将法赢得了第一回合的胜利。虽然董事长由于身体状况稍差而被拒绝投保，但他全家以及全公司的员工后来都成了原一平的客户。

(三)接近并与客户建立良好的关系

初次会晤是推销员与潜在顾客的首次真正接触,许多专家称它是推销过程中最重要的30秒。在初次见面中,推销员必须与潜在的客户建立良好的关系,推销员必须吸引顾客的注意力,否则推销员以后的行动可能会不起作用。

【案例】1987年秋,杭州工艺鞋厂与美国波尔格林公司洽谈一笔生意。美方代表史德美先生从包里取出一双深色旅游鞋,说:“这是全美最流行的旅游鞋,贵厂能生产吗?”杭州工艺鞋厂代表俞金水接过鞋子,审视片刻回答说:“可以,但原材料由你们提供。”史德美答应了,要俞金水开个价。俞金水略一沉思:“10元!”史德美大吃一惊:“美元?”“人民币。”史德美顿时由惊变喜,生意立即拍板。在场的其他中方人员大惑不解,这种鞋在美国市场上可卖到10~15美元一双,我们只收这么低的加工费,岂不是吃了大亏?

俞金水胸有成竹,不露声色地邀请史德美参观工厂。到了厂里,史德美边看边点头,表示满意。俞金水随手拿起几只鞋底、鞋帮,对史德美说:“我厂制作工艺在国内是比较先进的,我们鞋帮、鞋底比您带来的那只更柔软、更舒适,对吗?”对方试了试,表示同意。俞金水又把美方客人带入总装生产线,取过一只成品鞋,说:“做你们那种鞋最多30多道工序,我们厂的鞋要56道工序。因此,我们的鞋看上去比你们带来的鞋要好,就是造价高了些!”对方附和了一句:“按质论价嘛。”这时,俞金水取过那只美国制造的鞋挑剔地说:“如果能全部按我们的工艺流程制作,肯定会比你这种鞋更受消费者欢迎。”史德美一听非常高兴,俞金水紧接着说:“当然,如果同意我的意见的话,价格需要重新预算。”结果,最终以每双人民币25元的价格做成了这笔生意。

(四)了解客户的需求

了解客户的需求是市场销售的第一块基石。对客户的需求了解得越细致准确,销售的结果就越能有效地满足客户的需求。在这一阶段中,销售人员能从客户的谈话中了解客户所面临的问题及客户希望获取的信息等,进而达到销售的目的。

在这一阶段,推销员要进行大量的提问和倾听。提问有助于吸引顾客的注意力,而聆听顾客的回答可以在双方之间建立起一种互相信任的关系。在倾听的过程中,一旦发现问题,推销员就可以向潜在顾客介绍解决问题的方法。在介绍方法时,应富有创造性,并努力创造一个轻松愉快的氛围。推销员提出的每一个问题,都暗含着对潜在顾客的关心与兴趣。推销员越多地倾听潜在顾客的谈话,顾客就会越喜欢并信任推销员。由此,推销员可以和潜在顾客建立良好的客户关系。

【案例】老太太与小贩

老太太离开家门,拎着篮子去楼下的菜市场买水果。她来到第一个小贩的水果摊前,问道:“这李子怎么样?”

“我的李子又大又甜,特别好吃。”小贩答。

老太太摇了摇头,向另外一个小贩走去,问到:“你的李子好吃吗?”

“我这里有好多种李子,有大的,有小的,有国产的,还有进口的。您要什么样的李子?”

“我要买酸一点儿的。”

“我这篮李子又酸又大,咬一口就流口水,您要多少?”

“来一斤吧。”老太太买完水果,继续在市场中逛。这时她又看到一个小贩的摊上也有李子,又大又圆,非常抢眼,便问水果摊后的小贩:“你的李子多少钱一斤?”

“老太太,您好,您问哪一种李子?”

“我要酸一点儿的。”

“其他人买李子都要又大又甜的,您为什么要酸的李子呢?”

“我儿媳妇要生孩子了,想吃酸的。”

“老太太,您对儿媳妇真体贴,她想吃酸的,证明她一定能给你生个大胖孙子。您要多少?”

“我再来一斤吧。”老太太被小贩说得很高兴,便又买了一斤李子。

小贩一边称李子,一边问老太太:“您知道孕妇最需要什么营养吗?”

“不知道。”

“孕妇特别需要补充维生素。您知道什么水果含维生素最丰富吗?”

“不清楚。”

“猕猴桃含有多种维生素,特别适合孕妇。您要给您儿媳妇天天吃猕猴桃,她一高兴,说不定能一下生出一对双胞胎。”

“是吗?好,那我就再来一斤猕猴桃。”

“您人真好,谁摊上您这样的婆婆,一定有福气。”小贩开始给老太太称猕猴桃,嘴里也不闲着。“我每天都在这摆摊,水果都是当天从批发市场找新鲜的批发来的,您媳妇要是吃好了,您再来。”

“行。”老太太被小贩夸得高兴,提了水果,一边付账一边应承着。

【案例】有一次,一位顾客去向世界上最伟大的推销员乔·吉拉德买车,乔为他推荐了一种最好的车型,顾客对车很满意,并掏出1万美元打算作定金,眼看生意就要成交了,对方却突然变卦,掉头离去。对方明明很中意那辆车,为什么改变了态度呢?乔·吉拉德为此事懊恼了一下午,百思不得其解,到了晚上11点他忍不住按照联系簿上的电话号码打电话给那位顾客。

“您好!我是乔·吉拉德,今天下午我曾经向您介绍一辆新车,眼看您就要买下,但却突然走了。”

“喂,您知道现在是什么时候吗?”

“非常抱歉,我知道现在已经是晚上11点钟了,但是我检讨了一下午,实在想不出自己错在哪里,因此特地打电话向您讨教。”

“真的吗?”

“肺腑之言。”

“很好!你在用心听我说话吗?”

“非常用心。”

“可是今天下午你根本没有用心地听我讲话。就在签字之前,我提到小儿子的学科成绩、运动能力以及他将来的抱负,我以他为荣,但是你却毫无反应。”

乔·吉拉德确实不记得对方说过这些事情,因为当时他认为已经谈妥这笔生意了,根本没有在意对方还在说什么,而是在专心地听另一个同事讲笑话。乔·吉拉德失败的原因在于没有倾听顾客的谈话,那位顾客除了买车,更需要被人称赞他有个优秀的儿子,而乔·吉拉德却忽略了这一点，因此买卖没有成交。

通过倾听，我们可以得到有效的信息，并可据此进行创新，促进更好的销售，为客户创造更多的经营价值。在一次进货时，某家具厂的一个客户向其经理抱怨，由于沙发的体积相对大，而仓库的门小，搬出搬进很不方便，还往往会在沙发上留下划痕，顾客有意见，不好销。要是沙发可以拆卸，也就不存在这种问题了。两个月后，可以拆卸的沙发就运到了客户的仓库里。不仅节省了库存空间，而且给客户带来了方便。而这个创意正是从客户的抱怨中得到的。

最有价值的人，不一定是最能说的人。老天给我们两只耳朵一个嘴巴，本来就是让我们多听少说的。善于倾听，才是成熟的人最基本的素质。其实只有少数人掌握了听的艺术。好多人在抱怨人们不听他们说话，但是他们忘了自己本身也没有听别人讲话。集中精力听别人在说什么，不要有任何的分心。倾听以了解他人，倾诉而被人了解，从双方的共同点开始沟通。始终记住，沟通的主角不是言语，而是人。

（五）描述产品

在明确顾客存在的问题之后，销售人员就要准备解释并生动地描述相关产品的特征和优点。销售人员在描述产品的过程中，比较困难的一项任务是使顾客准确地领会自己的意图。信息的传递者和接收者之间的交流沟通很容易误入歧途，接收者不太可能像传递者所希望的那样准确无误地理解信息，因此在描述产品的过程中，销售人员要与顾客不断地交流，描述要针对客户的需求，一定要让顾客知道为什么要听你讲、利益是什么，以及对他们有什么好处。

一些销售人员常抱怨自己业绩不好，抱怨客户有诸多挑剔，可是你有没有试过问问自己，如果你是客户，你会被自己的解说打动、买自己的产品吗？例如一家公司曾举行了一次换位思考的调查，结果90%以上的销售人员都认为如果自己是客户，不会购买自己的产品。既然自己都不能说服自己，试想又怎么能说服客户呢？所以，问题的根源还是在自己的身上。

【案例】FAB法则

所谓FAB法则，就是详细介绍所销售的产品如何满足客户的需求、如何给客户带来利益的技巧。它有助于更好地展示产品。F指的是Feature，产品的属性，即你的产品所包含的客观现实，所具有的属性。比如，讲台是木头做的，木头做的就是产品所包含的某项客观现实、属性(Feature)。A指的是Advantage，产品的作用，就是能够给客户带来的用处，是一种产品能看得到、摸得着的东西。B指的是Benefit，产品的好处，是指给客户带来的利益和好处。比如，讲台是木头做的，那么木头做的给客户带来的益处就是非常轻便。

客户在购买产品时，并不是购买产品本身，而是为了这产品能提供舒适、方便、安全等益处。所以，业务员要很清楚地知道，其所销售的产品有何与众不同的特性，它能带给客户什么利益，那才是产品的卖点。例如，一只猫非常饿了，想大吃一顿。这时销售员推过来一摞钱，但是这只猫没有任何反应——这一摞钱只是一个属性(Feature)。如果销售员过来说："猫先生，我这儿有一摞钱，可以买很多鱼。"买鱼就是这些钱的作用(Advantage)。但是猫仍然没有反应。如果销售员过来说："猫先生请看，我这儿有一摞钱，能买很多鱼，你就可以大吃一顿了。"话刚说完，这只猫就飞快地扑向了这摞钱——这个时候就是一个完整的FAB的顺序。

猫吃饱喝足了，需求也就变了——它不想再吃东西了，而是想见它的女朋友了。那么销售员说："猫先生，我这儿有一摞钱。"猫肯定没有反应。销售员又说："这些钱能买很多鱼，你可以大吃一顿。"但是猫仍然没有反应。原因很简单，它的需求变了。

(六)异议的处理

销售人员必须学会把异议视为销售过程中的正常部分，因为有异议正表明顾客对产品是感兴趣的。销售人员要解决有关顾客购买的一切问题。

【案例】鱼与熊掌

客户要采购一些笔记本电脑，由于使用电脑的工程师经常出差，希望电脑轻薄一些。销售代表去拜访客户，客户提出了他的顾虑：

"韦主任，您好。"

"你好。"

“笔记本试用得好吗?”

“还好。不过我觉得你们的笔记本有点儿重。”

“哦? 为什么您会觉得重呢?”

“你看,另一家公司的笔记本的重量只有 2 公斤,你的笔记本却有 2.6 公斤。”

“为什么重量对您这么重要呢?”

“因为我们使用电脑的工程师总是在外面出差,他们希望重量能够轻一些,尺寸小一些。”

“我明白了。工程师在外面采访,笔记本电脑是他们的工作工具,非常重要。您觉得对于这些工程师来讲,还有什么指标比较重要呢?”

“除了重量,还有可靠性和坚固性,当然还有配置,例如 CPU 的速度,内存和硬盘的容量。”

“您觉得哪一点最重要呢?”

“当然最重要的是配置,其次是可靠性和坚固性,再次是重量。但是重量也是很重要的指标。”

“每个公司设计产品的时候,都会平衡性能的各个方面。如果重量轻了,一些可靠性设计可能就要牺牲了。例如,如果装笔记本的皮包轻一些,皮包对电脑的保护性就会弱一些。根据我们对客户的研究,我们一直将可靠性和配置放在优先级较高的位置,这样不免牺牲了重量方面的指标。事实上,我们的笔记本电脑采用铝镁合金,虽然铝镁合金的重量重一些,但是更坚固。而有的笔记本为了轻薄,采用飞行碳纤维,但坚固性就差一些。”

“有道理。”

“基于这种设计思路,我们笔记本的配置和坚固性一直是行业内最好的。您对于这一点有问题吗?”

“鱼与熊掌不能兼得了。”

“您的比喻非常形象。我们在设计产品的时候更重视可靠性和配置影响了重量。这个初衷也符合您的要求,您也同意可靠性和配置的重要性。”

“有道理。”

(七)成交

销售人员在顾客满意的情况下完成销售,此时应对客户的合作表示感谢,谢意的表达必须是真诚的,应让客户感受到交易的达成是值得庆贺的,他们随时都会受到认真的热情接待。

【案例】有一次,贝吉尔去见一位准保户,这个人正考虑买份25万美元的保险,与此同时,已经有10家保险公司提出了计划,角逐竞争,还不知鹿死谁手。贝吉尔见到他时,对方应道:"我已委托一位好朋友处理了,你把资料留下,好让我比较比较哪家公司更便宜。"

"我有句话要真诚地告诉您,现在您可以把那些计划书都丢到垃圾桶里。因为保费设计基础都是相同的起点,就是帮助您作最后的决定。以银行贷款25万元而言,受益人当然是银行。关心您的健康,才是最重要的。不用担心,我已帮您约好了医生作体检,这位医生是公认最权威的,他的报告每一家保险公司都会接受,何况25万美金的高额体检,只有他有资格做。"

"难道其他保险公司不能帮我安排吗?"

"当然可以,但是您可能要耽误3天。如果明早您患了感冒,时间一拖,保险公司甚至会考虑再等三四个月的时间才予以承保……"

"喔,原来这件事有这么重要!贝吉尔先生,我还不知你代表哪家保险公司?"

"我代表客户!"贝吉尔先生在迅雷不及掩耳的积极行动下,顺利地签下一张25万美元的高额保单。

(八)回访

交易达成后继续与客户保持经常的联系,对于重复销售和更大市场的开拓具有重要的意义。

推销的结束就是营销的开始。因为用户买了你的产品之后,就跟你站在一条战线上,你问他什么问题他们都愿意讲,但是大多数的企业将这个宝贵的资源都浪费了。比如,将产品卖给客户后,回访时可以问客户"为什么购买我们的产品?当初购买我们的产品时还考虑过谁?"这样就可以知道消费者买你的产品动机是什么,喜欢的是什么,还能知道你的竞争对手是谁。

销售人员的回访固然有其自身利益的因素,但也会给客户带来帮助,所以销售人员的回访极少会受到客户的抵制,反而会给客户留下深刻的印象。在回访过程中,销售人员不但要确认客户对产品是否满意,还要进一步巩固与客户的关系。抓住这两点对于发展以后的业务是很关键的。

四、对推销的进一步理解

(一)成功推销员的共性

有一家啤酒厂推销成果最显著的推销员说话结巴,但只要说起他们厂的啤酒,脖子也粗了,脸也红了,逗得大家直笑。他的这种热情能产生对对方的感染力,因而就能推销成功。还有一位推销员,戴一副眼镜,文质彬彬,推销的时候说话不多,十分认真地听大家讲,推销的效果也不错。因为他懂得"上帝给了他两个耳朵一个嘴巴",能认真听是对对方的尊敬。而另一家的一位推销员则显得憨态可掬,到了客户单位就帮人家打扫卫生,热心帮客户办各种事情。客户都说:"我们就与他打交道,他实在,一句假话没有,你们要换别人,咱们就断关系。"

看起来,推销要获得成功的共性要求,就是要掌握必要的知识,经过实践把握其中基本规律,同时应具备良好的品质,那就是真诚、热情、机敏。

(二)推销的学习在实践中

有一名大学毕业生,学的是市场营销专业,分到某企业销售公司后,根本不能适应销售科的推销工作。而这个企业推销成绩最好的推销员,只是初中毕生。怎么理解这种现象呢?

学习不是简单地获得知识和掌握技巧,而主要是提高自身的素质。发生在这位大学生身上的问题在于在实践中停止了学习。他带着在学校中学到的现成结论到实践中去对号,那没有不碰壁的。而那位只是初中毕业的推销员,必然是在实践中勤于思考,是个爱学习的人。如果这位大学生在实践中继续学习,那么将来所取得的成就肯定会超过只有初中文化程度的推销员。

人的学习过程可以比喻为一头牛,在学校中的学习用的是第一个胃，草是吞进去的。而到了实践中，就进入了反刍过程，通过这一学习过程进入第二个胃，这时才演化成有益的营养。应当说后一个过程更重要。

（三）推销的功夫在推销之外

美国一位著名的推销员指出“推销的98%是对人的理解，2%是对产品知识的掌握”。他这样说，并不是忽视掌握产品知识的重要性，而是说只有理解了你的推销对象，才知道怎样推销你的产品。

正如“功夫在诗外”，推销的功夫也在推销之外。推销要注意推销以外的事情，也就是那些被称之为人之常情的事情。有一名推销员到一家商场去推销，这家商场还是老客户。当到了经理室时，经理显得特别高兴，他热情地招呼这位推销员坐下，兴致勃勃地说：“我告诉你，我女儿考上大学了！”结果，这位推销员只点了一下头，接着就问：“您看下月的货订多少？”经理一下子就变得勃然大怒，不耐烦地说：“下月不订了！”推销员又问：“那以后呢？”经理干脆说：“以后你别来了！”看起来，缺乏人情味的人是很难胜任推销工作的。

推销员应当经常想想这些问题：怎样把“必须买”转化为“想要买”；对顾客来讲，“值得买的”不如“想要买的”；要理解顾客失去的恐惧大大超过得到的欲望；推销员应是帮助他人满足某种愿望的人；顾客只有明白产品会给自已带来好处才会购买。

（四）推销是推销产品的性能和用途，是在向顾客表达心意

在推销时如果把注意力都放在推销产品上，一心只想把产品推销给对方，甚至为了达到目的而不择手段，这样失去的可能比得到的更多，因为你可能推出了一件产品，但从此失去了一个客户。

【案例】一天，一家高档服装店来了两位顾客，要买一套最高档的西装。售货员是位小伙子，马上把一套西装取下来，并十分和气地把衣服递了过去。试衣服的顾客身高马大，西装穿上有些缠身，连外行看上去都觉得不合适，只见这位小伙子讲：“不错！挺好的！”他的意思是你快掏钱吧！只见另一位顾客使了个眼色，试衣服的顾客把衣服放下就走了。高档服装店的推销员怎能和练地摊的一样去推销呢？一心想把服装推给人家，结果适得其反，而且这两位顾客以后可能再也不会光顾这家服装店了。

推销是在推销产品的性能和用途，是在向顾客表达心意。要说明产品能解决顾客的什么问题，从而给顾客带来什么利益。推销的结果，使顾客产生新的理解和认识，获得了顾客的信任，最后让顾客自己做出购买的选择。

(五)有效的推销产生于推销之前

推销是对顾客的说服过程，只有掌握了必要的资料，才能进行有针对性的说服。从这一意义上讲，有效的推销产生于推销之前。

【案例】北京一个食品公司的优秀推销员韩淑英到隆福大厦去推销。第一次去，人家讲："我们不要货。"第二次又去，人家讲："我们不打算进别家的货。"她终于明白这样推销不行，就先到柜台去调查，摸清了情况之后，有一次中午顾客不多，看到管进货的组长正在值班，就凑过去聊天，她讲："你们这样的大型综合商店货应该全。"

组长讲："怎么不全？"

她讲："我说几种罐头你们这里就没有。"

组长回头看看货架上果然没有。她又接着讲："按批零差价折算，你们的货进价高了，同样的货比这价低就能进来。"看到组长很感兴趣，韩淑英马上表明身份并向组长表示："你们没有的货我们公司有，其他货从我们这里进更便宜。"组长同意了，从此就建立了长期关系。这说明了解情况与不了解情况的推销效果大不一样。

(六)忍受顾客是推销的基本准则

成功的推销总是要坚持互惠原则，必要的让步是不可避免的。力图使对方接受全部推销内容是不现实的，而是要努力去实现自己的基本目标，只要不妨碍基本目标的实现，应当都是可以通融的。

【案例】原三菱公司董事长曾谈到他的体会。他年轻时是个贵族，而且是武士，开始老经理带着他去做买卖时，让他给人鞠躬，他总是鞠不下去，心想："武士怎么能给人鞠躬呢？"老经理就教育他："你眼睛看着对方的兜，嘴里说您多关照，心里想你的钱往我兜里跑，就鞠下躬去了。"

他讲的是个心理调整问题。把工作关系和生活关系区分开，推销时就不会产生不愉快的感觉。有些顾客在买你东西之前，总是要说一些令人讨厌的话，你忍耐住了，他就得到了心理满足，接着就会买你的东西，因而绝对不要与顾客争论。推销员要时刻牢记自己是在干什么，只要目标达到了，过程并不重要。

（七）拒绝是推销的开始

俗话说："拒绝是推销的开始。"优秀的推销员不会因被拒绝而烦恼，他们总是从推销中体会推销的规律，在不断的推销中增长才干。

【案例】太平洋保险公司有一位推销员原是下岗工人，他给自己定下一条规矩：每天必须完成向10个人推销之后才能回家。有一次，当推销完8个人之后已经是晚上10点多钟了，他上了末班车，思考第9个推销给谁呢？就决定推销给售票员。与售票员谈了半个多小时，汽车到达终点，他给售票员留了一张名片就下了车。这时已经近11点钟了，离给自己定的任务还差一个没完成，就决定去向值班的警察推销，又与警察谈了半个多小时，认为自己完成了任务，这才回家。长此以往坚持下去，最后终于成为了优秀的推销员，业绩名列前茅。

（八）推销前要充分准备，推销中要随机应变

有人认为，在推销前把推销过程想得越具体越好，这是陷入了认识误区。因为事先的预想总不免有很大的主观成分，而现实总比主观的想象要复杂得多。思想如果被主观的框框所框住，必然会降低推销的应变能力。当已经准备走进客户的大门去推销，这时不能想得太多，所要准备的只是树立信心和抓住机会。

【案例】有位卖地板清洁剂的推销员到一家饭店去推销，刚一推开经理室的门，发现先一步已有一家公司的推销员正在推销地板清洁剂，而且经理已表示要购买，后进来的推销员凑过去看了看说："经理，我也是推销地板清洁剂的，不过我的产品质量比他的好！"

先到的推销员瞪起眼睛说："你怎么见得？"

后进来的推销员将自己推销的清洁剂往地上一泼，擦了两下说："你来！"

先进来的推销员呆了，不知道怎么对付。饭店经理看了后对先来的推销员说："你以后别来了，我要这家的了。"

在推销的竞争中，谁有信心谁就能赢得机会。事先必要的思想准备仍是必要的，多设想一下可能发生的情况，多准备一些对策，在推销时便能自如地运用推销技巧。但这种准备绝不能限制住自己的想象力，否则这种准备就会起反作用。

第十一章　企业文化与营销文化

第一节　文化与企业文化

一、文化的内涵

文化包含以下两方面的重要内容:①有共同的价值观;②在意识和行为中表现出这种价值观。江泽民同志在中国共产党建党80周年时说,共产党有四大严格:严格要求、严格规范、严格管理、严格监督。换句话说就要严格地管好共产党。那么严格这两个字是不是共产党的文化?如果是,就要具有这种共同价值观,认为严格是一件有意义的事情,要经常在意识形态中想到严格这件事情,并在日常工作中表现出来。如果做到了,我们就可以说严格是中国共产党的文化。

江泽民同志又提出“三个代表”重要思想:中国共产党要始终代表中国先进生产力的发展要求,代表中国先进文化的前进方向,代表中国最广大人民的根本利益。从文化的角度来讲,党代表人民是如何在意识和行为里表现出来,党代表先进文化是如何在意识和行为里表现出来,党代表先进生产力是如何在意识和行为里表现出来?而且这三个代表对所有中国共产党党员来讲,它是一个共有的价值观,就是要把它融入思想,并且在行为上表现出来。

共产党做任何事情都先想到人民,做任何事情都体现到文化,做任何事情都彰显出它的先进生产力,而且共产党不管做任何事情都是严格要求、严格规范、严格管理和严格监督的,那么它很快就能变成一种文化;否则即使有人在上面发布指令、号召学习,也很快地就会流于一种口号和形式。

二、主文化和次文化

（一）主文化

所谓主文化就是主导文化。中华民族是一个大家族，不管是汉族，还是满、蒙、回、藏、苗等少数族群，别人一看都知道是中国人，因为中国人有一种中国的文化。在美国一看到有人在那里打太极拳，在英国一看到有人蹲在地上玩牌，很快就可以判断出他是中国人，因为他们身上表现出来很多中国文化。这就是所谓主文化，主文化叫做核心价值，企业运作时完全靠主文化去主导。

（二）次文化

在主文化的底下有一个次文化，就是大文化里边的小文化。从企业来讲，如果企业有一个主文化，那么各个部门就会有一个次文化。有的公司在大江南北都有分公司，那么也许在每个省都有一个省的次文化。例如中国移动总部在北京，但是山西分公司有山西移动文化，湖北分公司有湖北移动文化。

（三）主文化和次文化的分类

可以把主、次文化分成3类：第一类从组织和部门来讲；第二类从国家和族群来讲；第三类从强势和弱势来讲。

1. 组织与部门文化

前面讲到，组织如果是一个大文化，那么部门就是个小文化。在销售部门，人们做事情大都很主动、积极、灵活，而且胆子大，这就是销售部门的次文化。在人力资源部门，人们特别和蔼可亲，凡事都低调处理，不愿意得罪人，特别重视人际关系，讲话特别不愿意显露锋芒，正好跟销售人员完全相反。财务部门没买单就开始用计算机在仔细计算，是典型的会计，所以财务人员有一种财务文化。销售人员有销售文化，人力资源部门有人力资源文化，财务人员有财务文化，这就叫做次文化。

2. 国家与族群文化

国家有国家文化，族群有族群文化。在整个国家里面有很多小的族群。有些人开玩笑说，东北人把其他地方的人统统叫胆小鬼；北京人把其他地方的人都叫老百姓;上海人把其他地方的人都叫乡巴佬;广东人把其他地方的人都叫做打工仔;四川人把其他地方的人都叫做下江人;看到江西人叫江西老表,看到湖南人叫湖南骡子。像这些都叫做次文化,其实合起来就是一个中国主文化。

在我国,每个地方都展现出它的地方文化。中国的紫禁城,琉璃瓦上面的琉璃黄,就是北京一种富贵的颜色,看得出来这是北京文化。那么北京人盖房子或盖任何重要的建筑,都免不了想要把这种文化衬托出来。北京国家图书馆,一看屋顶的样子特点就知道是北京的样子;北京西站的铁道大厦里,就好像紫禁城一样的威严、富贵,这就是一种北京文化。而到了上海就感受不到这种文化。苏州有一种田园文化,苏州寒山寺附近的住宅,它的庭院、白墙和黑瓦衬托出苏州的田园文化。如果去云南,看看云南的红酒云南红,马上让你感受到云南苗家的特色。云南有云南的文化,他们既不羡慕上海也不嫉妒北京。北京有北京的王者气象,上海有上海的雍容华贵,但合起来就都是中华民族的主文化。

3.强势文化和弱势文化

【案例】安利公司——强势文化

安利在中国推展一种强势文化。安利的推销员在火车站的月台上碰到不认识的人,他也会掏出一支安利牙膏,拿出一瓶安利的洗面奶做示范,安利在随时随地展现出它的安利文化。安利人可以在客人面前表演,这边挤一坨安利牙膏,那边挤一坨别的牙膏,两种牙膏在玻璃上磨,他一边用手磨,一边用水涮,还拿来给你看,一片光洁如新,另外一片上面好像毛玻璃一样。他会告诉你那是你的牙,说明用别的牙膏会把牙齿磨得像毛玻璃一样;而他的安利牙膏磨上去光洁如新,完全不伤珐琅质。他们能把促销活动做到火车站的月台上,对一位陌生人表演,真是一个强势文化。安利在中国能有今天这样的成就,他们公司有一句名言:“任何时间、任何地点、任何人都可以卖,只要是安利产品都可以卖得出去”,这其实是一种强大的直销文化。

【案例】杜邦公司——弱势文化

杜邦公司把人看得很重要,他们公司以前是做火药的。杜邦在做火药时，在一次不幸的意外中死了6个人，老板心里很难过，于是杜邦公司制订了几个简单的规定：①下楼梯时手一定要扶到扶手上面。不是怕你掉下去，而是要感受到生命的重要。②在做事情时一定小心。杜邦公司的人在出去时，开车都要系安全带。③杜邦公司的人到银行去领现金时如果碰到歹徒抢劫，就把两只手举起来。钱拿走没关系，第二天回公司报销，因为杜邦公司认为命比钱重要。公司把员工的命看得比钱重要，公司叫员工开车时都要系安全带，下楼梯时手都要扶在楼梯扶手上面，这些公司的文化确实让人感动。

杜邦公司并没有把这些东西用白纸黑字写出来，但在日常生活里，就不断地像一根绳子绕在员工的手指上一样，用这种弱势文化缠住员工。

三、企业文化

所谓企业文化，指的是企业共有的价值观，而且这种价值观能够在员工的思想和行为中表现出来。

【案例】在上海徐家汇老车站有个很漂亮的餐馆，院子里摆了两个列车，其中一个是宋庆龄坐过的，另外一个是慈禧太后坐过的。试问他们餐馆的服务员，哪一列是慈禧太后坐过的？哪一列是宋庆龄坐过的？宋庆龄什么时候坐的？当时谁批准？宋庆龄坐这个列车是到哪里去？是观光、出差，还是考察？他们如果讲得出来就叫做融入他的思想和行为，如果讲不出来就叫做装装样子，摆摆装饰，其实没有这种文化。

（一）企业文化是公司发展的基础

一家公司如果要发展起来，不仅要靠硬件，还要靠文化这个软件。一家公司要发扬团队精神也不能只靠口号、希望、标语，而是靠无形中影响人的企业文化。一家公司如果要创新学习，就尽量学习企业文化，学习公司的传统，学习公司做事的态度。文化不仅是一个口号，还要把它变成思想和行动，最终目标是为了公司的发展，为了公司的团队精神和未来公司的创新学习。香港被英国人占领了100年，他们很多地方并不比内地差，香港对于文化的重视并不亚于内地，香港文化运动是驱动香港经济成长的原动力。其实，香港、台湾、新加坡、马来西亚及泰国等地区和国家，都保留中华民族的文化，处处把它当做民族的根源在发展、培养。

（二）企业文化是一种工作态度

所谓文化，是一种工作态度。比如说现在的年轻人，找工作都要寻找新的企业文化，有许多的大学生毕业后打算去西门子、摩托罗拉、爱立信等外国公司，而不喜欢去国企，不喜欢去国内大公司，为什么？因为他们不喜欢那种文化，并不是完全为了待遇。我们知道，国企的文化主要有两点：①人际关系非常重要。在国企里面必须花很多时间去处理人际关系。②即使同工同酬也不见得同样有机会晋升。

四、企业文化是创始人的哲学

（一）创始人的哲学态度影响企业的发展

一家企业创始人的哲学态度和它的价值观，会深深地影响到这家企业的未来。我们都知道，一个人如果动脑筋想开办一家公司，他就会挑一帮和他有相同想法的人一起工作。而创始人的观点就会慢慢地影响到公司的每一个员工，跟创始人的观点不一致的员工慢慢地离开，留下的员工就会逐步认可创始人的观点和企业共有的价值观，最后就慢慢形成了本公司独特的企业文化。

【案例】狼的文化——华为公司的企业文化

任正非先生是中国华为公司的董事长，军人出身，具有战斗意识。华为公司生产电话程控交换机，这几年华为的业绩越做越好，凌驾在对手贝尔之上，给贝尔带来强大的威胁。而华为的文化居然只有一个"狼"字，狼的文化，狼的嗅觉。任正非先生说狼有3个特性：①狼嗜血。什么地方一有血腥味狼很快就闻到了。华为要随时对商机非常敏感，任何地方有利益、有商机，要像狼闻到血一样，马上能够敏锐地感受得到。②天寒地冻狼也出动。狼不避风雨、不怕寒冷，即使环境再恶劣也要活下去。③最重要的是狼有第三个特性：成群出动。中国人说虎狼成群，这个话的意思就是狼一出动就是一群出动，狼打团体战，从来不单兵出击。

【案例】节约成本——沃尔玛的企业文化

美国沃尔玛的总裁有个习惯就是站在店门口。有一天他看到一个老太太出去,两手空空,就上前问,这么大一个沃尔玛没有东西可以买吗?老太太说是替孙子来买玩具的,要买一个机器人和一个宇宙战舰,里面没有。于是老板就代这位老太太去玩具部买到了她需要的玩具。以后,这个老板就要求沃尔玛的员工一直盯着客户。今天沃尔玛之所以是世界500强第一名,年营业额2000亿美元,就是靠这样勤奋努力的精神天天盯出来的。"做一家企业的优秀老板要站在门口而不要坐在办公室",这句话就变成他们的文化。他们公司非常节俭,主管出去都是两三个人睡一个房间,货仓都是非常简单的货架,他们上市的货物都比别家便宜,在任何地方都小心地节约成本,就是因为他们有这种企业文化,开启了这个企业文化,所以沃尔玛终于能够战胜它的最大对手凯马特超市。其实沃尔玛战胜凯马特没有别的秘诀,就是真正做到了把企业文化融入进全体员工的思想和行为中。

今天沃尔玛的商品价钱非常便宜,天天用平价抢占商机,就是不断地节省出来的,所以沃尔玛讲的很有道理,他们吃的、穿的、用的,整家公司的同仁们每减少1元钱,货架上的东西就便宜1元钱,客人付钱的时候就少付1元钱,这就是他们的企业文化。他们就是把这种企业文化传承下去。所谓公司文化,其实核心就是企业领导人的文化,企业领导人的价值观,企业领导人的风格,甚至是创始人喜好的最佳体现。

(二)创始人的哲学影响公司的组织建设

一个创始人的哲学关系到用人政策、高级主管、社会化作用,最后就形成一种组织、一种文化。因为创始人具有一种哲学态度,要求属下的员工也这样做,这样久而久之就形成一种企业文化了。

【案例】日本有位首相叫田中角荣,后来因为贪污下台。美国洛克菲勒公司卖飞机给日本,田中角荣参与了这个计划,收受贿赂,但是洛克菲勒公司在给钱的时候给的很巧妙,日本法院没有他的有效证据,就传唤田中角荣的一等秘书。一等秘书家曾受到过田中先生的恩惠,觉得讲实话对不起田中先生,讲假话就对不起父母,于是晚上就自杀了。一等秘书自杀后,法院马上传二等秘书,二等秘书也是同样的想法和做法,也自杀了。日本法院就没有再传唤了。在这里并不是说贪污是件值得夸奖的事情,而是说田中先生把这种武士道的形态和精神,居然强化到工作人员的心里中去,员工愿为他而死。这虽然是一个反面的例子,但说明企业文化是一种价值观,要融入一个人的思想,要反映在员工的实际行为上。

五、企业文化要融入行为,不能仅仅看成口号

企业文化是看不见的软件,但不能仅仅把它看成口号、目标和希望,因为口号、目标和希望是一个未来的东西,并没有融入人们的生活。文化其实是将价值观融入到行为,如果没有,就不是一个文化,充其量只能够叫做一个口号、目标或希望。

【案例】上海医药股份有限公司的企业文化共有 3 条:第一条,诚信是金;第二条,关爱为桥;第三条,架设健康金桥。那么如何判断这三条是否是上海医药股份有限公司的企业文化呢?我们就以"关爱为桥"为例,通过几件事情就可以看出来了。第一件事情,如果上海医药股份有限公司的员工在街上逛街,看到一个小孩哭哭啼啼,他们会不会上前去关心一下?第二件事情,上海医药股份有限公司的员工,如果走到人行道上,看到一部自行车倒在地上,会不会走过去把它扶起来?第三件事情,上海医药股份有限公司的员工在地铁站下台阶时,看见一个女同胞双手各拎着一个很沉重的箱子,腋下又夹着一个皮包,他们会不会立即上前帮着拎一下呢?如果他们做到了,"关爱为桥"就是他们的企业文化;如果他们没做到,"关爱为桥"实际上只是他们的口号,而不是他们的企业文化。

【案例】中国人寿保险公司有一个口号——"中国人寿关怀一生"。如果投保的人有一天出了车祸,躺在大街上,中国人寿的员工能很快跑到出事的现场吗?从公司的行动可以看出"关怀一生"是他们的企业文化还是只是他们的口号。中国人寿保险公司的企业文化包括六个方面:团结、敬业、务实、廉洁、创新、勤学。就勤学而言,中国人寿保险公司有很多员工,哪一个部门有信息室或资料阅览室?中国人寿保险公司有那么多员工,每天在外面坐公车、坐地铁,有哪些员工在随时随地

地看书和学习？如果说勤学是他们的企业文化，就应该将勤学的思想融入到员工的实际行动中去。

【案例】上海白猫洗衣粉厂是1948年建立的。这个妈妈和孩子穿着洁白的衣服代表白，蓝色代表水，这一看就知道是很适合洗衣粉的一个广告。我们也可以反思一些事情，白猫洗衣粉的员工指甲都非常干净吗？白猫洗衣粉的员工出去穿衣服都非常整洁吗？一件衬衫绝对不穿两天吗？白猫洗衣粉厂的厨房都没有油腻吗？他们花园里面的草木都非常茂盛、复苏而不是枯黄吗？他们的墙壁都非常干净吗？他们门口的栅栏都没有生锈吗？如果是，就说明洁白是他们的企业文化；如果不是，这个洁白实际上不是他们的企业文化，哪怕是做成一个广告图片也仍然不是他们的企业文化。

以上讲到白猫洗衣粉厂，讲到中国人寿保险公司，讲到上海医药股份有限公司，到现在都没有下结论，因为我们不能随意地批评别人，但我们可以反思，即使它只是一个案例。

第二节 营销文化与文化营销

当商战的硝烟弥漫整个中国大地时，各种营销的手段无一不得到充分的施展与广泛的应用。从最早的"文化搭台，经贸唱戏"这种对文化的浅层理解，到今天的"儒商的时代"、知识经济时代这种对文化的深层认识，都向人们昭示着一个明显的信号：未来竞争的焦点是文化，文化营销将成为未来营销的主旋律。

一、文化对营销的影响

（一）传统文化观念对营销的影响

1.不同文化背景对商品消费影响极大

商品消费者生活在一定的文化环境中，从属于一定的文化模式，其所需消费品种类和消费习惯必然受到特定文化背景的影响。如面包，虽然都是由面粉经发酵加工制作，由于文化背景不同，呈现出多种各具特色的品种。爱尔兰人爱吃苏打面包；美国人爱吃玉米面包；意大利人爱吃点缀着茴香和芝麻的厚皮面包;俄国人爱吃又黑又酸的面包等。

2.许多商品消费中体现着民族精神文化

各个国家、民族在长期发展过程中形成了热爱祖国、热爱民族的情感,这种情感会通过种种形式表现出来,体现出民族精神。在商品消费中民族精神的作用不可小视。

【案例】解放前,宋斐卿在天津开办了著名的东亚毛纺织公司,生产的毛绒以两羊顶角图案为标志并命名为"抵羊"牌,"抵羊"暗含抵制洋货的意义,恰好符合当时举国上下抵制洋货的群众心理,这种体现"国人资本,国人制造"的毛绒一经问世便备受欢迎。而当"四川长虹"战胜众多国外名牌挑战,在市场上独树一帜时,不难发现"以民族昌盛为己任"这句广告词对中国消费者产生的影响。

3.传统观念极大制约着人们的消费行为

中国长期受儒家文化思想的影响,在人们的思想观念中推崇仁爱,主张性善论和厚德载物,重视人际关系的和谐,喜欢通过彼此间感情投入与回报建立起一种亲和关系。儒家文化强调整体原则,重视合群,提倡为他人、为社会奉献的集体主义精神,在消费行为上表现为求同和从众心理,习惯于与周围环境、与他人保持一致,不过分突出自己,从而与别人产生差距和隔阂。在此影响下,人们生活中表现为好客热情、大方厚道,讲究"礼尚往来"。在消费行为上尽量取得他人的认同和接受,比较容易接受大众化的商品。此外,儒家文化追求精神境界,讲求道德的贤者风范,注重通过个人品质的修炼达到完美的人格,节制个人欲望被视为一种美德,从消费行为上表现为注重商品的实用性和耐用性。

(二)民族、地域文化对营销的影响

不同国家、民族、地域都有各自独特的风俗习惯,在衣食住行、婚丧嫁娶等方面都表现出不同的消费特点。

1.各民族的特色消费体现着民族传统文化

中华民族深沉含蓄,表现为服装风格严谨朴实,而西服之所以形成开口很大的基本造型与西方文化强调自由和个性解放密切相关。中国汉族过春节时吃饺子、吃年糕、放鞭炮;元宵节吃元宵、耍龙灯;端午节吃粽子;中秋节吃月饼等。我国其他民族如藏族的藏历年、傣族的泼水节、拉枯族的扩塔节、柯尔克孜族的诺劳孜节相当于汉族的春节，都需要各自富有民族特色的节日商品。欧美国家的圣诞节也有特殊的消费品如圣诞树、圣诞糖果、蜡烛、火鸡等。不同民族的消费习惯都是由各自民族传统文化所决定的，深入研究民族文化才能使企业、商家对市场作出正确的判断和决策。

2. 地域文化对消费者有着明显影响

地域文化的形成往往和当地的历史传统与文化传统密切相关，不同地域由于自然环境和社会环境的制约与影响，会形成不同的地域文化特征，必然对商品生产的取材、设计加工、款式造型、包装装璜以及商品的消费习惯产生深刻影响，形成带有浓厚地域文化色彩特点的商品。

中东地区气候炎热，人容易出汗，人们喜欢用气味浓烈的香水；该地区少有凉风，气温高达四五十度，当地人们又常用发乳涂身以润肤防暑，并喜欢用清爽易挥发的化妆品，而在许多高寒地区和国家大为流行的含油脂多的化妆品在此便无人问津。

从我国不同地区的饮食习惯来看，湖南人爱吃辣椒，四川人喜食麻辣，浙江人爱吃甜食，山西人喜食醋等习惯，都是由于当地地域条件的影响而形成的。

在世界范围内，商品地域文化特点尤为突出，一些具有中国传统文化特色的商品如丝绸、刺绣、手工地毯等，不仅在市场上具有很强的竞争力，而且在世界范围内传播和弘扬着中华民族源远流长的民族文化。

3. 宗教信仰制约着人们的消费行为

宗教是一种精神现象，相信并崇拜超自然的神灵，它对信仰宗教人们的消费行为起着绝对约束的作用。在印度、巴基斯坦、尼泊尔等国家，妇女受宗教影响，在服饰穿着上都要披“沙丽”，她们即使在外工作、出国留学，甚至在其他国家长期生活，也必须披“沙丽”，而不能穿西服，因此女式西服在这些国家和地区没有市场。伊斯兰教的《古兰经》中规定：动物的屠宰必须由阿訇主刀，动物被杀死后，要把血全部清理干净，不准留下一点血迹，否则便被认为是大不吉利，所以在向伊斯兰教国家出口动物性食品时要十分注意，以免引起经济乃至政治、外交上的纠纷。此外，有些动物、植物或物品都可能成为某种宗教或民族崇拜的图腾,不允许任何人侮辱它们。

(三)社会时尚对营销的影响

社会时尚作为商品文化的一个重要方面,是广大社会阶层中广泛传播的崇尚或风潮。社会时尚在消费上表现为一定时期内的消费潮流对崇尚事物的追求等。不同历史时期社会时尚不同,人们的消费行为也表现各异。一种新的社会时尚的出现,是与社会上所流行的生活观念分不开的,当一种新的人生观在社会意识形态中占据重要地位时,往往可以改变社会时尚。

1.政治经济影响着一定时期内人们的消费需求

如民国初年,辛亥革命的风暴不仅猛烈地冲击了封建社会的上层建筑,也影响到了人们日常生活的许多方面,造成了一代新风尚。辛亥革命后,适应社会时尚的转变,以往服饰上的那种古板、单调、等级森严的局面被生动活泼、千变万化的景象所取代,人们在选择服饰时,不再重视身份贵贱,而是以美观新奇为时尚。又如在我国十年内乱中受“左”的思想影响,“绿军装、武装带”风靡一时,改革开放以来,十分流行的茄克衫、休闲服、运动装则体现了和谐、发展的政治气氛下自由、活泼的生活追求。

2.社会心理使商品消费呈现特定的现象

社会心理因时代、地域的变化,生活习惯、个人文化差别而差别悬殊。红色历来被我国视为美满的象征,所以民间婚姻喜事都喜好红色以呈现欢庆热闹的气氛。在中东地区,人们见惯了风天黑地、黄沙弥漫,只能在艰难的旅程之后遇到绿洲,因而特别珍爱绿色。日本人忌绿色,认为绿色是不祥的颜色;还忌荷花,认为是不洁之物。阿拉伯国家忌用雪花。非洲国家忌用狗。中国人喜欢人情味浓、表现团结精神且吉祥如意的店名,如“同仁堂”药店、“全聚德”烤鸭店、“友谊”宾馆等,而西方消费者更青睐一些奇异、怪诞的店名,如“快乐的早晨”、“跳蚤”市场等。

3.审美规律直接影响消费行为的变化和发展

审美的变化直接影响商品消费需求的变化,形成特定的商品流行现象和一定的变化规律,消费者求新、求异、追赶时髦的心理状态又是商品流行和发展的内在动力。某种流行性商品形成刺激，继续反复相同的刺激时，刺激感将会减弱，对该种流行性商品感到厌倦时，就会欲求新的商品刺激，由此而产生新的流行性商品。如组合家具由“高大型”向近年来的“低矮型”及分体式、易自由组合形式发展，充分说明了人们对一种商品造型或色彩产生视觉疲劳时，就会产生审美补充的欲望，从而推动商品消费的发展和变化。

二、文化在营销中的作用

(一)文化是策划的灵魂

策划，是近几年来颇受学术界和企业界重视的“第四企业”(智力企业)，而营销的广告策划、公关策划、CI 策划、企业定位策划、产品策划等，更是策划业中的“重头戏”。离开策划去谈营销就显得营销苍白无力、淡而无味。因此，有人把策划形容为营销中的“高级魔术”。日本一些企业家甚至提出：“没有策划，就没有企业”。在现实中，能“玩动”策划这个“魔方”的主角，恰恰是那些被称做“老九”的文化人。他们利用自己特有的“文化功底”转动着文化的“魔方”，创造出一个又一个策划的杰作。

【案例】1994 年，当“击鼓传花”式的“经济泡沫”纷纷瓦解之时，中国的房地产业被无情地抛向了痛苦的深渊。谁此时握有“楼盘”，无疑谁就陷入了经济的泥潭。而广东顺德的“碧桂园”，正好搭上了高级花园别墅的末班车。为了“救市”发展商绞尽脑汁，仍良策无出。这时，有人向老板推荐了一位“奇人”，新闻界的独行侠王志刚。他利用文人特有的功夫和敏锐，通过创办“碧桂园贵族学校”，使沉睡了三年的“碧桂园”楼房，被炒作得红红火火。这一策划的实质就是利用文化运作房地产。王志刚有句名言：“名牌的背后是文化，文化承载量越大的项目，其效益释放量就越大，效益的增长不是算术级数，也不是几何级数，而是原子裂变级数。”

(二)文化是深层的竞争手段

当营销怯生生走上市场之时，人们使用最多的往往是有奖销售、大甩卖、广告等这些层面的促销手段。这些充斥着叫卖声、弥漫着商海气息的“硬式推销”,随着消费者的日趋成熟,其短期效果必然暴露无疑。代之而起的“文化促销”就显示出其特有的魅力。这一点,“海尔人”认识得最为深刻。

在电冰箱的销售中,当其他商家都沉醉于大登广告、大搞有奖销售之时,他们却另辟蹊径。自1996年在全国发起“送万场电影下乡”的公益活动之后,1997年他们又购进10辆客货两用车和80部电影拷贝,每辆车一名司机,与几名大学本科学历的宣传员,带上专门印制的农村科技知识宣传册,下乡进村,把特有的“海尔文化”送给富裕起来的农民,从而使其冰箱的销售量大增。同时,海尔集团在并购破产企业的过程中,采用的主要做法并不是为新企业注入过多的资金,而是将“海尔文化”注入新的企业,使其产生新的机制重燃生机。难怪美国哈佛大学把“海尔文化激活休克鱼”的做法吸收为教学案例,成为中国企业走进外国课堂的经典。

(三)文化是塑造企业形象的利器

20世纪90年代,有几本外国人写的书颇受我国读者青睐。如英特尔公司的高级副总裁虞有澄博士的《我看英特尔》,美国微软公司总裁比尔·盖茨的《未来之路》,还有《IBM发家史》、《松下管理大全》、《惠普之道》等。这些书不仅理论层次高,而且还有一定的专业性,深受中国读者欢迎。

从表面上看,外国老板在销售书籍,而实质上,他们利用“书”来塑造企业形象,用文化来展示其经营者的素质。一旦这种形象和素质烙印到消费者心中,你还会怀疑其产品质量吗?可见用文化来塑造企业形象,要比单纯广告宣传“硬式推销”不知要强多少倍。相比之下,我们的老板则很少有此佳作。

(四)文化是未来的市场

从表面上看,文化是人类创造的精神财富的总和,而实质上,文化还代表着人们的消费心理、消费方式和消费习惯。不同文化背景下成长的人,必然会产生不同的消费心理、消费习惯和消费方式。因此,要把握市场跳动的脉搏,在很大程度上取决于对人们文化心态的把握,对文化变迁方向的研究。

一旦谁掌握了社会文化的特点、特征，把握了时代文化变迁的方向，从而开发出合乎时宜的新产品，无疑谁就赢得了市场的主动权。"傻瓜相机"曾因迎合了人们追求方便的文化心态而赢得了广泛的市场；"拍立得"因为适应了人们追求立竿见影的消费心理而大行其道。

三、营销文化的内涵

由于营销文化是一种精神感受，因而它无法像产品一般功能那样表现出来，而只能在人们的消费过程中品味到它的存在，体验到它的内涵。

（一）营销文化是一种"信仰"

对营销文化的崇奉已不仅是一般质量的追求，而是在产品中渗透着一种经营理念，向消费者表达了一种信仰。这种信仰感染了消费者，反过来也就赢得了消费者的信赖。"哈雷一代维森"是摩托车的至尊品牌，拥有遍及世界的"哈雷摩托车超级发烧友俱乐部"。这些发烧友不仅经常举办各种集会，相互切磋飙车经验，而且他们都有一个相同的选择，那就是决定如果他去世了，都义无反顾地选择"乘坐"哈雷公司提供的棺木走向另一世界。这些发烧友把死都交给了哈雷，其狂热比起对宗教的虔诚毫不逊色。这种信仰所体现的正是一种文化力量。

（二）营销文化是一种形象

营销文化从本质上讲，体现了一种理念、一种传统、一种风格，但总是通过某种外在形式的表达，使消费者获得某种感受，激发消费者的情感，使消费者的精神需要得到满足。可口可乐公司所开展的各种活动，所做的广告，向社会展示的各种标识，集中到一点就是欢乐。当人们在消费过程中感受到了可口可乐所带来的欢乐，就不会再挑剔其他内容，就会觉得物有所值。

（三）营销文化是一种风格

企业总是要通过各种传播方式向社会表达自己追求的目标，力求在消费者心目中树立起特有的形象，这就使某一品牌的产品总是会受到特定消费者群的青睐，甚至成为某种标志的代名词。提起万宝路，就会想起那种奔放豪爽的牛仔气概；提起登喜路则会意识到其中的绅士格调；而提起百事可乐则会感受到青春和欢乐的气息。这种风格的发扬，正是由于某种文化长久渗透的结果。

（四）营销文化是一种境界

任何文化成果都是人达到一定境界创造的产物，也正是把欣赏者提升到了一定的境界，才能使人产生激情，在激情中人们获得了高层次的享受。这正是文化的魅力所在。正因为产生营销文化效果来自于达到一定境界的产品，因此只有达到一定境界的人才能享用。在西方，把红葡萄酒视为耶稣的红宝血，人们是怀着神圣情感来饮用的。猜拳行令，狂呼乱喊，然后干杯，是对这种酒的亵渎。有钱不一定就有资格享用这种美酒，何况有些人的钱还不知从哪儿弄来的。只有达到一定境界的人，才能体验到其中品位的高雅。

（五）营销文化是一种修养

营销文化从某种意义上讲是衡量经营者的文化层次、经营理念、道德境界、欣赏品位的标尺。经营者只有具备了一定的修养，才能使自己的营销活动体现出文化价值，否则给产品取个正经的名字都困难。有一种雪糕取名"傍大款"，还有一种小食品叫"泡妞"，这只能表明经营者的低级趣味，缺乏高雅的文化层次，这样的经营者绝不会为所经营的企业注入活力。

经营者的文化修养通过营销文化表达出来，能被消费者所理解，进而被欣赏，这需要经历一定的商业沟通过程。但是当产品本身体现出营销文化价值，那么经营者具有的文化修养就会被消费者体验到。据说，当日本商人到达无锡红豆集团公司，看到"红豆"衬衫的商标，当场就决定愿意加价 20% 进货。这种情况的出现，正是对经营者文化修养的肯定。

（六）营销文化是一种个性

营销文化是企业向社会展示的一种性格，是以特有的方式表达企业所遵循的理念，展示出一种特有的风格。正是这种个性形成了与其他企业的差别，在市场竞争中显示出不可替代性。

这种个性是在长期历史演进中形成的，是市场竞争磨炼产生的成果，因而具有独特的价值，成为某种象征。日本不进口别国的小轿车，但必须进口奔驰车，因为接待别国来访的国家元首，只有用奔驰车才够规格。这就是个性产生的不可替代的价值。

四、营销文化的竞争策略

营销文化是企业多年经营积累起来的一笔财富，可以利用，同时可以开发新的文化资源融入营销文化，使财富增值。

（一）加强自身的文化建设

无数事实已经证明，优秀企业之所以优秀，原因之一就在于他们具有一系列独特的文化特征。如威士忌的"田园文化"、日本太阳公司的"蒲公英"精神等。相反，如果企业不加强自身的文化建设，不具备独特的精神力量，对外就很难形成良好的企业形象，对内也无法形成共同的使命和责任心，文化营销也只能是句冠冕堂皇的空话。

【案例】少林寺拥有悠久而辉煌的文化历史，随着时间的推移，渐渐没落，直到 20 世纪 80 年代，一步同名的电影将少林寺的辉煌再次展现在人们面前的时候，这个沉睡了许多年的雄狮才苏醒过来。武学、佛学将世人吸引了过来，品牌运作一步成功。然而，其品质方面的缺陷，曾经让少林寺举步维艰。当人们怀着探寻武学渊源的心态来到少林寺后，却发现从方丈到普通僧侣竟没有一个人参悟武学，由文化支撑起来的品牌由于没有品质的支持即将倒下。于是，少林寺请来了在国内武学界知名的一灯法师，将失传了多年的武学找了回来，20 世纪 80 年代末 90 年代初，"少林寺"这一旅游产品的品牌终于建立了起来。

（二）重视文化资源的开发利用

我国历史悠久，有着丰富的文化资源。怎样将其开发利用，使其成为营销文化的组成部分，是摆在企业面前的一个重大课题。对文化资源的开发利用具有很大的难度，需要经营者具有较高的素质，才能产生出奇制胜的思路。

【案例】湖南马王堆出土文物发掘地附近有一家小酒厂，原想生产参茸补酒，调查结果显示销路不会太好。后来听从专家的意见，按马王堆出土文物中刻在竹简上的酒仿造出"西汉古酒"。专家所设计的包装，用模仿出土文物漆罐装酒，用一块绘有古代健身图的黄手帕包起漆罐,放在有天然花纹的木匣中,“西汉古酒”四字为隶书带有篆书的痕迹,表明所产历史时代文字特征。这种酒摆到广交会上,原来最贵的药酒为“至宝三鞭酒”只卖到1.7美元,而“西汉古酒”卖到6.5美元还供不应求。由于巧妙地利用了文化资源,有效地提高了产品价值。

(三)利用地域文化渗透开发市场

任何一种外来文化只有与当地文化融合在一起才能发挥出它的威力。利用所要开发地域文化渗透进自己的文化,是实现市场扩张的重要手段。企业要实现市场竞争的战略目标,就必须把握这种嫁接效应,这种融合越深越能体现营销文化的价值。可口可乐公司在打开中国农村市场的过程中,先是从南到北开展送春联活动:上联为“新春新意新鲜新趣”;下联是“可喜可贺可口可乐”。其新春广告是中国泥娃娃阿福,怀里所抱着的大鱼变成了一大瓶可口可乐,广告语是“你属龙,我属蛇,可口可乐属中国!”这种文化融合很快就突破了消费者的感情障碍,在中国的农村也像城市一样,可口可乐的销售变得通行无阻。

(四)在营销过程的各个环节,增加文化的份额

具体来说要注意以下几个方面:在企业定位中,应赋予企业更多的文化品位,塑造独特的文化形象,使人们一提起某企业,马上会产生一种敬佩之心、崇尚之情;在新产品开发过程中,应赋予产品更多的文化品味和精神内涵,使有形的实物商品升华为一种有灵性、有感情的“活物”,从而满足人们的精神文化需求;在产品的包装、装璜、命名之中,应增加艺术品位,使产品的外在美与内在美有机地结合起来;在广告宣传中,应更多地研究消费者的精神文化需求,以感性诉求为中心,并用独特的艺术手法去感染消费者,打动消费者;在企业公关中,不仅要提高公关人员的文化素养,还要使从事的每一项活动,更具有文化韵味和魅力。

(五)研究社会文化的变迁

文化营销属于一种企业的微观活动,只有建立在对社会文化这一宏观环境的准确把握之上,才能使其保持正确的方向。而社会文化又总是处在不断变迁中。因此,研究社会文化变迁的方向和发展的动态,就成为企业搞好文化营销的关键所在。

就研究内容而言，社会文化的变迁主要可以通过人与人的关系、人与自身的关系、人与社会的关系、人与自然的关系、人与宇宙的关系等方面研究而发现规律性。例如，近些年，由于受西方文化的冲击，许多人的社会文化观念已发生了很大变化。他们正在由以他人为中心的导向转向以自我实现为中心；以延迟的享受变得更喜欢及时的行乐；由努力的工作变得更向往轻松愉快的生活；由对组织的忠心变得不断“跳槽”与更换工作等。这种文化观念的变迁，必然会引起人们消费观念的更新。比如，人对自我关心程度的增加，一定会引起他们对健康食品、减肥药和运动器材等产品的消费增加；人与人之间关系的淡漠，必然会导致对那些能消除寂寞和孤独感的产品与服务，如电子游戏、影视产品、各种俱乐部等的需求增加。

参 考 文 献

[1] 菲利普·科特勒. 营销管理:新千年版 . 第 10 版[M]. 梅汝和等译 . 北京:中国人民大学出版社,2001.
[2] 范云峰 . 市场营销实战[M]. 北京:中国经济出版社,2002.
[3] 范云峰 . 市场营销[M]. 北京:中国经济出版社,2003.
[4] 杨勇 . 市场营销[M]. 北京:中国人民大学出版社,2006.
[5] 张利 . 新营销[M]. 北京:北京大学音像出版社,2005.
[6] 魏庆 . 经销商管理——动作分解培训[M]. 北京:北京大学出版社,2005.
[7] 韩庆祥 . 市场营销学[M]. 北京:高等教育出版社,1999.